올림포스
수학 I

정답과 풀이는 EBSi 사이트(www.ebsi.co.kr)에서 다운로드 받으실 수 있습니다.

EBSi 사이트에서 본 교재의 문항별 해설 강의 검색 서비스를 제공하고 있습니다.

교재 내용 문의
교재 및 강의 내용 문의는 EBSi 사이트 (www.ebsi.co.kr)의 학습 Q&A 서비스를 활용하시기 바랍니다.

교재 정오표 공지
발행 이후 발견된 정오 사항을 EBSi 사이트 정오표 코너에서 알려 드립니다.
교재 ▶ 교재 자료실 ▶ 교재 정오표

교재 정정 신청
공지된 정오 내용 외에 발견된 정오 사항이 있다면 EBSi 사이트를 통해 알려 주세요.
교재 ▶ 교재 정정 신청

교육의 힘으로
세상의 차이를 좁혀 갑니다
차이가 차별로 이어지지 않는 미래를 위해
EBS가 가장 든든한 친구가 되겠습니다.

모든 교재 정보와 다양한 이벤트가 가득!
EBS 교재사이트 book.ebs.co.kr

본 교재는 EBS 교재사이트에서
eBook으로도 구입하실 수 있습니다.

기획 및 개발

최다인
이소민

집필 및 검토

김형정(야탑고)
정연석(중앙고)

검토

변도열
이대원

편집 검토

이미옥
이은영

본 교재의 강의는 TV와 모바일 APP, EBS*i* 사이트(www.ebsi.co.kr)에서 무료로 제공됩니다.

발행일 2017. 12. 1. **18쇄 인쇄일** 2024. 12. 5. **신고번호** 제2017-000193호 **펴낸곳** 한국교육방송공사 경기도 고양시 일산동구 한류월드로 281
표지디자인 디자인싹 **편집디자인** ㈜하이테크컴 **편집** ㈜하이테크컴 **인쇄** 벽호
인쇄 과정 중 잘못된 교재는 구입하신 곳에서 교환하여 드립니다. **신규 사업 및 교재 광고 문의** pub@ebs.co.kr

올림
포스

수학 I

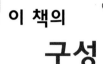

이 책의 구성

올림포스 **수학 I**

개념 정리

교과서의 기본 내용을 소주제별로 세분화하여 체계적으로 정리하고 보기, 설명, 참고, 주의, 증명을 통해서 개념의 이해를 도울 수 있도록 구성하였다.

기본 유형 익히기

대표 문항을 통해 개념을 익히고 비슷한 유형의 유제 문항을 구성하여 개념에 대한 확실한 이해를 도울 수 있도록 하였다. 또한 대표 문항 풀이 과정 중 유의할 부분이나 추가 개념이 있는 경우 **point**를 통해 다시 한 번 학습할 수 있도록 하였다.

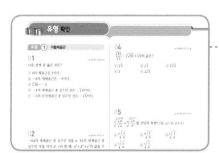

유형 확인

개념을 유형별로 나누어 다양한 문항을 연습할 수 있도록 하였다.

서술형 연습장

서술형 시험에 대비하여 풀이 과정을 단계적으로 서술하여 문제 해결 과정의 이해를 도왔다.

내신 ^{Plus} 수능 고난도 문항

내신 및 수능 1등급에 대비하기 위하여 난이도가 높은 문항들로 구성하였다.

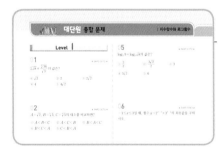

대단원 종합 문제

체계적이고 종합적인 사고력을 학습할 수 있도록 기본 문항부터 고난도 문항까지 단계별로 수록하였다.

수행평가

학교 수행평가에 대비하여 단원별로 간단한 쪽지시험으로 구성하였다.

이 책의
차례

올림포스 **수학 I**

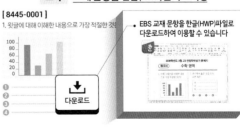

01 지수와 로그

1 거듭제곱과 거듭제곱근

(1) a의 거듭제곱

실수 a와 자연수 n에 대하여 a를 n번 곱한 것을 a의 n제곱이라 하고, a^n으로 나타낸다. 이때 a, a^2, a^3, $\cdots$, a^n, $\cdots$을 통틀어 a의 거듭제곱이라 하고, a^n에서 a를 거듭제곱의 밑, n을 거듭제곱의 지수라 한다.

(2) a의 거듭제곱근

① a가 실수이고 n이 2 이상의 자연수일 때 n제곱하여 a가 되는 수, 즉 방정식 $x^n=a$를 만족하는 x를 a의 n제곱근이라 한다.

이때 a의 제곱근, a의 세제곱근, a의 네제곱근, $\cdots$을 통틀어 a의 거듭제곱근이라 한다.

② 실수 a의 n제곱근 중 실수인 것은 다음과 같다.

a $\diagdown$ n	$a>0$	$a=0$	$a<0$
① n이 짝수일 때	$\sqrt[n]{a}$, $-\sqrt[n]{a}$	0	없다.
② n이 홀수일 때	$\sqrt[n]{a}$	0	$\sqrt[n]{a}$

참고 a의 n제곱근 중에서 실수인 것의 개수는 방정식 $x^n=a$를 만족하는 근 중에서 실수인 근의 개수이므로 함수 $y=x^n$의 그래프와 직선 $y=a$의 교점의 개수와 같다.

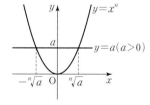

① n이 짝수일 때

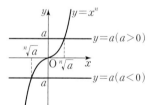

② n이 홀수일 때

보기

① $a^1=a$
$0^n=0$ (단, n은 자연수)
② 1의 네제곱근을 x라 하면 x는 방정식 $x^4=1$의 근이다.
$x^4-1=0$,
$(x-1)(x+1)(x^2+1)=0$
$x=\pm1$ 또는 $x=\pm i$
이 중에서 실수인 것은 -1과 1 두 개이다.
③ $\sqrt[3]{8}=2$
$\sqrt[3]{-8}=-2$
$\sqrt[4]{16}=2$
$-\sqrt[4]{16}=-2$

2 거듭제곱근의 성질

$a>0$, $b>0$이고 m, n이 2 이상의 자연수일 때

(1) $(\sqrt[n]{a})^n=a$

(2) $\sqrt[n]{a}\sqrt[n]{b}=\sqrt[n]{ab}$

(3) $\dfrac{\sqrt[n]{a}}{\sqrt[n]{b}}=\sqrt[n]{\dfrac{a}{b}}$

(4) $(\sqrt[n]{a})^m=\sqrt[n]{a^m}$

(5) $\sqrt[m]{\sqrt[n]{a}}=\sqrt[mn]{a}=\sqrt[n]{\sqrt[m]{a}}$

(6) $\sqrt[np]{a^{mp}}=\sqrt[n]{a^m}$ (단, p는 양의 정수)

설명 ① $\sqrt[n]{a}$는 n제곱하여 a가 되는 실수이므로 $(\sqrt[n]{a})^n=a$

② $a>0$, $b>0$이고 n이 2 이상의 자연수일 때, 지수법칙에 의하여
$(\sqrt[n]{a}\sqrt[n]{b})^n=(\sqrt[n]{a})^n\times(\sqrt[n]{b})^n=ab$
$\sqrt[n]{a}>0$, $\sqrt[n]{b}>0$이므로 $\sqrt[n]{a}\sqrt[n]{b}>0$
따라서 $\sqrt[n]{a}\sqrt[n]{b}$는 ab의 양의 n제곱근이므로 $\sqrt[n]{a}\sqrt[n]{b}=\sqrt[n]{ab}$

보기

① $(\sqrt[3]{2})^3=2$
② $\sqrt[3]{2}\times\sqrt[3]{4}$
$=\sqrt[3]{2\times4}=\sqrt[3]{8}=\sqrt[3]{2^3}=2$
③ $\dfrac{\sqrt[3]{16}}{\sqrt[3]{2}}=\sqrt[3]{\dfrac{16}{2}}$
$=\sqrt[3]{8}=\sqrt[3]{2^3}=2$
④ $\sqrt[3]{2^6}=\sqrt[3]{(2^3)^2}=(\sqrt[3]{2^3})^2$
$=2^2=4$
⑤ $\sqrt{\sqrt[4]{16}}=\sqrt[4]{16}=\sqrt[4]{2^4}=2$
⑥ $\sqrt[4]{2^6}=\sqrt[2\times2]{2^{2\times3}}=\sqrt{2^3}$

3 | **지수의 확장(지수가 정수인 경우)** 🔍

(1) 0 또는 음의 정수인 지수

　　$a \neq 0$이고 n이 양의 정수일 때

$$a^0 = 1, \quad a^{-n} = \frac{1}{a^n}$$

(2) 지수가 정수일 때의 지수법칙

　　$a \neq 0$, $b \neq 0$이고 m, n이 정수일 때

　　① $a^m a^n = a^{m+n}$ 　　　　② $a^m \div a^n = a^{m-n}$

　　③ $(a^m)^n = a^{mn}$ 　　　　④ $(ab)^n = a^n b^n$

4 | **지수의 확장(지수가 유리수인 경우)** 🔍

(1) $a > 0$이고 m이 정수, n이 2 이상의 정수일 때
$$a^{\frac{1}{n}} = \sqrt[n]{a}, \quad a^{\frac{m}{n}} = \sqrt[n]{a^m}$$

(2) 지수가 유리수일 때의 지수법칙

　　$a > 0$, $b > 0$이고 r, s가 유리수일 때

　　① $a^r a^s = a^{r+s}$ 　　　　② $a^r \div a^s = a^{r-s}$

　　③ $(a^r)^s = a^{rs}$ 　　　　④ $(ab)^r = a^r b^r$

5 | **지수의 확장(지수가 실수인 경우)** 🔍

(1) 무리수 $\sqrt{2} = 1.41421356\cdots$에 한없이 가까워지는 유리수

　　　　$1.4, \; 1.41, \; 1.414, \; 1.4142, \; 1.41421, \; \cdots$

에 대하여 이들을 지수로 가지는 수

　　　　$2^{1.4}, \; 2^{1.41}, \; 2^{1.414}, \; 2^{1.4142}, \; 2^{1.41421}, \; \cdots$

의 값은 어떤 일정한 수에 한없이 가까워짐이 알려져 있다. 그 일정한 수를 $2^{\sqrt{2}}$으로 정의한다. 이와 같이 $a > 0$일 때, 임의의 실수 x에 대하여 a^x을 정의할 수 있다.

(2) 지수가 실수일 때의 지수법칙

　　$a > 0$, $b > 0$이고 x, y가 실수일 때

　　① $a^x a^y = a^{x+y}$ 　　　　② $a^x \div a^y = a^{x-y}$

　　③ $(a^x)^y = a^{xy}$ 　　　　④ $(ab)^x = a^x b^x$

6 로그의 정의

(1) 로그의 정의

$a > 0$, $a \neq 1$, $N > 0$일 때, $a^x = N$을 만족시키는 실수 x는 오직 하나 존재한다.

이 실수 x를 $\log_a N$과 같이 나타내고 a를 밑으로 하는 N의 로그라 한다.

$$\log_a N$$

(진수, 밑)

$$a^x = N \iff x = \log_a N$$

이때 N을 $\log_a N$의 진수라 한다.

(2) 로그의 밑과 진수의 조건

$\log_a N$이 정의되기 위한 조건은 밑 a는 1이 아닌 양수이고, 진수 N은 양수이다. 즉,

① 밑의 조건: $a > 0$, $a \neq 1$

② 진수의 조건: $N > 0$

보기

① $2^5 = 32$에서 지수를 로그로 나타내면

$5 = \log_2 32$

② $\log_2 3$의 밑은 2이고 진수는 3이다.

③ $\log_3 (x-2)$의 값이 존재하기 위해서는 $x > 2$이어야 한다.

7 로그의 성질

$a > 0$, $a \neq 1$이고 $M > 0$, $N > 0$일 때

(1) $\log_a 1 = 0$, $\log_a a = 1$

(2) $\log_a MN = \log_a M + \log_a N$

(3) $\log_a \dfrac{M}{N} = \log_a M - \log_a N$

(4) $\log_a M^k = k \log_a M$ (단, k는 실수)

증명 (2) $\log_a M = p$, $\log_a N = q$라 하면

$M = a^p$, $N = a^q$에서 $MN = a^p a^q = a^{p+q}$

따라서 $\log_a MN = p + q = \log_a M + \log_a N$

(4) $\log_a M = p$라 하면 $M = a^p$이므로 $M^k = (a^p)^k = a^{pk}$

따라서 $\log_a M^k = kp = k \log_a M$

참고 다음 식은 일반적으로 서로 같지 않음에 유의한다.

① $\log_a (x+y) \neq \log_a x + \log_a y$

② $\log_a (x-y) \neq \log_a x - \log_a y$

③ $\dfrac{\log_a x}{\log_a y} \neq \log_a x - \log_a y$

④ $(\log_a x)^n \neq \log_a x^n$

보기

① $\log_2 1 = 0$, $\log_2 2 = 1$

② $\log_2 6$

$= \log_2 2 + \log_2 3$

$= 1 + \log_2 3$

③ $\log_2 \dfrac{3}{2}$

$= \log_2 3 - \log_2 2$

$= \log_2 3 - 1$

④ $\log_2 8 = \log_2 2^3$

$= 3 \log_2 2$

$= 3$

8 로그의 밑의 변환 공식

$a>0$, $a\neq1$, $b>0$, $c>0$, $c\neq1$일 때

$$\log_a b=\frac{\log_c b}{\log_c a}$$

증명 $\log_a b=x$로 놓으면 $a^x=b$

양변에 밑이 c인 로그를 취하면

$\log_c a^x=\log_c b$, $x\log_c a=\log_c b$, $x=\dfrac{\log_c b}{\log_c a}$

따라서 $\log_a b=\dfrac{\log_c b}{\log_c a}$

참고 로그의 밑의 변환 공식의 활용

$a>0$, $a\neq1$, $b>0$일 때

① $\log_a b=\dfrac{1}{\log_b a}$ (단, $b\neq1$)

② $\log_a b\times\log_b a=1$, $\log_a b\times\log_b c=\log_a c$ (단, $b\neq1$, $c>0$)

③ $a^{\log_c b}=b^{\log_c a}$, $a^{\log_a b}=b$ (단, $c>0$, $c\neq1$)

④ $\log_{a^m} b^n=\dfrac{n}{m}\log_a b$ (단, m, n은 실수, $m\neq0$)

9 상용로그

(1) **상용로그의 뜻**

양수 N에 대하여 $\log_{10} N$과 같이 10을 밑으로 하는 로그를 상용로그라 하고, 보통 밑 10을 생략하여 $\log N$으로 나타낸다.

(2) **상용로그표**

상용로그표는 0.01의 간격으로 1.00에서 9.99까지의 수에 대한 상용로그의 값을 소수 다섯째 자리에서 반올림하여 소수 넷째 자리까지 구한 근사값을 나타낸 것이다.

상용로그표에서 $\log 2.34$의 값을 찾으려면 2.3의 행과 표의 맨 윗줄에 있는 4의 열이 만나는 수 .3692를 찾으면 된다. 즉, $\log 2.34=0.3692$

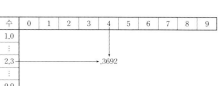

(3) 상용로그표와 로그의 성질을 이용하면 다양한 양수의 상용로그의 값을 구할 수 있다.

참고 일반적으로 임의의 양수 N은 $N=a\times10^n$ ($1\leq a<10$, n은 정수)의 꼴로 나타낼 수 있다.

따라서 $\log N=\log(a\times10^n)=\log a+\log 10^n=n+\log a$

즉, 임의의 양수 N의 상용로그는 $\log N=n+\log a$ ($1\leq a<10$, n은 정수)로 나타낼 수 있다.

유형 1
거듭제곱근

-27의 세제곱근 중 실수인 것을 a, 16의 네제곱근 중 음수인 것을 b라 할 때, ab의 값을 구하시오.

풀이

$a=\sqrt[3]{-27}=-3$ ❶
$b=-\sqrt[4]{16}=-2$ ❷
따라서 $ab=(-3)\times(-2)=6$

답 6

POINT

❶ a의 세제곱근 중 실수인 것은 $\sqrt[3]{a}$
❷ $a>0$이면 a의 네제곱근 중 음수인 것은 $-\sqrt[4]{a}$

유제 1
• 8445-0001 •

5와 -5의 다섯제곱근 중 실수인 것의 개수를 각각 a, b라 하고 6과 -6의 여섯제곱근 중 실수인 것의 개수를 각각 c, d라 할 때, $(a+b)(c+d)$의 값을 구하시오.

유형 2
거듭제곱근의 성질

$\sqrt[3]{2}\times\sqrt[6]{16}+\dfrac{\sqrt[4]{162}}{\sqrt[4]{2}}$의 값은?

① 4 　　② 5 　　③ 6 　　④ 7 　　⑤ 8

풀이

$\sqrt[3]{2}\times\sqrt[6]{16}=\sqrt[3]{2}\times\sqrt[6]{2^4}=\sqrt[3]{2}\times\sqrt[3]{2^2}=\sqrt[3]{2^3}=2$ ❶ ❷

$\dfrac{\sqrt[4]{162}}{\sqrt[4]{2}}=\sqrt[4]{\dfrac{162}{2}}=\sqrt[4]{81}=\sqrt[4]{3^4}=3$ ❸

따라서 $\sqrt[3]{2}\times\sqrt[6]{16}+\dfrac{\sqrt[4]{162}}{\sqrt[4]{2}}=2+3=5$

답 ②

POINT

$a>0$, $b>0$이고 m, n이 2 이상의 자연수일 때
❶ $\sqrt[np]{a^{mp}}=\sqrt[n]{a^m}$
　　　(단, p는 양의 정수)
❷ $\sqrt[n]{a}\,\sqrt[n]{b}=\sqrt[n]{ab}$
❸ $\dfrac{\sqrt[n]{a}}{\sqrt[n]{b}}=\sqrt[n]{\dfrac{a}{b}}$

유제 2
• 8445-0002 •

$\sqrt[3]{\sqrt{ab^5\sqrt[6]{a^5b^7}}}$을 간단히 하면? (단, $a>0$, $b>0$)

① ab 　　② ab^2 　　③ a^2b 　　④ a^2b^3 　　⑤ a^3b^2

유형 **3**

지수의 확장
(지수가 정수인
경우)

$\left(2\times3^{-2}\right)^3\times\left(\dfrac{3}{2}\right)^2\div6^{-2}$의 값은?

① $\dfrac{4}{9}$　　　② $\dfrac{9}{16}$　　　③ $\dfrac{8}{9}$　　　④ $\dfrac{9}{8}$　　　⑤ $\dfrac{9}{4}$

풀이

$$\left(2\times3^{-2}\right)^3\times\left(\frac{3}{2}\right)^2\div6^{-2}=\left(2^3\times3^{-6}\right)\times\frac{3^2}{2^2}\times6^2 \quad ❶$$
$$=\left(2^3\times3^{-6}\right)\times\frac{3^2}{2^2}\times(2\times3)^2$$
$$=\left(2^3\times3^{-6}\right)\times\frac{3^2}{2^2}\times(2^2\times3^2)$$
$$=2^{3-2+2}\times3^{-6+2+2} \quad ❷$$
$$=2^3\times3^{-2}$$
$$=\frac{8}{9}$$

POINT

$a\neq0$, $b\neq0$이고, m, n이 정수
일 때
❶ $(ab)^n=a^nb^n$
❷ $a^ma^n=a^{m+n}$

답 ③

유제 **3**

● 8445-0003 ●

$(a^2b)^3\times(a^3b^2)^{-2}$을 간단히 하면? (단, a, b는 0이 아닌 실수이다.)

① a　　　② b　　　③ $\dfrac{1}{a}$　　　④ $\dfrac{1}{b}$　　　⑤ $\dfrac{a}{b}$

유형 **4**

지수의 확장
(지수가 유리수,
실수인 경우)

$\left(2\sqrt[4]{2}\right)^{0.2}\div2^{-0.5}$의 값은?

① $\sqrt{2}$　　　② $\sqrt[3]{4}$　　　③ $\sqrt[4]{8}$　　　④ $\sqrt[5]{16}$　　　⑤ $\sqrt[6]{32}$

풀이

$$\left(2\sqrt[4]{2}\right)^{0.2}\div2^{-0.5}=\left(2^{1+\frac{1}{4}}\right)^{\frac{1}{5}}\times2^{\frac{1}{2}} \quad ❶$$
$$=2^{\frac{5}{4}\times\frac{1}{5}}\times2^{\frac{1}{2}} \quad ❷$$
$$=2^{\frac{1}{4}}\times2^{\frac{1}{2}}$$
$$=2^{\frac{3}{4}}$$
$$=\sqrt[4]{8}$$

POINT

$a>0$, n이 2 이상의 정수이고,
r, s가 유리수일 때
❶ $a^{\frac{1}{n}}=\sqrt[n]{a}$, $a^ra^s=a^{r+s}$
❷ $(a^r)^s=a^{rs}$

답 ③

유제 **4**

● 8445-0004 ●

$\sqrt[3]{ab^2}\times\sqrt[4]{a^2b}\div\sqrt[6]{a^5b^4}$을 간단히 하면? (단, $a>0$, $b>0$)

① $\sqrt[4]{a}$　　　② $\sqrt[4]{b}$　　　③ $\sqrt[6]{ab}$　　　④ $\sqrt[12]{a^2b}$　　　⑤ $\sqrt[12]{ab^2}$

유형 5

로그의 정의

1이 아닌 세 양수 a, b, c가 $a^2=b$, $c=\log_2 3$일 때, $\log_a b+4^c$의 값은?

① 5 ② 7 ③ 9 ④ 11 ⑤ 13

풀이

$\underset{\sim\sim\sim\sim\sim\sim}{a^2=b}$에서 $\log_a b=2$ ❶

$\underset{\sim\sim\sim\sim\sim\sim}{c=\log_2 3}$에서 $2^c=3$ ❷

따라서 $\log_a b+4^c=\log_a b+(2^2)^c$

$\qquad\qquad\qquad=\log_a b+(2^c)^2$

$\qquad\qquad\qquad=2+3^2=2+9=11$

답 ④

POINT

$a>0$, $a\neq 1$, $b>0$일 때

❶ $a^x=b$이면 $x=\log_a b$

❷ $x=\log_a b$이면 $a^x=b$

유제 5

• 8445-0005 •

$\log_{x-1}(-x^2+4x+12)$의 값이 존재하도록 하는 모든 정수 x의 값의 합을 구하시오.

유형 6

로그의 성질

$\log_2 10-\log_2 \dfrac{5}{2}+\log_2 8$의 값은?

① 1 ② 2 ③ 3 ④ 4 ⑤ 5

풀이

$\log_2 10-\log_2 \dfrac{5}{2}+\log_2 8=\underset{\sim\sim\sim\sim\sim\sim\sim\sim\sim\sim\sim}{\log_2 2+\log_2 5}-\underset{\sim\sim\sim\sim\sim\sim\sim\sim\sim}{(\log_2 5-\log_2 2)}+\log_2 2^3$

$\qquad\qquad\qquad\qquad\qquad\qquad\quad\;$ ❶ $\qquad\qquad\qquad$ ❷

$\qquad\qquad\qquad\qquad\qquad\qquad=2\log_2 2+\underset{\sim\sim\sim\sim}{3\log_2 2}$ ❸

$\qquad\qquad\qquad\qquad\qquad\qquad=5\log_2 2$

$\qquad\qquad\qquad\qquad\qquad\qquad=5$

답 ⑤

[다른 풀이]

$\log_2 10-\log_2 \dfrac{5}{2}+\log_2 8=\log_2\left(\dfrac{10}{\frac{5}{2}}\times 8\right)$

$\qquad\qquad\qquad\qquad\qquad\qquad=\log_2 32=\log_2 2^5=5$

POINT

$a>0$, $a\neq 1$이고

$M>0$, $N>0$일 때

❶ $\log_a MN$

$\quad=\log_a M+\log_a N$

❷ $\log_a \dfrac{M}{N}$

$\quad=\log_a M-\log_a N$

❸ $\log_a M^k=k\log_a M$

$\qquad\qquad$ (단, k는 실수)

유제 6

• 8445-0006 •

$\log_5 2=x$, $\log_5 3=y$일 때, $\log_5 \dfrac{24}{25}=ax+by+c$이다. 세 정수 a, b, c에 대하여 $a+b+c$의 값은?

① 0 ② 1 ③ 2 ④ 3 ⑤ 4

유형 **7**

로그의 밑의 변환 공식

$5^a=2$, $5^b=3$일 때, $\log_3 12$를 a, b로 나타내면?

① $\dfrac{2a+b}{a}$　　② $\dfrac{a+2b}{a}$　　③ $\dfrac{a+b}{b}$　　④ $\dfrac{2a+b}{b}$　　⑤ $\dfrac{a+2b}{b}$

풀이

$a=\log_5 2$, $b=\log_5 3$이므로

$$\log_3 12=\frac{\log_5 12}{\log_5 3}=\frac{\log_5 (2^2\times 3)}{\log_5 3}=\frac{2\log_5 2+\log_5 3}{\log_5 3}=\frac{2a+b}{b}$$
❶

답 ④

> **POINT**
>
> ❶ $a>0$, $a\neq 1$, $b>0$, $c>0$, $c\neq 1$일 때
>
> $\log_a b=\dfrac{\log_c b}{\log_c a}$

유제 **7**

• 8445-0007 •

$\log_2 3\times\log_3 4+\log_9 2\times\log_4 9$의 값은?

① $\dfrac{3}{2}$　　② 2　　③ $\dfrac{5}{2}$　　④ 3　　⑤ $\dfrac{7}{2}$

유형 **8**

상용로그

다음은 상용로그표의 일부분이다.

수		5	6	7	8	9
⋮	⋮	⋮	⋮	⋮	⋮	⋮
1.7	⋯	.2430	.2455	.2480	.2504	.2529
1.8	⋯	.2672	.2695	.2718	.2742	.2765
1.9	⋯	.2900	.2923	.2945	.2967	.2989
2.0	⋯	.3118	.3139	.3160	.3181	.3201
2.1	⋯	.3324	.3345	.3365	.3385	.3404
⋮	⋮	⋮	⋮	⋮	⋮	⋮

위의 표를 이용하여 $\log 178+\log 0.206$의 값을 구하시오.

풀이

상용로그표에서 $\log 1.78=0.2504$, $\log 2.06=0.3139$이므로

$\log 178+\log 0.206=\log (1.78\times 10^2)+\log (2.06\times 10^{-1})$

$\qquad\qquad\qquad\quad =2+\log 1.78-1+\log 2.06$　❶

$\qquad\qquad\qquad\quad =2+0.2504-1+0.3139$

$\qquad\qquad\qquad\quad =1.5643$

답 1.5643

> **POINT**
>
> ❶ $a>0$이고 n이 정수일 때
>
> $\log (a\times 10^n)$
>
> $=\log a+\log 10^n$
>
> $=n+\log a$

유제 **8**

• 8445-0008 •

$\log 2=0.3010$, $\log 3=0.4771$일 때, $\log 7.2$의 값을 구하시오.

유형 ① 거듭제곱근

01
• 8445-0009 •

다음 설명 중 옳은 것은?

① 4의 제곱근은 2이다.
② -8의 세제곱근은 -2이다.
③ $\sqrt[4]{16}=-2$
④ -4의 네제곱근 중 실수인 것은 $-\sqrt[4]{4}$이다.
⑤ -5의 다섯제곱근 중 실수인 것은 $-\sqrt[5]{5}$이다.

02
• 8445-0010 •

-64의 세제곱근 중 실수인 것을 α, 81의 네제곱근 중 실수인 것을 각각 β, γ라 할 때, $\alpha^2+\beta^2+\gamma^2$의 값을 구하시오.

유형 ② 거듭제곱근의 성질

03
• 8445-0011 •

$\sqrt[8]{5^4}\times(\sqrt[10]{5})^5$의 값은?

① $\sqrt[3]{5}$
② $\sqrt{5}$
③ 5
④ $5\sqrt[3]{5}$
⑤ $5\sqrt{5}$

04
• 8445-0012 •

$\dfrac{\sqrt[3]{81}}{\sqrt[3]{3}}-\sqrt[4]{\sqrt{81}}+\sqrt[4]{9}$의 값은?

① $\sqrt[3]{3}$
② $\sqrt{3}$
③ $2\sqrt[3]{3}$
④ 3
⑤ $2\sqrt{3}$

05
• 8445-0013 •

$\sqrt[4]{\dfrac{\sqrt[3]{a^2}}{\sqrt{a}}}\times\sqrt[6]{\dfrac{\sqrt[4]{a}}{a}}$를 간단히 하면? (단, $a>0$, $a\neq1$)

① $\sqrt[12]{\dfrac{1}{a}}$
② $\sqrt[10]{\dfrac{1}{a}}$
③ $\sqrt[8]{\dfrac{1}{a}}$
④ $\sqrt[6]{\dfrac{1}{a}}$
⑤ $\sqrt[4]{\dfrac{1}{a}}$

유형 ③ 지수의 확장(지수가 정수인 경우)

06
• 8445-0014 •

$8^4\times(4^{-3}\div16^{-2})^3$의 값은?

① 2^{10}
② 2^{12}
③ 2^{14}
④ 2^{16}
⑤ 2^{18}

07

● 8445-0015 ●

0이 아닌 두 실수 a, b에 대하여 등식

$$(ab^{-1})^8 \times (a^{-2})^n \div \left(\dfrac{b^2}{a}\right)^{-4} = 1$$

을 만족시키는 정수 n의 값을 구하시오. (단, $a \neq \pm 1$)

유형 ④ 지수의 확장(지수가 유리수, 실수인 경우)

08

● 8445-0016 ●

$\sqrt{3} \times \sqrt[3]{6} \times \sqrt[6]{48}$의 값은?

① 6 ② $6\sqrt[6]{3}$ ③ $6\sqrt[3]{2}$

④ $6\sqrt[4]{3}$ ⑤ $6\sqrt{2}$

09

● 8445-0017 ●

$\left\{\left(\dfrac{4}{9}\right)^{-\frac{2}{3}}\right\}^{\frac{9}{4}} = \dfrac{q}{p}$일 때, $2p+q$의 값을 구하시오.

(단, p와 q는 서로소인 자연수이다.)

10

● 8445-0018 ●

등식 $a^{-2} = 64^{\frac{2}{3}}$을 만족시키는 양수 a의 값은?

① $\dfrac{1}{4}$ ② $\dfrac{\sqrt{2}}{4}$ ③ $\dfrac{1}{2}$

④ $\dfrac{\sqrt{2}}{2}$ ⑤ $\sqrt{2}$

11

● 8445-0019 ●

$2^{x+1} = 3$일 때, $\left(\dfrac{1}{4}\right)^{-x}$의 값을 구하시오.

(단, x는 실수이다.)

12

● 8445-0020 ●

$5^x = 27$, $45^y = 9$일 때, 두 실수 x, y에 대하여 $\dfrac{3}{x} - \dfrac{2}{y}$의 값은?

① -4 ② -2 ③ -1

④ $-\dfrac{1}{2}$ ⑤ $-\dfrac{1}{4}$

유형 5 로그의 정의

13

● 8445-0021 ●

1이 아닌 두 양수 a, b에 대하여 $\log_{\sqrt{2}} a = 4$, $\log_b 2 = 3$일 때, $\log_b a$의 값은?

① 4   ② 6   ③ 8

④ 10   ⑤ 12

14

● 8445-0022 ●

$\log_x (5-x)$의 값이 존재하도록 하는 모든 정수 x의 값의 합을 구하시오.

15

● 8445-0023 ●

모든 실수 x에 대하여 $\log_{a-2}(x^2 + ax + 2a)$의 값이 존재하도록 하는 정수 a의 개수는?

① 2   ② 3   ③ 4

④ 5   ⑤ 6

유형 6 로그의 성질

16

● 8445-0024 ●

$\log_6 16^2 + \log_6 9^4$의 값은?

① 6   ② 8   ③ 10

④ 12   ⑤ 14

17

● 8445-0025 ●

$\log_2 \dfrac{3}{4} + \log_2 \sqrt{8} - \dfrac{1}{2} \log_2 18$의 값은?

① -2 ② -1 ③ 0

④ 1   ⑤ 2

18

● 8445-0026 ●

두 양수 a, b에 대하여 $\log_a \dfrac{\sqrt{b^3}}{a^2} = 7$일 때, $\log_a b$의 값은? (단, $a \neq 1$)

① 2   ② 3   ③ 4

④ 5   ⑤ 6

유형 7 로그의 밑의 변환 공식

19
• 8445-0027 •

$\left(\log_3 35 - \dfrac{1}{\log_7 3}\right) \times \log_5 9$의 값은?

① 1   ② $\dfrac{3}{2}$ ③ 2

④ $\dfrac{5}{2}$ ⑤ 3

20
• 8445-0028 •

$\log_2 10 = a$일 때, $\log_{100} 5$를 실수 a로 나타내면?

① $\dfrac{2a-1}{a}$ ② $\dfrac{a+1}{a}$ ③ $\dfrac{a-1}{2a}$

④ $\dfrac{a+1}{2a}$ ⑤ $\dfrac{2a}{a-1}$

21
• 8445-0029 •

1이 아닌 세 양수 x, y, z에 대하여 $x^2 = \sqrt{y} = z^3$이 성립할 때, $\log_x y + \log_y z + \log_z x$의 값은?

① $\dfrac{17}{3}$ ② $\dfrac{19}{3}$ ③ 7

④ $\dfrac{23}{3}$ ⑤ $\dfrac{25}{3}$

유형 8 상용로그

22
• 8445-0030 •

$\log 50 + \log 4000 - \log 0.002$의 값은?

① 2   ② 4   ③ 6

④ 8   ⑤ 10

23
• 8445-0031 •

$\log 5.2 = 0.716$일 때, $\log a = 2.716$, $\log b = -0.284$를 만족하는 양의 실수 a, b에 대하여 $a + 100b$의 값을 구하시오.

24
• 8445-0032 •

$1 \leq \log x < 2$일 때, $\log x - \log \dfrac{1}{x^2}$의 값이 정수가 되도록 하는 모든 x의 값의 곱은?

① 10   ② 10^2 ③ 10^3

④ 10^4 ⑤ 10^5

이차방정식 $x^2-4x+2=0$의 두 근을 α, β라 할 때, $\dfrac{4^\alpha \times 8^\beta}{(2^{\alpha+1})^\beta}$의 값을 구하시오.

풀이

이차방정식 $x^2-4x+2=0$의 두 근이 α, β이므로 근과 계수의 관계에 의하여

$\alpha+\beta=4$, $\alpha\beta=2$ ◀ ❶

$$\dfrac{4^\alpha \times 8^\beta}{(2^{\alpha+1})^\beta}=\dfrac{(2^2)^\alpha \times (2^3)^\beta}{(2^{\alpha+1})^\beta}$$

$$=\dfrac{2^{2\alpha} \times 2^{3\beta}}{2^{\alpha\beta+\beta}}$$

$$=2^{2\alpha+3\beta-(\alpha\beta+\beta)}$$
$$=2^{2(\alpha+\beta)-\alpha\beta}$$ ◀ ❷

$a>0$, $b>0$이고 x, y가 실수일 때 $a^x a^y=a^{x+y}$, $a^x \div a^y=a^{x-y}$

$$=2^{2\times 4-2}$$

$$=2^6=64$$ ◀ ❸

📋 64

단계	채점 기준	비율
❶	$\alpha+\beta$, $\alpha\beta$의 값을 구한 경우	30 %
❷	주어진 식을 2^x의 형태로 정리한 경우	50 %
❸	$\dfrac{4^\alpha \times 8^\beta}{(2^{\alpha+1})^\beta}$의 값을 구한 경우	20 %

01
• 8445-0033 •

1보다 큰 양수 a에 대하여 $a^{\frac{1}{2}}+a^{-\frac{1}{2}}=\sqrt{7}$일 때, $\dfrac{a-a^{-1}}{a+a^{-1}}$의 값을 구하시오.

02
• 8445-0034 •

$\log_2 5=a$, $\log_3 4=b$일 때, $\log_6 45$를 두 실수 a, b로 나타내시오.

03
• 8445-0035 •

1보다 크고 100보다 작은 두 자연수 a, b에 대하여 $\log_a \sqrt{b}=\log_{\sqrt{b}} a$를 만족시키는 a, b의 순서쌍 (a, b)의 개수를 구하시오.

01

• 8445-0036 •

a는 6의 거듭제곱이고, b는 12의 거듭제곱근 중 양의 실수이다. $ab^6=81c$를 만족시키는 자연수 c가 2의 n제곱일 때, 자연수 n의 최솟값은?

① 4   ② 5   ③ 6   ④ 7   ⑤ 8

02

• 8445-0037 •

10보다 작은 양수 a에 대하여 $a^{\log_2 9}$의 값이 3의 거듭제곱이 되도록 하는 모든 a의 값의 곱은?

① $2^{\frac{19}{2}}$ ② 2^{10} ③ $2^{\frac{21}{2}}$ ④ 2^{11} ⑤ $2^{\frac{23}{2}}$

03 실생활 활용

• 8445-0038 •

지진의 세기를 나타낼 때에는 '규모'라는 단위를 사용하는 데 지진의 최대 진폭이 x마이크로미터(μm)일 때, 규모를 y라 하면 $y=\log x$의 관계식이 성립한다. 규모 6.2인 지진의 최대 진폭은 규모 3.7인 지진의 최대 진폭의 몇 배인가?

① $\sqrt{10}$ ② 10   ③ $10\sqrt{10}$ ④ 100   ⑤ $100\sqrt{10}$

02 지수함수와 로그함수

1 지수함수의 뜻과 그래프

(1) **지수함수의 뜻**

a가 1이 아닌 양수일 때, 임의의 실수 x에 대하여 a^x을 대응시키면 x의 값에 따라 a^x의 값이 오직 하나 정해지므로

$$y=a^x\,(a>0,\ a\neq1)$$

은 x에 대한 함수이다. 이 함수를 a를 밑으로 하는 지수함수라 한다.

(2) **지수함수 $y=a^x\,(a>0,\ a\neq1)$의 그래프**

① $a>1$일 때

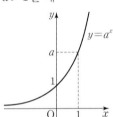

② $0<a<1$일 때

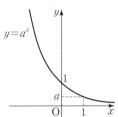

보기

두 함수 $y=2^x$, $y=\left(\dfrac{1}{3}\right)^x$은 모두 지수함수이다.

주의

① 두 함수 $y=x^2$, $y=\left(\dfrac{1}{x}\right)^2$은 지수함수가 아니다.
② 함수 $y=a^x$에서 $a=1$이면 모든 실수 x에 대하여 $y=1^x=1$이므로 상수함수가 되어 $a=1$인 경우는 지수함수에서 제외한다.

2 지수함수 $y=a^x\,(a>0,\ a\neq1)$의 성질과 그래프의 이동

(1) **지수함수 $y=a^x\,(a>0,\ a\neq1)$의 성질**

① 정의역은 실수 전체의 집합이고, 치역은 양의 실수 전체의 집합이다.
② $a>1$일 때, x의 값이 증가하면 y의 값도 증가한다.
  $0<a<1$일 때, x의 값이 증가하면 y의 값은 감소한다.
③ 그래프는 점 $(0,\ 1)$을 항상 지난다.
④ x축(직선 $y=0$)을 점근선으로 한다.

(2) **지수함수의 그래프의 평행이동과 대칭이동**

지수함수 $y=a^x\,(a>0,\ a\neq1)$의 그래프를

① x축의 방향으로 m만큼, y축의 방향으로 n만큼 평행이동한 그래프의 방정식:
  $$y=a^{x-m}+n$$

② x축에 대하여 대칭이동한 그래프의 방정식: $-y=a^x$, 즉 $y=-a^x$

③ y축에 대하여 대칭이동한 그래프의 방정식: $y=a^{-x}$, 즉 $y=\left(\dfrac{1}{a}\right)^x$

④ 원점에 대하여 대칭이동한 그래프의 방정식: $-y=a^{-x}$, 즉 $y=-\left(\dfrac{1}{a}\right)^x$

참고

$a>1$일 때, $y=a^x$의 그래프는 x의 값이 작아지면 y의 값은 양수이면서 0에 한없이 가까워진다. 또한 $0<a<1$일 때, $y=a^x$의 그래프는 x의 값이 커지면 y의 값은 양수이면서 0에 한없이 가까워진다. 따라서 지수함수 $y=a^x\,(a>0,\ a\neq1)$의 그래프는 x축(직선 $y=0$)을 점근선으로 한다.

보기

① 함수 $y=2^{x-1}+2$의 그래프는 함수 $y=2^x$의 그래프를 x축의 방향으로 1만큼, y축의 방향으로 2만큼 평행이동한 것과 같다.
② 함수 $y=\left(\dfrac{1}{2}\right)^x$의 그래프는 $y=\left(\dfrac{1}{2}\right)^x=(2^{-1})^x=2^{-x}$이므로 함수 $y=2^x$의 그래프를 y축에 대하여 대칭이동한 것과 같다.

3 로그함수의 뜻과 그래프

(1) **로그함수의 뜻**

지수함수 $y=a^x(a>0,\ a\neq1)$은 실수 전체의 집합을 정의역으로 하고, 양의 실수 전체의 집합을 치역으로 하는 일대일대응이므로 역함수가 존재한다. 즉, 지수함수 $y=a^x$에서 로그의 정의에 의하여

$$x=\log_a y(a>0,\ a\neq1)$$

이고, 이 등식에서 x와 y를 서로 바꾸면 지수함수 $y=a^x(a>0,\ a\neq1)$의 역함수

$$y=\log_a x(a>0,\ a\neq1)$$

를 얻을 수 있다. 이 함수를 a를 밑으로 하는 로그함수라 한다.

(2) **로그함수 $y=\log_a x(a>0,\ a\neq1)$의 그래프**

① $a>1$일 때

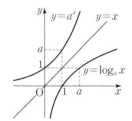

② $0<a<1$일 때

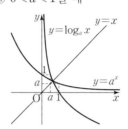

보기

① 두 함수
$y=\log_2 x$, $y=\log_{\frac{1}{3}} x$는 모두 로그함수이다.
② $y=2^x$의 역함수는 $y=\log_2 x$이므로 $y=2^x$의 그래프와 $y=\log_2 x$의 그래프는 직선 $y=x$에 대하여 대칭이다.
즉, $y=\log_2 x$의 그래프는 $y=2^x$의 그래프를 직선 $y=x$에 대하여 대칭이동하여 그릴 수 있다.

주의

두 함수
$y=(\log_2 3)x$, $y=\dfrac{\log_2 3}{x}$은 로그함수가 아니다.

4 로그함수 $y=\log_a x(a>0,\ a\neq1)$의 성질과 그래프의 이동

(1) **로그함수 $y=\log_a x(a>0,\ a\neq1)$의 성질**

① 정의역은 양의 실수 전체의 집합이고, 치역은 실수 전체의 집합이다.
② $a>1$일 때, x의 값이 증가하면 y의 값도 증가한다.

  $0<a<1$일 때, x의 값이 증가하면 y의 값은 감소한다.
③ 그래프는 점 $(1,\ 0)$을 항상 지난다.
④ y축(직선 $x=0$)을 점근선으로 한다.

(2) **로그함수의 그래프의 평행이동과 대칭이동**

로그함수 $y=\log_a x(a>0,\ a\neq1)$의 그래프를

① x축의 방향으로 m만큼, y축의 방향으로 n만큼 평행이동한 그래프의 방정식:
  $y=\log_a(x-m)+n$
② x축에 대하여 대칭이동한 그래프의 방정식: $-y=\log_a x$, 즉 $y=-\log_a x$
③ y축에 대하여 대칭이동한 그래프의 방정식: $y=\log_a(-x)$
④ 원점에 대하여 대칭이동한 그래프의 방정식: $-y=\log_a(-x)$,
  즉 $y=-\log_a(-x)$
⑤ 직선 $y=x$에 대하여 대칭이동한 그래프의 방정식: $y=a^x$

참고

$a>0,\ a\neq1$일 때,
$\log_a 1=0$이므로
로그함수 $y=\log_a x$의 그래프는 a의 값에 관계없이 점 $(1,\ 0)$을 항상 지난다.

보기

① 함수 $y=\log_2(x+1)-2$의 그래프는 함수 $y=\log_2 x$의 그래프를 x축의 방향으로 -1만큼, y축의 방향으로 -2만큼 평행이동한 것과 같다.
② 함수 $y=\log_{\frac{1}{2}} x$의 그래프는
$y=\log_{\frac{1}{2}} x=\log_{2^{-1}} x$
  $=-\log_2 x$
이므로 함수 $y=\log_2 x$의 그래프를 x축에 대하여 대칭이동한 것과 같다.

5 **지수함수의 활용**

(1) 지수에 미지수를 포함한 방정식

$a>0$, $a\neq1$일 때

① 방정식 $a^{f(x)}=b(b>0)$의 풀이

로그의 정의를 이용하여 방정식 $f(x)=\log_a b$를 만족시키는 x의 값을 구한다.

② 방정식 $a^{f(x)}=a^{g(x)}$의 풀이

방정식 $f(x)=g(x)$를 만족시키는 x의 값을 구한다.

(2) 지수에 미지수를 포함한 부등식

$a>0$, $a\neq1$일 때

① 부등식 $a^{f(x)}<b(b>0)$의 풀이

$\begin{cases} a>1일\ 때,\ 부등식\ f(x)<\log_a b로\ 변형하여\ x의\ 값의\ 범위를\ 구한다. \\ 0<a<1일\ 때,\ 부등식\ f(x)>\log_a b로\ 변형하여\ x의\ 값의\ 범위를\ 구한다. \end{cases}$

② 부등식 $a^{f(x)}<a^{g(x)}$의 풀이

$\begin{cases} a>1일\ 때,\ 부등식\ f(x)<g(x)로\ 변형하여\ x의\ 값의\ 범위를\ 구한다. \\ 0<a<1일\ 때,\ 부등식\ f(x)>g(x)로\ 변형하여\ x의\ 값의\ 범위를\ 구한다. \end{cases}$

참고

① $a>1$일 때

$a^{x_1}<a^{x_2}\Longleftrightarrow x_1<x_2$

② $0<a<1$일 때

$a^{x_1}<a^{x_2}\Longleftrightarrow x_1>x_2$

6 **로그함수의 활용**

(1) 로그의 진수에 미지수를 포함한 방정식

$a>0$, $a\neq1$일 때

① 방정식 $\log_a f(x)=b$의 풀이

로그의 진수의 성질을 이용하여 방정식 $f(x)=a^b$과 부등식 $f(x)>0$을 모두 만족시키는 x의 값을 구한다.

② 방정식 $\log_a f(x)=\log_a g(x)$의 풀이

방정식 $f(x)=g(x)$와 두 부등식 $f(x)>0$, $g(x)>0$을 모두 만족시키는 x의 값을 구한다.

(2) 로그의 진수에 미지수를 포함한 부등식

$a>0$, $a\neq1$일 때

① 부등식 $\log_a f(x)<b(b>0)$의 풀이

$\begin{cases} a>1일\ 때,\ 부등식\ 0<f(x)<a^b으로\ 변형하여\ x의\ 값의\ 범위를\ 구한다. \\ 0<a<1일\ 때,\ 부등식\ f(x)>a^b으로\ 변형하여\ x의\ 값의\ 범위를\ 구한다. \end{cases}$

② 부등식 $\log_a f(x)<\log_a g(x)$의 풀이

$\begin{cases} a>1일\ 때,\ 부등식\ 0<f(x)<g(x)로\ 변형하여\ x의\ 값의\ 범위를\ 구한다. \\ 0<a<1일\ 때,\ 부등식\ f(x)>g(x)>0으로\ 변형하여\ x의\ 값의\ 범위를\ 구한다. \end{cases}$

주의

로그의 진수에 미지수를 포함하고 있는 방정식과 부등식을 풀 때는 로그의 진수가 양수임에 유의해야 한다.

참고

① $a>1$일 때

$\log_a x_1<\log_a x_2\Longleftrightarrow x_1<x_2$

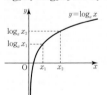

② $0<a<1$일 때

$\log_a x_1<\log_a x_2\Longleftrightarrow x_1>x_2$

기본 유형 익히기

유형 ①

지수함수의 뜻과 그래프

그림과 같이 지수함수 $y=2^x$, $y=4^x$의 그래프와 직선 $x=1$이 만나는 점을 각각 A, B라 하고, 점 B를 지나고 x축에 평행한 직선이 $y=2^x$의 그래프와 만나는 점을 C, 점 C를 지나고 y축에 평행한 직선이 $y=4^x$의 그래프와 만나는 점을 D라 하자. 사각형 ACDB의 넓이를 구하시오.

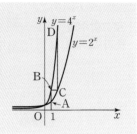

풀이

두 점 A, B의 y좌표를 각각 a, b라 하면 $a=2^1=2$, $b=4^1=4$ ❶
점 C의 y좌표는 4이므로 x좌표를 c라 하면 $2^c=4$에서 $c=2$
점 D의 x좌표는 2이므로 y좌표를 d라 하면 $d=4^2=16$
따라서 사각형 ACDB의 넓이는

$$\frac{1}{2}\times(\overline{AB}+\overline{CD})\times\overline{BC}=\frac{1}{2}\times\{(4-2)+(16-4)\}\times(2-1)=7$$ 🔲 7

POINT

❶ 함수 $y=a^x(a>0,\ a\neq1)$의 그래프가 점 $(p,\ q)$를 지나면 $q=a^p$이다.

유제 ①

● 8445-0039 ●

오른쪽 그림과 같이 지수함수 $y=10^x$의 그래프가 두 점 $(a,\ 5)$, $(b,\ 20)$을 지난다. 두 양수 a, b에 대하여 $b-a$의 값은?

① $\log\dfrac{2}{5}$ ② $\log2$ ③ $\log\dfrac{5}{2}$

④ $2\log2$ ⑤ $\log5$

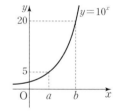

유형 ②

지수함수의 성질과 그래프의 이동

$-2\leq x\leq1$에서 함수 $y=2^{-x}+1$의 최댓값을 M, 최솟값을 m이라 할 때, $M-m$의 값을 구하시오.

풀이

함수 $y=2^{-x}+1=\left(\dfrac{1}{2}\right)^x+1$의 그래프는 함수 $y=\left(\dfrac{1}{2}\right)^x$의 그래프를 y축의 방향으로 1만큼 평행이동한 것이므로 주어진 함수의 그래프는 그림과 같다.

함수 $y=2^{-x}+1$의 그래프는 x의 값이 증가하면 y의 값은 감소하므로 ❶

$x=-2$일 때, 최댓값 $M=2^{-(-2)}+1=4+1=5$

$x=1$일 때, 최솟값 $m=2^{-1}+1=\dfrac{1}{2}+1=\dfrac{3}{2}$

따라서 $M-m=5-\dfrac{3}{2}=\dfrac{7}{2}$ 🔲 $\dfrac{7}{2}$

POINT

❶ 지수함수 $y=a^x(a>0,\ a\neq1)$에서 $0<a<1$일 때, x의 값이 증가하면 y의 값은 감소한다.

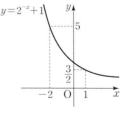

유제 ②

● 8445-0040 ●

함수 $y=9(3^{x-1}+1)$의 그래프는 함수 $y=3^x$의 그래프를 x축의 방향으로 a만큼, y축의 방향으로 b만큼 평행이동한 것이다. 두 상수 a, b에 대하여 $a+b$의 값을 구하시오.

유형 ③

로그함수의
뜻과 그래프

그림과 같이 곡선 $y=\log_3 x$ 위의 점 A$(a, 2)$와 곡선 $y=\log_2 x$ 위의 점 B(a, b)에 대하여 $a+2^b$의 값은?

① 10　　　　② 12　　　　③ 14

④ 16　　　　⑤ 18

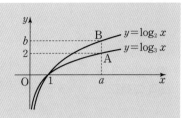

풀이

점 A$(a, 2)$가 곡선 $y=\log_3 x$ 위의 점이므로 $2=\log_3 a$에서 ❶
$a=3^2=9$
점 B$(9, b)$가 곡선 $y=\log_2 x$ 위의 점이므로 $b=\log_2 9$
따라서 $a+2^b=9+2^{\log_2 9}=9+9^{\log_2 2}=9+9=18$

답 ⑤

POINT

❶ 점 (p, q)가 로그함수
$y=\log_a x(a>0, a\neq1)$의 그래프 위의 점이면 $q=\log_a p$이다.

유제 ③

• 8445-0041 •

오른쪽 그림은 함수 $y=\log_{1.3} x$의 그래프이다.

$\log_{1.3} A=10$, $\log_{1.3} B=6$일 때, $\dfrac{A}{B}$의 값과 같은 것은?

① a　　　　② b　　　　③ c

④ d　　　　⑤ e

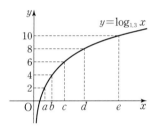

유형 ④

로그함수의
성질과
그래프의 이동

$2\leq x\leq9$일 때, 함수 $y=\log_2(x-1)+2$의 최댓값을 M, 최솟값을 m이라 하자. $M+m$의 값을 구하시오.

풀이

함수 $y=\log_2(x-1)+2$의 그래프는 함수 $y=\log_2 x$의 그래프를 x축의 방향으로 1만큼, y축의 방향으로 2만큼 평행이동한 것이다.
따라서 주어진 함수의 그래프는 그림과 같다.
함수 $y=\log_2(x-1)+2$의 그래프는
x의 값이 증가하면 y의 값도 증가하므로 ❶
$x=9$일 때, 최댓값 $M=\log_2 8+2=3+2=5$
$x=2$일 때, 최솟값 $m=\log_2 1+2=0+2=2$
따라서 $M+m=5+2=7$

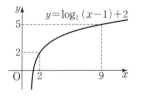

답 7

POINT

❶ 로그함수 $y=\log_a x(a>0, a\neq1)$에서 $a>1$일 때, x의 값이 증가하면 y의 값도 증가한다.

유제 ④

• 8445-0042 •

$A=-\log_{\frac{1}{5}} 6$, $B=1$, $C=2\log_{\frac{1}{5}} \dfrac{1}{2}$의 대소를 비교하면?

① $A<B<C$　　② $A<C<B$　　③ $B<A<C$　　④ $B<C<A$　　⑤ $C<B<A$

유형 5 지수함수의 활용

방정식 $4^{x+1}-4^x=24$를 만족시키는 실수 x의 값은?

① $\dfrac{3}{2}$ ② $\dfrac{7}{4}$ ③ 2   ④ $\dfrac{9}{4}$ ⑤ $\dfrac{5}{2}$

풀이

$4^{x+1}-4^x=24$, $4\times 4^x-4^x=24$

$(4-1)\times 4^x=24$, $3\times 4^x=24$

$4^x=8$

$2^{2x}=2^3$에서 $2x=3$이므로 ❶

$x=\dfrac{3}{2}$

답 ①

POINT

❶ $a>0$, $a\neq 1$일 때
$a^{x_1}=a^{x_2} \iff x_1=x_2$

유제 5

• 8445-0043 •

두 부등식 $\left(\dfrac{1}{4}\right)^x>\left(\dfrac{1}{8}\right)^2$, $\dfrac{1}{9^{x+1}}<3$을 동시에 만족시키는 정수 x의 개수는?

① 3   ② 4   ③ 5   ④ 6   ⑤ 7

유형 6 로그함수의 활용

부등식 $\log_2(2x-3)<3$을 만족시키는 정수 x의 개수는?

① 2   ② 3   ③ 4   ④ 5   ⑤ 6

풀이

진수가 양수이어야 하므로

$2x-3>0$에서

$x>\dfrac{3}{2}$ …… ㉠

$\log_2(2x-3)<3$, $\log_2(2x-3)<\log_2 2^3$

밑 2는 1보다 크므로 $2x-3<8$ ❶

$x<\dfrac{11}{2}$ …… ㉡

㉠, ㉡을 모두 만족시키는 x의 값의 범위는 $\dfrac{3}{2}<x<\dfrac{11}{2}$

따라서 구하는 정수 x는 2, 3, 4, 5의 4개이다.

답 ③

POINT

❶ $a>1$일 때
$\log_a x_1<\log_a x_2 \iff x_1<x_2$

유제 6

• 8445-0044 •

방정식 $\log_2 x+\log_2(x-3)=2$를 만족시키는 실수 x의 값을 구하시오.

01
• 8445-0045 •

그림은 양수 a에 대하여 함수 $y=\left(\dfrac{1}{a}\right)^x$의 그래프를 그린 것이다. a의 값이 가장 작은 것은?

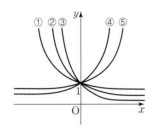

02
• 8445-0046 •

지수함수 $f(x)=a^x(a>0,\ a\neq1)$에 대하여 $f(2)=\dfrac{1}{4}$일 때, $f(-3)$의 값은?

① 2
② $2\sqrt{2}$
③ 4
④ $4\sqrt{2}$
⑤ 8

03
• 8445-0047 •

오른쪽 그림과 같은 함수 $f(x)=2^{\frac{x}{2}}$의 그래프에 대하여 $f(a)=m$, $f(b)=n$이 성립한다. $a+b=6$일 때, mn의 값은?

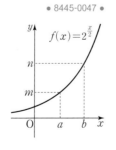

① 4
② $4\sqrt{2}$
③ 8
④ $8\sqrt{2}$
⑤ 16

04
• 8445-0048 •

함수 $y=\left(\dfrac{1}{2}\right)^{x^2-2x-1}$의 최댓값은?

① $\dfrac{1}{4}$
② $\dfrac{1}{2}$
③ 1
④ 2
⑤ 4

05
• 8445-0049 •

지수함수 $y=3^{x-1}+k$의 그래프가 점 $(3,\ 6)$을 지날 때, 이 그래프의 점근선의 방정식은? (단, k는 상수이다.)

① $x=-3$
② $x=3$
③ $y=-3$
④ $y=0$
⑤ $y=3$

06
• 8445-0050 •

함수 $y=a^x+1(a>0,\ a\neq1)$의 그래프를 x축의 방향으로 -2만큼 평행이동한 후, y축에 대하여 대칭이동한 그래프는 a의 값에 관계없이 항상 점 $(p,\ q)$를 지난다. $p+q$의 값은?

① 0
② 1
③ 2
④ 3
⑤ 4

07

• 8445-0051 •

정의역이 $\{x \mid x \le 2\}$인 함수 $y = 2^{2x} - 2^{x+2} + 8$의 최댓값을 M, 최솟값을 m이라 할 때, $M + m$의 값은?

① 10   ② 12   ③ 14

④ 16   ⑤ 18

유형 ③ 로그함수의 뜻과 그래프

08

• 8445-0052 •

로그함수 $y = \log_a x$, $y = \log_b x$, $y = \log_c x$, $y = \log_d x$의 그래프가 그림과 같을 때, 상수 a, b, c, d의 대소 관계로 옳은 것은?

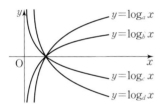

① $a < b < c < d$ ② $a < b < d < c$ ③ $c < d < a < b$

④ $c < d < b < a$ ⑤ $d < c < b < a$

09

• 8445-0053 •

좌표평면 위의 곡선 $y = \log_4 x$와 x축 및 직선 $x = 16$으로 둘러싸인 영역(경계 포함)에 속하는 점 중 x좌표와 y좌표가 모두 정수인 점의 개수는?

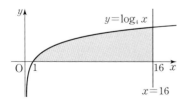

① 26   ② 28   ③ 30

④ 32   ⑤ 34

10

• 8445-0054 •

그림과 같은 두 함수 $y = \log_2 x$와 $y = \log_{\frac{1}{2}} x$의 그래프에서 직사각형 ABCD의 두 꼭짓점 A, C는 곡선 $y = \log_{\frac{1}{2}} x$ 위에 놓이고, 두 꼭짓점 B, D는 곡선 $y = \log_2 x$ 위에 놓인다. 점 A의 x좌표가 $\frac{1}{4}$일 때, 직사각형 ABCD의 넓이를 구하시오. (단, 직사각형의 각 변은 x축 또는 y축과 평행하다.)

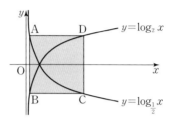

유형 ④ 로그함수의 성질과 그래프의 이동

11

• 8445-0055 •

함수 $y = \log_{2a-1} x$가 x의 값이 증가할 때, y의 값이 감소하도록 하는 실수 a의 값의 범위는?

① $-\frac{1}{2} < a < 0$ ② $0 < a < \frac{1}{2}$

③ $\frac{1}{2} < a < 1$ ④ $1 < a < \frac{3}{2}$

⑤ $\frac{3}{2} < a < 2$

12

• 8445-0056 •

함수 $f(x) = \log_2 \sqrt{x} + \log_4 (16 - x)$의 최댓값은?

① 1   ② 2   ③ 3

④ 4   ⑤ 5

13

• 8445-0057 •

함수 $y=\log_2 x$의 그래프를 x축의 방향으로 1만큼, y축의 방향으로 3만큼 평행이동한 그래프가 점 $(p,\ 7)$을 지난다. p의 값은?

① 11 ② 13 ③ 15
④ 17 ⑤ 19

14

• 8445-0058 •

그림은 두 함수 $y=\log_2 x$, $y=\log_2 4x$의 그래프이다. 두 함수 $y=\log_2 x$, $y=\log_2 4x$의 그래프와 직선 $x=1$, $x=4$로 둘러싸인 부분의 넓이는?

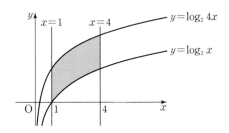

① 5 ② 6 ③ 7
④ 8 ⑤ 9

15

• 8445-0059 •

방정식 $\left(\dfrac{1}{8}\right)^x=16\sqrt{2}$를 만족시키는 실수 x의 값은?

① $-\dfrac{5}{2}$ ② -2 ③ $-\dfrac{3}{2}$
④ -1 ⑤ $-\dfrac{1}{2}$

16

• 8445-0060 •

부등식 $25^{x^2-5}\leq0.2^{5x-2}$을 만족시키는 정수 x의 개수는?

① 2 ② 4 ③ 6
④ 8 ⑤ 10

17

• 8445-0061 •

두 집합 $A=\left\{x\left|\left(\dfrac{1}{3}\right)^x<9\right.\right\}$, $B=\{x\,|\,4^x<2\sqrt{2}\}$에 대하여 $A\cap B=\{x\,|\,\alpha<x<\beta\}$이다. $\alpha\beta$의 값은?

① -3 ② $-\dfrac{5}{2}$ ③ -2
④ $-\dfrac{3}{2}$ ⑤ -1

18

• 8445-0062 •

방정식 $4^x-2^{x+1}-8=0$을 만족시키는 실수 x의 값을 구하시오.

19

• 8445-0063 •

어느 유산균 음료 속의 유산균의 수가 1000마리일 때, t분 후의 유산균의 수를 $N(t)$라 하면 $N(t)=1000\times2^{\frac{t}{20}}$이 성립한다. 유산균의 수가 32000마리가 되는 것은 몇 분 후인지 구하시오.

유형 **6** **로그함수의 활용**

20

• 8445-0064 •

방정식 $\log_3(x^2-3x-10)=\log_3(x-1)+1$을 만족시키는 실수 x의 값을 구하시오.

21

• 8445-0065 •

부등식 $\log_4(\log_2 x-2)\leq\dfrac{1}{2}$을 만족시키는 정수 x의 개수는?

① 10   ② 12   ③ 14

④ 16   ⑤ 18

22

• 8445-0066 •

부등식 $\log x+\log(x-15)\leq2$를 만족시키는 정수 x의 개수는?

① 2   ② 3   ③ 4

④ 5   ⑤ 6

23

• 8445-0067 •

방정식 $(\log_2 4x)(\log_2 8x)-12=0$의 두 근을 α, β라 할 때, $\alpha\beta$의 값은?

① $\dfrac{1}{32}$ ② $\dfrac{1}{16}$ ③ $\dfrac{1}{8}$

④ $\dfrac{1}{4}$ ⑤ $\dfrac{1}{2}$

24

• 8445-0068 •

소리의 세기가 $I(W/\text{cm}^2)$인 음원으로부터 $d(\text{cm})$만큼 떨어진 지점에서 측정된 소리의 상대적 세기를 P(데시벨)이라 하면 관계식

$$P=10\left(12+\log\dfrac{I}{d^2}\right)$$

가 성립한다고 한다. 소리의 세기가 $a(W/\text{cm}^2)$인 음원으로부터 $1000(\text{cm})$만큼 떨어진 지점에서 측정된 소리의 상대적 세기가 90(데시벨)일 때, a의 값을 구하시오.

다음 네 수 중 가장 큰 수와 가장 작은 수의 곱을 구하시오.

$$\sqrt{\sqrt{8}},\ \sqrt[3]{16},\ 0.125^{-\frac{2}{9}},\ \left(\frac{1}{32}\right)^{-0.3}$$

풀이

크기를 비교하기 위하여 각 수의 밑을 2로 통일하면

$\sqrt{\sqrt{8}}=\sqrt[4]{2^3}=(2^3)^{\frac{1}{4}}=2^{\frac{3}{4}}$

$\sqrt[3]{16}=\sqrt[3]{2^4}=(2^4)^{\frac{1}{3}}=2^{\frac{4}{3}}$

$0.125^{-\frac{2}{9}}=\left(\frac{1}{8}\right)^{-\frac{2}{9}}=(2^{-3})^{-\frac{2}{9}}=2^{\frac{2}{3}}$

$\left(\frac{1}{32}\right)^{-0.3}=(2^{-5})^{-0.3}=2^{1.5}=2^{\frac{3}{2}}$ ◀ ❶

지수함수 $y=2^x$은 x의 값이 증가하면 y의 값도 증가한다.

$\frac{2}{3}<\frac{3}{4}<\frac{4}{3}<\frac{3}{2}$이므로 ⟶ $y=a^x$에서 $a>1$일 때, x의 값이 증가하면 y의 값도 증가한다.

가장 큰 수는 $2^{\frac{3}{2}}$, 가장 작은 수는 $2^{\frac{2}{3}}$이다. ◀ ❷

따라서 그 곱은

$2^{\frac{3}{2}}\times2^{\frac{2}{3}}=2^{\frac{3}{2}+\frac{2}{3}}=2^{\frac{13}{6}}$ ◀ ❸

답 $2^{\frac{13}{6}}$

단계	채점 기준	비율
❶	각 수를 밑이 2인 지수로 나타낸 경우	50 %
❷	가장 큰 수와 가장 작은 수를 구한 경우	30 %
❸	곱을 구한 경우	20 %

01 • 8445-0069 •

함수 $y=\log_{\frac{1}{2}}(x^2+4x+8)$은 $x=a$에서 최댓값 b를 가진다. 두 상수 a, b에 대하여 $a+b$의 값을 구하시오.

02 • 8445-0070 •

방정식 $2^{2x}\times5^{x^2-12}=20^x$의 근을 구하시오.

03 • 8445-0071 •

함수 $y=f(x)$의 그래프는 함수 $y=\log_2(x-1)$의 그래프와 직선 $y=x$에 대하여 대칭이다.
점 $P(2,\ b)$는 함수 $y=f(x)$의 그래프 위에, 점 $Q(a,\ b)$는 함수 $y=\log_2(x-1)$의 그래프 위에 있을 때, a의 값을 구하시오.

01

• 8445-0072 •

그림과 같이 두 함수 $y=\log_2 x$와 $y=2^x$의 그래프가 있다. 곡선 $y=\log_2 x$ 위의 점 $\mathrm{P}(4, 2)$와 $\mathrm{Q}(a, \log_2 a)$에서 각각 y축에 평행한 직선을 그어 x축과 만나는 점을 각각 P_1, Q_1이라 하고, 각각 x축에 평행한 직선을 그어 곡선 $y=2^x$과 만나는 점을 각각 P_2, Q_2라 하자. 또 점 P_2, Q_2에서 각각 y축에 평행한 직선을 그어 x축과 만나는 점을 각각 P_3, Q_3라 하자. 두 사각형 $\mathrm{P}_1\mathrm{PP}_2\mathrm{P}_3$와 $\mathrm{Q}_1\mathrm{QQ}_2\mathrm{Q}_3$의 공통 부분의 넓이를 $S(a)$, 두 사각형 $\mathrm{P}_1\mathrm{PP}_2\mathrm{P}_3$와 $\mathrm{Q}_1\mathrm{QQ}_2\mathrm{Q}_3$의 넓이의 차를 $D(a)$라 하자.

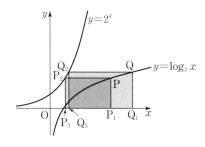

2보다 큰 자연수 n에 대하여 $S(2^n)=2$일 때, $D(2^n)$의 값을 구하시오. (단, $a>4$)

02

• 8445-0073 •

그림과 같이 두 곡선 $y=\log_2 x$, $y=\log_a x(0<a<1)$와 x축이 직선 $x=k(k>1)$와 만나는 점을 각각 A, B, C라 하자. $\overline{\mathrm{AC}}:\overline{\mathrm{BC}}=2:5$일 때, 부등식 $a^n<\dfrac{1}{100}$을 만족시키는 자연수 n의 최솟값은? (단, $\log 2=0.3010$으로 계산한다.)

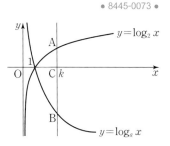

① 15　　　　　② 16　　　　　③ 17
④ 18　　　　　⑤ 19

03 실생활 활용

• 8445-0074 •

어느 회사의 정수 필터는 정수 작업을 한 번 할 때마다 불순물 양의 $x\,\%$를 제거할 수 있다고 한다. 정수 작업을 5회 반복 실시하면 불순물의 양은 처음의 $10\,\%$ 이하로 줄어든다고 할 때, 자연수 x의 최솟값을 구하시오.

(단, $\log 6.31=0.8$로 계산한다.)

Level I

01
• 8445-0075 •

$\sqrt[3]{\sqrt{8}}+\dfrac{\sqrt[4]{36}}{\sqrt{3}}$의 값은?

① $\sqrt{2}$ ② 2 ③ $2\sqrt{2}$
④ 4 ⑤ $4\sqrt{2}$

02
• 8445-0076 •

$A=\sqrt{2}$, $B=\sqrt[3]{3}$, $C=\sqrt[4]{5}$의 대소를 비교하면?

① $A<B<C$ ② $A<C<B$ ③ $B<A<C$
④ $B<C<A$ ⑤ $C<B<A$

03
• 8445-0077 •

$\log_2 A=21$, $\log_4 B=6$일 때, $\dfrac{A}{B}=2^n$이다. 자연수 n의 값은?

① 6 ② 7 ③ 8
④ 9 ⑤ 10

04
• 8445-0078 •

1이 아닌 양수 a에 대하여 $\log_{\sqrt{a}}\sqrt[4]{8}=3$일 때, a의 값은?

① $\dfrac{1}{2}$ ② $\dfrac{1}{\sqrt{2}}$ ③ 1
④ $\sqrt{2}$ ⑤ 2

05
• 8445-0079 •

$\log_2 9 \times \log_3 \sqrt{8}$의 값은?

① $\dfrac{3}{2}$ ② $\dfrac{3\sqrt{2}}{2}$ ③ 3
④ $3\sqrt{2}$ ⑤ 6

06
• 8445-0080 •

$-1\le x\le 3$일 때, 함수 $y=2^{x-1}\times 3^{3-x}$의 최솟값을 구하시오.

07
• 8445-0081 •

부등식 $3^{x-5}<\sqrt{27}<\left(\dfrac{1}{9}\right)^{-x-1}$을 만족시키는 정수 x의 개수는?

① 5 ② 6 ③ 7
④ 8 ⑤ 9

08
• 8445-0082 •

방정식 $\log_3 (3x+7)=2\log_3 (x+1)$을 만족시키는 실수 x의 값을 구하시오.

Level 2

09
• 8445-0083 •

a가 3의 거듭제곱일 때 $18^4 \times (2a)^{-3} \div 24^{-2}$의 값이 정수가 되도록 하는 모든 a의 값의 합을 구하시오.

10
• 8445-0084 •

양수 a에 대하여 $a^{2x}=2$일 때, $\dfrac{a^{3x}-a^{-3x}}{a^x+a^{-x}}=\dfrac{q}{p}$이다. $p+q$의 값을 구하시오.

(단, x는 실수이고, p와 q는 서로소인 자연수이다.)

11
• 8445-0085 •

$\log_2\{\log_3(\log_4 x)\}=0$일 때, $\log_{\sqrt{2}} x$의 값은?

① 6 　　　　② 8 　　　　③ 10
④ 12 　　　　⑤ 14

12
• 8445-0086 •

1이 아닌 네 양수 a, b, c, d에 대하여

$\dfrac{1}{\log_a c+\log_a d}+\dfrac{1}{\log_b c+\log_b d}=2$일 때,

$\dfrac{\log\sqrt{c}+\log\sqrt{d}}{\log a+\log b}$의 값은? (단, $ab \neq 1$, $cd \neq 1$)

① $\dfrac{1}{4}$ 　　　　② $\dfrac{1}{2}$ 　　　　③ 1
④ 2 　　　　⑤ 4

13
• 8445-0087 •

좌표평면 위의 두 곡선 $y=2^x-5$, $y=-3^x+10$과 y축으로 둘러싸인 영역(경계 포함)에 속하는 점 중 x좌표와 y좌표가 모두 정수인 점의 개수를 구하시오.

14
• 8445-0088 •

1이 아닌 두 양수 a, b에 대하여 두 함수 $y=\log_a x$와 $y=\log_b x$의 그래프가 다음 그림과 같을 때, 함수 $y=\left(\dfrac{b}{a}\right)^x-a^b$의 그래프의 개형으로 가장 알맞은 것은?

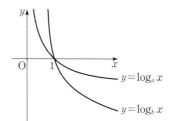

① 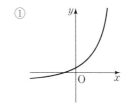 　　　　②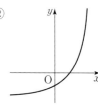

③ 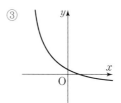 　　　　④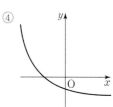

⑤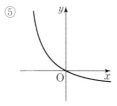

15

• 8445-0089 •

두 함수 $y=\log_2(x-5)+8$, $y=\log_{\frac{1}{3}}(3-x)+2$의 역함수를 각각 $f(x)$, $g(x)$라 하자. 모든 실수 x에 대하여

$$g(x)<n<f(x)$$

를 만족시키는 모든 정수 n의 값의 합을 구하시오.

16

• 8445-0090 •

방정식 $4^x-3\times2^{x+1}+k+5=0$이 서로 다른 두 실근을 갖도록 하는 정수 k의 개수는?

① 5 　　　　② 6 　　　　③ 7
④ 8 　　　　⑤ 9

17

• 8445-0091 •

어느 놀이공원의 입장료는 매년 1월 1일에 한 번 결정되고, 해마다 전년보다 8% 가격이 상승하며 일 년간 변동되지 않는다고 한다. 이 놀이공원의 입장료가 2019년 가격의 두 배 이상이 되는 것은 언제부터인가?

　　(단, $\log 2=0.3010$, $\log 3=0.4771$로 계산한다.)

① 2025년 　　② 2027년 　　③ 2029년
④ 2031년 　　⑤ 2033년

Level 3

18

• 8445-0092 •

n이 2 이상 100 이하의 자연수일 때,

$$\sqrt{\dfrac{\sqrt[3]{n^4}}{\sqrt[4]{n}}}\times\sqrt[4]{\dfrac{\sqrt{n}}{\sqrt[3]{n^4}}}$$

의 값이 자연수가 되도록 하는 모든 n의 값의 합을 구하시오.

19

• 8445-0093 •

두 실수 x, y에 대하여 다음 식이 성립한다.

$$2^{x+1}+2^y=a,\ 2^x-2^{y+1}=1$$

$x+y=2$일 때, 양수 a에 대하여 $2a^2-3a$의 값은?

① 100 　　　② 102 　　　③ 104
④ 106 　　　⑤ 108

20

• 8445-0094 •

자연수 n에 대하여 $2^n=b\times10^a$(a는 정수, $1\leq b<10$)이 성립할 때, 두 함수 f, g를 다음과 같이 정의한다.

$$f(n)=a,\ g(n)=\log b$$

〈보기〉에서 옳은 것만을 있는 대로 고른 것은?

┤ 보기 ├

ㄱ. $f(3)<f(4)$
ㄴ. $g(6)<g(7)$
ㄷ. 모든 자연수 n에 대하여
　　$f(n+1)-f(n)>g(n)-g(n+1)$

① ㄱ 　　　　② ㄱ, ㄴ 　　　③ ㄱ, ㄷ
④ ㄴ, ㄷ 　　⑤ ㄱ, ㄴ, ㄷ

21

• 8445-0095 •

$1 < a < b < 2$일 때, 〈보기〉에서 옳은 것만을 있는 대로 고른 것은?

┤ 보기 ├

ㄱ. $\log_b a < \log_a b$

ㄴ. $\log_{(a-1)} (b-1) > 1$

ㄷ. $\log_{(a-1)} a > \log_{(b-1)} b$

① ㄱ   ② ㄱ, ㄴ   ③ ㄱ, ㄷ

④ ㄴ, ㄷ   ⑤ ㄱ, ㄴ, ㄷ

22

• 8445-0096 •

함수 $y = \log_{\frac{1}{2}} (2x - p)$의 그래프와 직선 $x = 4$가 한 점에서 만나고, 함수 $y = |2^{-x} - p|$의 그래프와 직선 $y = 3$이 두 점에서 만나도록 하는 모든 정수 p의 값의 합을 구하시오.

23

• 8445-0097 •

실수 전체의 집합에서 정의된 함수 $f(x)$가 다음 조건을 만족시킨다.

(가) $f(x) = \begin{cases} -2x & (-1 \le x < 0) \\ 2x & (0 \le x < 1) \end{cases}$

(나) 모든 실수 x에 대하여 $f(x+2) = f(x)$이다.

자연수 n에 대하여 함수 $y = f(x)$의 그래프가 함수 $y = \log_{2n} x$의 그래프와 만나는 점의 개수가 99일 때, n의 값을 구하시오.

24

• 8445-0098 •

2 이상의 두 자연수 m, n에 대하여 등식

$$\sqrt{\sqrt[m]{4}} \times \sqrt[n]{\sqrt[3]{2}} = \sqrt[4]{2}$$

가 성립할 때, $m + n$의 최댓값을 구하시오.

25

• 8445-0099 •

함수 $y = \log_3 (x+1)$의 역함수를 $f(x)$라 할 때, 방정식 $f(2x) + f(x+1) - 52 = 0$의 실수해를 α라 하자. $f(\alpha)$의 값을 구하시오.

03 삼각함수의 뜻과 그래프

1 일반각

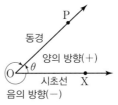

(1) 그림과 같이 두 반직선 OX, OP로 이루어진 도형을 ∠XOP라 하고 고정된 반직선 OX의 위치에서 점 O를 중심으로 반직선 OP가 회전하였을 때, 그 회전한 양을 ∠XOP의 크기로 정한다. 이때 반직선 OX를 시초선, 반직선 OP를 동경이라 한다. 동경 OP가 점 O를 중심으로 회전할 때, 시계 바늘이 도는 방향과 반대 방향을 양의 방향, 시계 바늘이 도는 방향과 같은 방향을 음의 방향이라 하고, 음의 방향으로 회전하여 생기는 각의 크기는 음의 부호(−)를 붙여서 나타낸다.

(2) 일반적으로 ∠XOP의 크기 중 하나를 $a°$라 할 때

$$\theta = 360° \times n + a° \, (n은 정수)$$

로 나타내어지는 각 θ를 동경 OP가 나타내는 일반각이라 한다.

참고 그림과 같이 좌표평면의 원점 O에서 시초선 OX를 x축의 양의 방향으로 잡을 때, 동경 OP가 제2사분면에 있으면 동경 OP가 나타내는 각을 제2사분면의 각이라 한다. 다른 사분면에 대해서도 같은 방법으로 생각한다.

보기

① 120°와 −240°를 그림으로 나타내면 다음과 같다.

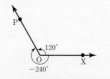

② 동경 OP가 나타내는 한 각의 크기가 30°이면 이 동경이 나타내는 일반각은

$$360° \times n + 30°$$

2 호도법

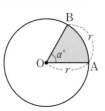

(1) 반지름의 길이가 r인 원에서 반지름의 길이와 호 AB의 길이가 같을 때, 그 중심각의 크기 $a°$를 1라디안(radian)이라 하고, 이것을 단위로 각의 크기를 나타내는 방법을 호도법이라 한다.

(2) 육십분법과 호도법 사이의 관계

$$1(라디안) = \frac{180°}{\pi}, \ 1° = \frac{\pi}{180}(라디안)$$

참고 각의 크기를 호도법으로 나타낼 때는 보통 단위인 라디안을 생략하여 실수로 나타낸다.

보기

① $60° = 60 \times 1°$

$$= 60 \times \frac{\pi}{180} = \frac{\pi}{3}$$

② $\frac{5\pi}{6} = \frac{5\pi}{6} \times 1(라디안)$

$$= \frac{5\pi}{6} \times \frac{180°}{\pi} = 150°$$

3 부채꼴의 호의 길이와 넓이

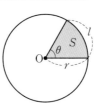

반지름의 길이가 r, 중심각의 크기가 θ인 부채꼴에서 호의 길이를 l, 넓이를 S라 하면

(1) $l = r\theta$ (2) $S = \frac{1}{2}r^2\theta = \frac{1}{2}rl$

 설명 호의 길이와 부채꼴의 넓이는 중심각의 크기에 정비례하므로

(1) $l : 2\pi r = \theta : 2\pi$에서 $l = r\theta$ (2) $S : \pi r^2 = \theta : 2\pi$에서 $S = \frac{1}{2}r^2\theta$

보기

반지름의 길이가 6, 중심각의 크기가 $\frac{\pi}{3}$인 부채꼴에서 호의 길이를 l, 넓이를 S라 하면

$$l = 6 \times \frac{\pi}{3} = 2\pi$$

$$S = \frac{1}{2} \times 6^2 \times \frac{\pi}{3} = 6\pi$$

4 삼각함수의 뜻과 부호

(1) 반지름의 길이가 $r\,(r>0)$인 원 O 위의 임의의 점 P$(x,\,y)$에 대하여 x축의 양의 방향을 시초선으로 하고 동경 OP가 나타내는 일반각의 크기를 θ라 할 때, 삼각함수를 다음과 같이 정의한다.

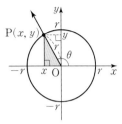

$$\sin\theta=\frac{y}{r},\ \cos\theta=\frac{x}{r},\ \tan\theta=\frac{y}{x}\,(x\neq0)$$

설명 좌표평면 위에서 x축의 양의 방향을 시초선으로 잡고, 일반각의 크기가 θ인 동경과 반지름의 길이가 r인 원과의 교점을 P$(x,\,y)$라 하면 θ의 값에 따라 $\frac{y}{r}$, $\frac{x}{r}$, $\frac{y}{x}\,(x\neq0)$의 값이 각각 한 가지로 결정된다. 따라서

$$\theta\to\frac{y}{r},\ \theta\to\frac{x}{r},\ \theta\to\frac{y}{x}\,(x\neq0)$$

와 같은 대응은 각각 θ에 대한 함수가 된다.

이 함수들을 차례대로 사인함수, 코사인함수, 탄젠트함수라 하며

$$\sin\theta=\frac{y}{r},\ \cos\theta=\frac{x}{r},\ \tan\theta=\frac{y}{x}\,(x\neq0)$$

와 같이 나타낸다.

(2) 삼각함수의 값의 부호

각 θ의 동경 OP가 위치하는 사분면에 따라 삼각함수의 값의 부호는 다음 표와 같다.

삼각함수＼사분면	제1사분면	제2사분면	제3사분면	제4사분면
$\sin\theta$	+	+	−	−
$\cos\theta$	+	−	−	+
$\tan\theta$	+	−	+	−

보기

① 원점 O와 점 P$(4,\,-3)$을 지나는 동경 OP가 나타내는 각을 θ라 하면

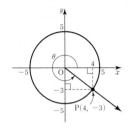

$\overline{\mathrm{OP}}=\sqrt{4^2+(-3)^2}=5$이므로

$\sin\theta=-\dfrac{3}{5}$

$\cos\theta=\dfrac{4}{5}$

$\tan\theta=-\dfrac{3}{4}$

② $\theta=\dfrac{4\pi}{3}$를 나타내는 동경은 제3사분면에 위치하므로

$\sin\theta<0$

$\cos\theta<0$

$\tan\theta>0$

5 삼각함수 사이의 관계

(1) $\tan\theta=\dfrac{\sin\theta}{\cos\theta}$

(2) $\sin^2\theta+\cos^2\theta=1$

설명 (1) 각 θ의 동경이 원점을 중심으로 하고 반지름의 길이가 1인 원(단위원)과 만나는 점을 P$(x,\,y)$라 하면 삼각함수의 정의에 따라 $\sin\theta=y$, $\cos\theta=x$, $\tan\theta=\dfrac{y}{x}\,(x\neq0)$이므로 $\tan\theta=\dfrac{\sin\theta}{\cos\theta}$임을 알 수 있다.

(2) 점 P$(x,\,y)$를 원 $x^2+y^2=1$ 위의 점이라 하면 $x=\cos\theta$, $y=\sin\theta$이므로 $\sin^2\theta+\cos^2\theta=1$임을 알 수 있다.

보기

각 θ가 제2사분면의 각이고

$\sin\theta=\dfrac{2}{3}$일 때

$\cos^2\theta=1-\sin^2\theta$

$\qquad\quad=1-\dfrac{4}{9}=\dfrac{5}{9}$

$\cos\theta<0$이므로 $\cos\theta=-\dfrac{\sqrt5}{3}$

또한, $\tan\theta=\dfrac{\sin\theta}{\cos\theta}$이므로

$\tan\theta=\dfrac{\dfrac{2}{3}}{-\dfrac{\sqrt5}{3}}=-\dfrac{2\sqrt5}{5}$

6 삼각함수의 그래프

(1) 함수 $y=\sin x$의 그래프와 성질

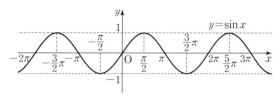

① 정의역은 실수 전체의 집합이고, 치역은 $\{y\,|\,-1\le y\le 1\}$이다.

② $y=\sin x$의 그래프는 원점에 대하여 대칭이다.

③ 주기가 2π인 주기함수이다.

참고 일반적으로 함수 $y=f(x)$에서 정의역에 속하는 임의의 실수 x에 대하여 $f(x+p)=f(x)$가 성립하는 0이 아닌 상수 p가 존재할 때, 이 함수 $y=f(x)$를 주기함수라 한다. 이때 상수 p 중에서 최소인 양수가 존재하면 이 수를 그 함수의 주기라 한다.

(2) 함수 $y=\cos x$의 그래프와 성질

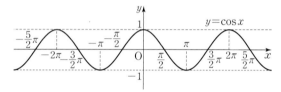

① 정의역은 실수 전체의 집합이고, 치역은 $\{y\,|\,-1\le y\le 1\}$이다.

② $y=\cos x$의 그래프는 y축에 대하여 대칭이다.

③ 주기가 2π인 주기함수이다.

참고 두 함수 $y=a\sin bx+c$, $y=a\cos bx+c$는 모두 최댓값은 $|a|+c$, 최솟값은 $-|a|+c$, 주기는 $\dfrac{2\pi}{|b|}$이다. (단, a, b, c는 상수이고, $a\ne0$, $b\ne0$이다.)

(3) 함수 $y=\tan x$의 그래프와 성질

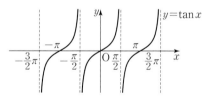

① 정의역은 $n\pi+\dfrac{\pi}{2}$ (n은 정수)를 제외한 실수 전체의 집합이고, 치역은 실수 전체의 집합이다.

② $y=\tan x$의 그래프는 원점에 대하여 대칭이다.

③ 주기가 π인 주기함수이다.

④ $y=\tan x$의 그래프의 점근선은 $x=n\pi+\dfrac{\pi}{2}$ (n은 정수)이다.

참고 함수 $y=\tan ax$의 주기는 $\dfrac{\pi}{|a|}$이고, 최댓값과 최솟값은 없다. (단, a는 0이 아닌 상수이다.)

보기

① 함수 $y=2\sin x$의 그래프는 다음과 같다.

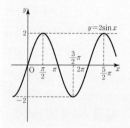

② 함수 $y=\cos 2x$의 그래프는 다음과 같다.

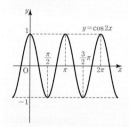

③ 함수 $y=\tan\dfrac{x}{2}$의 그래프는 다음과 같다.

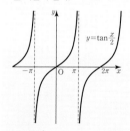

참고

$f(x)=a\sin bx+c$

(단, a, b, c는 상수이고 $a\ne0$, $b\ne0$이다.)

라 하면

$f(x)=a\sin bx+c$
$\quad=a\sin(bx+2\pi)+c$
$\quad=a\sin b\left(x+\dfrac{2\pi}{b}\right)+c$
$\quad=f\left(x+\dfrac{2\pi}{b}\right)$

이므로 함수 $y=a\sin bx+c$의 주기는 $\dfrac{2\pi}{|b|}$이다.

7 삼각함수의 성질

(1) $-\theta$의 삼각함수

   ① $\sin(-x)=-\sin x$ ② $\cos(-x)=\cos x$ ③ $\tan(-x)=-\tan x$

설명 두 함수 $y=\sin x$, $y=\tan x$의 그래프는 모두 원점에 대하여 대칭이므로

   $\sin(-x)=-\sin x$, $\tan(-x)=-\tan x$

   또 함수 $y=\cos x$의 그래프는 y축에 대하여 대칭이므로 $\cos(-x)=\cos x$

(2) $\pi+x$의 삼각함수

   ① $\sin(\pi+x)=-\sin x$ ② $\cos(\pi+x)=-\cos x$ ③ $\tan(\pi+x)=\tan x$

설명 두 함수 $y=\sin x$, $y=\cos x$의 그래프는 모두 π간격으로 각 함숫값의 부호가 바뀌므로

   $\sin(\pi+x)=-\sin x$, $\cos(\pi+x)=-\cos x$

   또 함수 $y=\tan x$의 주기가 π이므로 $\tan(\pi+x)=\tan x$

(3) $\dfrac{\pi}{2}+x$의 삼각함수

   ① $\sin\left(\dfrac{\pi}{2}+x\right)=\cos x$ ② $\cos\left(\dfrac{\pi}{2}+x\right)=-\sin x$

설명 함수 $y=\sin x$의 그래프를 x축의 방향으로 $-\dfrac{\pi}{2}$만큼 평행이동하면 함수 $y=\cos x$의 그래프와 일치하므로 $\sin\left(x+\dfrac{\pi}{2}\right)=\cos x$, 즉 $\sin\left(\dfrac{\pi}{2}+x\right)=\cos x$

   또 $\cos\left(\dfrac{\pi}{2}+x\right)=\sin\left\{\dfrac{\pi}{2}+\left(\dfrac{\pi}{2}+x\right)\right\}=\sin(\pi+x)=-\sin x$

보기

(1) ① $\sin(-60°)=-\sin 60°$
              $=-\dfrac{\sqrt{3}}{2}$

  ② $\cos\left(-\dfrac{\pi}{4}\right)=\cos\dfrac{\pi}{4}=\dfrac{\sqrt{2}}{2}$

  ③ $\tan(-60°)=-\tan 60°$
              $=-\sqrt{3}$

(2) ① $\sin\dfrac{4}{3}\pi=\sin\left(\pi+\dfrac{\pi}{3}\right)$
           $=-\sin\dfrac{\pi}{3}=-\dfrac{\sqrt{3}}{2}$

  ② $\cos\dfrac{7}{6}\pi=\cos\left(\pi+\dfrac{\pi}{6}\right)$
           $=-\cos\dfrac{\pi}{6}=-\dfrac{\sqrt{3}}{2}$

  ③ $\tan\dfrac{5}{4}\pi=\tan\left(\pi+\dfrac{\pi}{4}\right)$
           $=\tan\dfrac{\pi}{4}=1$

(3) ① $\sin 120°=\sin(90°+30°)$
           $=\cos 30°=\dfrac{\sqrt{3}}{2}$

  ② $\cos\dfrac{2}{3}\pi=\cos\left(\dfrac{\pi}{2}+\dfrac{\pi}{6}\right)$
           $=-\sin\dfrac{\pi}{6}=-\dfrac{1}{2}$

8 삼각함수의 활용

(1) **방정식에의 활용**

   각의 크기가 미지수인 삼각함수를 포함한 방정식은 다음과 같이 푼다.

   ① 주어진 방정식을 $\sin x=k$($\cos x=k$, $\tan x=k$, k는 실수)의 꼴로 변형한다.

   ② 주어진 범위에서 $y=\sin x$($y=\cos x$, $y=\tan x$)의 그래프와 직선 $y=k$를 그린다.

   ③ 두 그래프의 교점의 x좌표를 구한다.

(2) **부등식에의 활용**

   각의 크기가 미지수인 삼각함수를 포함한 부등식은 다음과 같이 푼다.

   ① 주어진 부등식을 $\sin x>k$($\sin x<k$, k는 실수)의 꼴로 변형한다.

   ② 주어진 범위에서 $y=\sin x$의 그래프와 직선 $y=k$를 그린다.

   ③ 두 그래프의 교점의 x좌표를 구한다.

   ④ $\sin x>k$($\sin x<k$)의 해는 함수 $y=\sin x$의 그래프가 직선 $y=k$보다 위쪽 (아래쪽)에 있는 x의 값의 범위와 같다.

   $\cos x$, $\tan x$에 대한 부등식도 $\sin x$에 대한 부등식과 같은 방법으로 해결한다.

보기

방정식 $2\sin x-1=0$
$(0\le x<2\pi)$의 해를 구해 보자.
주어진 식을 변형하면

$\sin x=\dfrac{1}{2}$

함수 $y=\sin x$의 그래프와 직선 $y=\dfrac{1}{2}$을 그리면 다음과 같다.

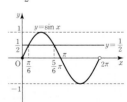

이때 주어진 방정식의 해는 두 그래프의 교점의 x좌표이므로

$x=\dfrac{\pi}{6}$ 또는 $x=\dfrac{5}{6}\pi$

기본 유형 익히기

1 다음 중 제2사분면 또는 제4사분면의 각은 모두 몇 개인지 구하시오.

$$310°, \frac{7}{3}\pi, 650°, -\frac{3}{4}\pi, -490°, -1300°$$

풀이

$310°$는 제4사분면의 각이다.

$\frac{7}{3}\pi = \frac{7}{3}\pi \times \frac{180°}{\pi} = 420° = 360° + 60°$이므로 $\frac{7}{3}\pi$는 제1사분면의 각이다. ❶

$650° = 360° \times 1 + 290°$이므로 $650°$는 제4사분면의 각이다.

$-\frac{3}{4}\pi = -\frac{3}{4}\pi \times \frac{180°}{\pi} = -135°$이므로 $-\frac{3}{4}\pi$는 제3사분면의 각이다. ❶

$-490° = 360° \times (-2) + 230°$이므로 $-490°$는 제3사분면의 각이다.

$-1300° = 360° \times (-4) + 140°$이므로 $-1300°$는 제2사분면의 각이다.

따라서 제2사분면 또는 제4사분면의 각은 $310°, 650°, -1300°$의 3개이다.

답 3

POINT

❶ 1(라디안)$=\dfrac{180°}{\pi}$이고

$1° = \dfrac{\pi}{180}$(라디안)이다.

유제 ①

• 8445-0100 •

$0 < \theta < \pi$일 때, θ를 나타내는 동경과 3θ를 나타내는 동경이 y축에 대하여 대칭인 θ의 값을 모두 합하면?

① $\dfrac{\pi}{2}$ ② $\dfrac{3}{4}\pi$ ③ π ④ $\dfrac{5}{4}\pi$ ⑤ $\dfrac{3}{2}\pi$

2 중심각의 크기가 $\dfrac{\pi}{4}$, 넓이가 $8\pi \text{ cm}^2$인 부채꼴의 반지름의 길이를 r cm, 호의 길이를 $l\pi$ cm라 하자. $r+l$의 값을 구하시오.

풀이

$8\pi = \dfrac{1}{2}r^2 \times \dfrac{\pi}{4}$에서 $r^2 = 64$ ❷

$r > 0$이므로 $r = 8$

호의 길이는 $8 \times \dfrac{\pi}{4} = 2\pi(\text{cm})$이므로 $l = 2$ ❶

따라서 $r + l = 8 + 2 = 10$

답 10

POINT

반지름의 길이가 r, 중심각의 크기가 θ인 부채꼴에서 호의 길이를 l, 넓이를 S라 하면

❶ $l = r\theta$

❷ $S = \dfrac{1}{2}r^2\theta = \dfrac{1}{2}rl$

유제 ②

• 8445-0101 •

모선의 길이가 10인 원뿔이 있다. 이 원뿔의 옆면의 전개도인 부채꼴의 중심각의 크기가 $\dfrac{3}{5}\pi$일 때, 원뿔의 밑면의 반지름의 길이를 구하시오.

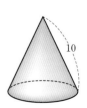

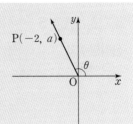

유형 3

삼각함수의 뜻과 부호

그림과 같이 원점 O와 점 $P(-2, a)$에 대하여 동경 OP가 나타내는 각의 크기를 θ라 할 때, $\tan\theta = -2$이다. $\sin\theta - \cos\theta$의 값은?

① $\dfrac{2\sqrt{5}}{5}$ ② $\dfrac{\sqrt{5}}{2}$ ③ $\dfrac{3\sqrt{5}}{5}$

④ $\dfrac{7\sqrt{5}}{10}$ ⑤ $\dfrac{4\sqrt{5}}{5}$

풀이

$P(-2, a)$에서 $\tan\theta = \dfrac{a}{-2}$이므로 ❶

$-\dfrac{a}{2} = -2$, $a = 4$

$\overline{OP} = \sqrt{(-2)^2 + 4^2} = 2\sqrt{5}$

따라서 $\sin\theta = \dfrac{4}{2\sqrt{5}}$, $\cos\theta = \dfrac{-2}{2\sqrt{5}}$이므로

$\sin\theta - \cos\theta = \dfrac{4}{2\sqrt{5}} - \left(\dfrac{-2}{2\sqrt{5}}\right) = \dfrac{6}{2\sqrt{5}} = \dfrac{3\sqrt{5}}{5}$

답 ③

POINT

❶ 점 $P(x, y)$에 대하여 x축의 양의 방향을 시초선으로 하고 동경 OP가 나타내는 일반각의 크기를 θ라 할 때

$\tan\theta = \dfrac{y}{x} (x \neq 0)$

유제 3

● 8445-0102 ●

$\sin\theta\cos\theta < 0$을 만족시키는 각 θ의 동경이 존재하는 사분면은?

① 제1사분면 또는 제2사분면 ② 제1사분면 또는 제3사분면
③ 제2사분면 또는 제3사분면 ④ 제2사분면 또는 제4사분면
⑤ 제3사분면 또는 제4사분면

유형 4

삼각함수 사이의 관계

$\sin\theta + \cos\theta = -\dfrac{1}{3}$일 때, $\sin\theta\cos\theta$의 값은?

① $-\dfrac{2}{3}$ ② $-\dfrac{5}{9}$ ③ $-\dfrac{4}{9}$ ④ $\dfrac{2}{9}$ ⑤ $\dfrac{1}{3}$

풀이

$\sin\theta + \cos\theta = -\dfrac{1}{3}$에서

양변을 제곱하면 $\sin^2\theta + 2\sin\theta\cos\theta + \cos^2\theta = \dfrac{1}{9}$

$2\sin\theta\cos\theta = \dfrac{1}{9} - (\sin^2\theta + \cos^2\theta) = \dfrac{1}{9} - 1 = -\dfrac{8}{9}$ ❶

따라서 $\sin\theta\cos\theta = -\dfrac{4}{9}$

답 ③

POINT

❶ $\sin^2\theta + \cos^2\theta = 1$

유제 4

● 8445-0103 ●

이차방정식 $x^2 - x + k = 0$의 두 근이 $\sin\theta + 2\cos\theta$, $\sin\theta - 2\cos\theta$일 때, 상수 k의 값을 구하시오.

유형 5

삼각함수의 그래프

오른쪽 그래프는 함수 $y = a \sin bx$의 그래프이다. 두 양수 a, b에 대하여 $a + \dfrac{1}{b}$의 값은?

① 2 ② 3 ③ 4
④ 5 ⑤ 6

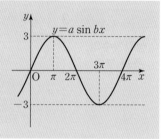

풀이

주어진 그래프에서 함수 $y = a \sin bx$의 최댓값은 3, 최솟값은 -3이고 $a > 0$
이므로 $a = 3$이다. **❶**
주어진 그래프에서 4π마다 같은 모양이 반복되므로 함수의 주기는 4π이다.
$f(x) = a \sin bx$라 하면

$$f(x) = a \sin bx = a \sin(bx + 2\pi) = a \sin b\left(x + \frac{2\pi}{b}\right) = f\left(x + \frac{2\pi}{b}\right)$$

이므로 함수 $y = a \sin bx$의 주기는 $\dfrac{2\pi}{b}$이다. 즉, $\dfrac{2\pi}{b} = 4\pi$에서 $b = \dfrac{1}{2}$ **❷**

따라서 $a + \dfrac{1}{b} = 3 + 2 = 5$ **目** ④

POINT

함수 $y = a \sin bx + c$에서
❶ 최댓값은 $|a| + c$
최솟값은 $-|a| + c$
❷ $f(x) = f\left(x + \dfrac{2\pi}{b}\right)$이므로
주기는 $\dfrac{2\pi}{|b|}$이다.

유제 5

• 8445-0104 •

함수 $y = 2\cos(4x - 3)$의 주기를 $a\pi$, $y = \tan\dfrac{x}{2} + 2$의 주기를 $b\pi$라 할 때 $\dfrac{b}{a}$의 값을 구하시오.

유형 6

삼각함수의 성질

$\sin\left(-\dfrac{\pi}{3}\right)\cos\left(-\dfrac{5}{4}\pi\right)\tan\left(-\dfrac{\pi}{6}\right)$의 값을 구하시오.

풀이

$$\sin\left(-\frac{\pi}{3}\right) = -\sin\frac{\pi}{3} = -\frac{\sqrt{3}}{2}$$ **❶**

$$\cos\left(-\frac{5}{4}\pi\right) = \cos\frac{5}{4}\pi = \cos\left(\pi + \frac{\pi}{4}\right) = -\cos\frac{\pi}{4} = -\frac{\sqrt{2}}{2}$$ **❶❷**

$$\tan\left(-\frac{\pi}{6}\right) = -\tan\frac{\pi}{6} = -\frac{1}{\sqrt{3}}$$

따라서

$$\sin\left(-\frac{\pi}{3}\right)\cos\left(-\frac{5}{4}\pi\right)\tan\left(-\frac{\pi}{6}\right) = -\frac{\sqrt{3}}{2} \times \left(-\frac{\sqrt{2}}{2}\right) \times \left(-\frac{1}{\sqrt{3}}\right) = -\frac{\sqrt{2}}{4}$$

目 $-\dfrac{\sqrt{2}}{4}$

POINT

❶ $\sin(-x) = -\sin x$
$\cos(-x) = \cos x$
$\tan(-x) = -\tan x$
❷ $\sin(\pi + x) = -\sin x$
$\cos(\pi + x) = -\cos x$
$\tan(\pi + x) = \tan x$

유제 6

• 8445-0105 •

$\sin 330° + \cos 120° + \tan 225°$의 값은?

① -1 ② $-\dfrac{1}{2}$ ③ 0 ④ $\dfrac{1}{2}$ ⑤ 1

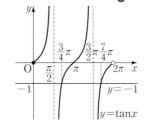

유형 7

삼각함수의
방정식에의
활용

$0 \leq x < 2\pi$에서 방정식 $-\tan x = 1$의 두 실근을 α, β라 할 때, $\alpha + \beta$의 값을 구하시오.

풀이

방정식 $-\tan x = 1$에서 $\tan x = -1$이므로 주어진 방정식의 해는 다음 그림에서 함수 $y = \tan x$의 그래프와 직선 $y = -1$과의 교점의 x좌표와 같다.❶

즉, 구하는 방정식의 해는

$x = \dfrac{3}{4}\pi$ 또는 $x = \dfrac{7}{4}\pi$

따라서 $\alpha + \beta = \dfrac{3}{4}\pi + \dfrac{7}{4}\pi = \dfrac{5}{2}\pi$

답 $\dfrac{5}{2}\pi$

POINT

❶ 주어진 방정식을 $\tan x = k$의 꼴로 나타낸 후 삼각함수 $y = \tan x$의 그래프와 직선 $y = k$의 교점의 x좌표를 구한다.

유제 7

● 8445-0106 ●

$0 \leq x < 2\pi$에서 방정식 $2\cos x + \sqrt{3} = 0$의 두 실근을 α, $\beta\,(\alpha < \beta)$라 할 때, $\beta - \alpha$의 값은?

① $\dfrac{\pi}{3}$　　② $\dfrac{\pi}{2}$　　③ $\dfrac{2}{3}\pi$　　④ $\dfrac{5}{6}\pi$　　⑤ π

유형 8

삼각함수의
부등식에의
활용

$0 \leq x < 2\pi$에서 부등식 $2\cos x - \sqrt{2} \leq 0$의 해는 $\alpha \leq x \leq \beta$이다. $\beta - \alpha$의 값은?

① π　　② $\dfrac{7}{6}\pi$　　③ $\dfrac{4}{3}\pi$　　④ $\dfrac{3}{2}\pi$　　⑤ $\dfrac{5}{3}\pi$

풀이

부등식 $2\cos x - \sqrt{2} \leq 0$에서 $\cos x \leq \dfrac{\sqrt{2}}{2}$이므로 주어진 부등식의 해는 함수

$y = \cos x$의 그래프가 직선 $y = \dfrac{\sqrt{2}}{2}$보다 아래(경계 포함)에 있는 x의 값의 범위와 같다.❶

즉, 구하는 부등식의 해는 $\dfrac{\pi}{4} \leq x \leq \dfrac{7}{4}\pi$

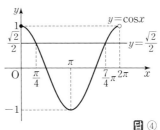

따라서 $\alpha = \dfrac{\pi}{4}$, $\beta = \dfrac{7}{4}\pi$이므로

$\beta - \alpha = \dfrac{7}{4}\pi - \dfrac{\pi}{4} = \dfrac{3}{2}\pi$

답 ④

POINT

❶ 주어진 부등식을 $\cos x \leq k$의 꼴로 나타낸 후 삼각함수 $y = \cos x$의 그래프가 직선 $y = k$보다 아래쪽(경계 포함)에 있는 x의 값의 범위를 구한다.

유제 8

● 8445-0107 ●

$0 \leq x < 2\pi$에서 부등식 $2\sin x - 1 < 0$의 해는 $0 \leq x < \alpha$ 또는 $\beta < x < 2\pi$이다. $2\alpha + \beta$의 값을 구하시오.

01

• 8445-0108 •

각을

$$360° \times n + a° \ (n은 정수, \ 0° \le a° < 360°)$$

의 꼴로 나타낼 때, 다음 중 a의 값이 가장 큰 것은?

① -1000 ② -500 ③ 500

④ 1000 ⑤ 2000

02

• 8445-0109 •

다음 〈보기〉의 각 중에서 각 $-460°$와 같은 사분면에 속하는 각을 모두 고른 것은?

┤ 보기 ├

ㄱ. $\dfrac{4}{3}\pi$ ㄴ. $\dfrac{7}{4}\pi$

ㄷ. $-\dfrac{9}{5}\pi$ ㄹ. $-\dfrac{29}{6}\pi$

① ㄱ, ㄴ ② ㄱ, ㄷ ③ ㄱ, ㄹ

④ ㄴ, ㄷ ⑤ ㄴ, ㄹ

03

• 8445-0110 •

θ가 제4사분면의 각일 때, $\dfrac{\theta}{3}$의 동경이 존재할 수 있는 사분면을 모두 나타낸 것은?

① 제1, 4사분면 ② 제2, 4사분면

③ 제1, 2, 4사분면 ④ 제1, 3, 4사분면

⑤ 제2, 3, 4사분면

04

• 8445-0111 •

호의 길이가 π, 넓이가 $\dfrac{3}{2}\pi$인 부채꼴의 반지름의 길이를 r, 중심각의 크기를 θ라 할 때, $\dfrac{r\pi}{\theta}$의 값은?

① 8 ② 9 ③ 10

④ 11 ⑤ 12

05

• 8445-0112 •

둘레의 길이가 20인 부채꼴 중에서 그 넓이가 최대인 것의 반지름의 길이는?

① 4 ② 5 ③ 6

④ 7 ⑤ 8

06

• 8445-0113 •

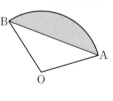

그림과 같이 중심이 O이고 반지름의 길이가 4인 부채꼴 OAB에 대하여 현 AB의 길이가 $4\sqrt{3}$일 때, 호 AB와 현 AB로 둘러싸인 부분의 넓이는?

① $\dfrac{14\pi - 12\sqrt{3}}{3}$ ② $\dfrac{16\pi - 14\sqrt{3}}{3}$

③ $\dfrac{14\pi - 10\sqrt{3}}{3}$ ④ $\dfrac{16\pi - 12\sqrt{3}}{3}$

⑤ $\dfrac{16\pi - 10\sqrt{3}}{3}$

유형 3 삼각함수의 뜻과 부호

07

• 8445-0114 •

원점 O와 점 P$(-12, 5)$에 대하여 동경 OP가 나타내는 각의 크기를 θ라 할 때, $\sin\theta + \cos\theta$의 값은?

① $-\dfrac{9}{13}$ ② $-\dfrac{7}{13}$ ③ $-\dfrac{5}{13}$

④ $\dfrac{5}{13}$ ⑤ $\dfrac{7}{13}$

08

• 8445-0115 •

$\sin\theta = -\dfrac{4}{5}$, $\cos\theta < 0$일 때, $5\cos\theta + 9\tan\theta$의 값은?

① 1   ② 3   ③ 5

④ 7   ⑤ 9

09

• 8445-0116 •

$\sin\theta\tan\theta < 0$, $\cos\theta\tan\theta > 0$을 동시에 만족시키는 각 θ에 대하여 〈보기〉에서 옳은 것만을 있는 대로 고른 것은?

┤ 보기 ├

ㄱ. $\sin\theta + \cos\theta > 0$

ㄴ. $\sin\theta - \tan\theta > 0$

ㄷ. $\cos\theta + \tan\theta < 0$

① ㄱ   ② ㄴ   ③ ㄱ, ㄴ

④ ㄱ, ㄷ   ⑤ ㄴ, ㄷ

유형 4 삼각함수 사이의 관계

10

• 8445-0117 •

$\sin\theta + \cos\theta = \dfrac{1}{2}$일 때, $\tan\theta + \dfrac{1}{\tan\theta}$의 값은?

① $-\dfrac{10}{3}$ ② $-\dfrac{8}{3}$ ③ -2

④ 2   ⑤ $\dfrac{8}{3}$

11

• 8445-0118 •

$\dfrac{\tan\theta}{1-\cos\theta} - \dfrac{\tan\theta}{1+\cos\theta} = \dfrac{a}{\sin\theta}$가 성립할 때, 상수 a의 값은?

① 1   ② 2   ③ 3

④ 4   ⑤ 5

12

• 8445-0119 •

$(\sin\theta + \cos\theta)^2 + (\sin\theta - \cos\theta)^2 = a$,
$\cos^2\theta(1+\tan\theta)^2 - 2\sin\theta\cos\theta = b$라 할 때, 두 상수 a, b에 대하여 $a+b$의 값은?

① 0   ② 1   ③ 2

④ 3   ⑤ 4

유형 5 삼각함수의 그래프

13
• 8445-0120 •

함수 $y=\sin\left(2x-\dfrac{\pi}{3}\right)$의 주기를 $a\pi$, $y=|\sin x|$의 주기를 $b\pi$라 할 때, 두 상수 a, b에 대하여 $a+b$의 값은?

① 1   ② $\dfrac{3}{2}$ ③ 2

④ $\dfrac{5}{2}$ ⑤ 3

14
• 8445-0121 •

함수 $y=2\cos\left(x+\dfrac{\pi}{2}\right)-1$의 최댓값을 M, 최솟값을 m이라 할 때, $M-2m$의 값은?

① 3   ② 4   ③ 5

④ 6   ⑤ 7

15
• 8445-0122 •

a는 자연수, b는 정수일 때 함수 $y=a\sin(\pi x+1)+b$의 주기를 p라 하자. 이 함수의 최댓값을 10, 최솟값을 m이라 할 때, $m\geq p$가 성립한다. a, b의 순서쌍 (a, b)의 개수는?

① 2   ② 3   ③ 4

④ 5   ⑤ 6

유형 6 삼각함수의 성질

16
• 8445-0123 •

$\cos\dfrac{7}{6}\pi\sin\dfrac{4}{3}\pi+\cos\left(-\dfrac{4}{3}\pi\right)$의 값은?

① 0   ② $\dfrac{1}{4}$ ③ $\dfrac{1}{2}$

④ $\dfrac{3}{4}$ ⑤ 1

17
• 8445-0124 •

$10\theta=\pi$일 때, $\sin\theta+\sin 2\theta+\sin 3\theta+\cdots+\sin 20\theta$의 값은?

① -10 ② -1 ③ 0

④ 1   ⑤ 10

18
• 8445-0125 •

$\sin^2\theta+\sin^2\left(\dfrac{\pi}{2}+\theta\right)+\sin^2(\pi+\theta)+\cos^2(\pi-\theta)$의 값은?

① 1   ② $\dfrac{3}{2}$ ③ 2

④ $\dfrac{5}{2}$ ⑤ 3

유형 **7** 삼각함수의 방정식에의 활용

19
• 8445-0126 •

$0 \le x < 2\pi$에서 방정식 $2\sin x + \sqrt{2} = 0$의 두 실근을 α, $\beta\,(\alpha < \beta)$라 할 때, $\beta - \alpha$의 값은?

① $\dfrac{\pi}{4}$ ② $\dfrac{\pi}{3}$ ③ $\dfrac{\pi}{2}$

④ $\dfrac{2}{3}\pi$ ⑤ $\dfrac{3}{4}\pi$

20
• 8445-0127 •

$0 \le x < \pi$에서 방정식 $4\cos^2 x - 3 = 0$의 두 실근을 α, $\beta\,(\alpha < \beta)$라 할 때, $\alpha + 2\beta$의 값은?

① $\dfrac{7}{6}\pi$ ② $\dfrac{4}{3}\pi$ ③ $\dfrac{3}{2}\pi$

④ $\dfrac{5}{3}\pi$ ⑤ $\dfrac{11}{6}\pi$

21
• 8445-0128 •

$0 \le x < 2\pi$에서 방정식 $2\sin^2 x - 3\cos x = 0$의 두 실근을 α, $\beta\,(\alpha < \beta)$라 할 때, $\beta - \alpha$의 값은?

① $\dfrac{5}{6}\pi$ ② π ③ $\dfrac{7}{6}\pi$

④ $\dfrac{4}{3}\pi$ ⑤ $\dfrac{3}{2}\pi$

유형 **8** 삼각함수의 부등식에의 활용

22
• 8445-0129 •

$0 \le x < 2\pi$에서 부등식 $\tan x > -\sqrt{3}$의 해가 $0 \le x < \alpha$ 또는 $\beta < x < \dfrac{3}{2}\pi$ 또는 $\gamma < x < 2\pi$일 때, $\alpha + \beta + \gamma$의 값은?

① $\dfrac{7}{3}\pi$ ② $\dfrac{5}{2}\pi$ ③ $\dfrac{8}{3}\pi$

④ $\dfrac{17}{6}\pi$ ⑤ 3π

23
• 8445-0130 •

$0 \le x < 2\pi$에서 부등식 $-\dfrac{1}{2} < \cos x < \dfrac{\sqrt{2}}{2}$의 해가 $\alpha < x < \beta$ 또는 $\gamma < x < \delta$일 때, $(\beta - \alpha) + (\delta - \gamma)$의 값은? (단, $\beta < \gamma$)

① $\dfrac{\pi}{2}$ ② $\dfrac{2}{3}\pi$ ③ $\dfrac{5}{6}\pi$

④ π ⑤ $\dfrac{7}{6}\pi$

24
• 8445-0131 •

$0 \le x < \pi$에서 부등식 $\sin 2x < -\dfrac{\sqrt{3}}{2}$의 해가 $\alpha < x < \beta$일 때, $\beta - \alpha$의 값은?

① $\dfrac{\pi}{6}$ ② $\dfrac{\pi}{5}$ ③ $\dfrac{\pi}{4}$

④ $\dfrac{\pi}{3}$ ⑤ $\dfrac{\pi}{2}$

반지름의 길이가 4, 중심각의 크기가 θ인 어떤 부채꼴의 넓이는 10π보다 크고 12π보다 작다. $\sin\theta\tan\theta$, $\cos\theta-\sin\theta$의 부호를 각각 구하시오.

풀이

반지름의 길이가 4, 중심각의 크기가 θ인 부채꼴의 넓이는

$\underbrace{\frac{1}{2}\times 4^2\times\theta=8\theta}$이므로 ——▶ 반지름의 길이가 r, 중심각의 크기가 θ인 부채꼴의 넓이는 $\frac{1}{2}r^2\theta$이다.

$10\pi<8\theta<12\pi$에서 $\frac{5}{4}\pi<\theta<\frac{3}{2}\pi$ ◀ ❶

즉, θ는 제3사분면의 각이므로 $\sin\theta<0$, $\tan\theta>0$이고 $\frac{5}{4}\pi<\theta<\frac{3}{2}\pi$에서 $\sin\theta<\cos\theta$이다.

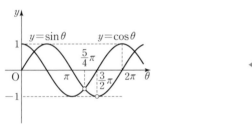

◀ ❷

따라서 $\sin\theta\tan\theta<0$, $\cos\theta-\sin\theta>0$이므로 $\sin\theta\tan\theta$, $\cos\theta-\sin\theta$의 부호는 각각 $-$, $+$이다.

◀ ❸

답 $-$, $+$

단계	채점 기준	비율
❶	θ의 값의 범위를 구한 경우	40 %
❷	$\sin\theta$, $\tan\theta$의 부호와 $\sin\theta$, $\cos\theta$의 대소 관계를 구한 경우	40 %
❸	$\sin\theta\tan\theta$, $\cos\theta-\sin\theta$의 부호를 각각 구한 경우	20 %

01
• 8445-0132 •

$\sin\theta+\cos\theta=\dfrac{3\sqrt{5}}{5}$일 때, $\sin\theta-\cos\theta$의 값을 구하시오. $\left(\text{단, }\dfrac{\pi}{4}<\theta<\dfrac{\pi}{2}\right)$

02
• 8445-0133 •

원점 O와 점 $P(-3, 4)$에 대하여 동경 OP가 나타내는 각의 크기를 θ라 할 때, $\sin(-\theta)+\cos(\pi+\theta)$의 값을 구하시오.

03
• 8445-0134 •

모든 실수 x에 대하여 부등식 $x^2-2x\cos\theta+2\cos\theta>0$이 항상 성립할 때, θ의 값의 범위를 구하시오. (단, $0\leq\theta<2\pi$)

01

● 8445-0135 ●

그림은 함수 $y=a \sin(bx-c)$의 그래프이다. $a>0$, $b>0$, $c>0$일 때, $\dfrac{abc}{\pi}$의 최솟값은?

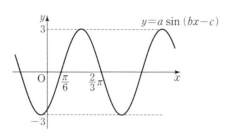

① 1
② $\dfrac{3}{2}$
③ 2
④ $\dfrac{5}{2}$
⑤ 3

02

● 8445-0136 ●

그림과 같이 함수 $y=\sin\dfrac{k}{2}x(x>0)$의 그래프와 직선 $y=a(0<a<1)$의 교점의 x좌표 중 가장 작은 수를 α, 두 번째로 작은 수를 β라 하고, 직선 $y=-a$의 교점의 x좌표 중 가장 작은 수를 γ, 두 번째로 작은 수를 δ라 하자. $\cos(\alpha+\beta+\gamma+\delta)=\dfrac{1}{2}$을 만족시키는 양수 k의 최댓값은?

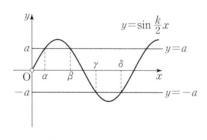

① 12
② 16
③ 20
④ 24
⑤ 28

03 실생활 활용

● 8445-0137 ●

어느 지역의 t월의 월평균 기온 $T(t)℃$가

$$T(t)=6+12 \cos \frac{\pi}{6}(t-1)(℃)$$

이었을 때, 이 지역의 월평균 기온이 영하인 달은 모두 m월부터 M월까지이다. $m+M$의 값을 구하시오.

(단, m, M은 12 이하의 자연수이다.)

04 삼각함수의 활용

1 사인법칙

삼각형 ABC에서 외접원의 반지름의 길이를 R라 할 때

$$\frac{a}{\sin A} = \frac{b}{\sin B} = \frac{c}{\sin C} = 2R$$

참고 사인법칙은 삼각형에서 서로 마주보고 있는 각과 변 사이의 관계, 그리고 외접원의 반지름의 길이와의 관계를 나타낸다. 즉, 원에 내접하는 삼각형에서 한 각에 대한 사인의 값과 그 한 각의 크기와 마주보는 변의 길이의 비의 값은 항상 일정하고, 그 값은 외접원의 지름의 길이와 같다.

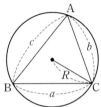

보기

삼각형 ABC에서 외접원의 반지름의 길이 R의 값이 $\sqrt{3}$이고 $\angle A = 60°$, $\overline{BC} = 3$일 때,

$$\frac{\overline{BC}}{\sin A} = \frac{3}{\sin 60°} = 2\sqrt{3}$$이고

$2R = 2 \times \sqrt{3}$이므로

$$\frac{\overline{BC}}{\sin A} = 2R$$

2 사인법칙의 변형

삼각형 ABC에서 외접원의 반지름의 길이를 R라 할 때

(1) $\sin A = \dfrac{a}{2R}$, $\sin B = \dfrac{b}{2R}$, $\sin C = \dfrac{c}{2R}$

(2) $a : b : c = \sin A : \sin B : \sin C$

참고 $\dfrac{a}{\sin A} = \dfrac{b}{\sin B} = \dfrac{c}{\sin C} = 2R$에서

$\sin A : \sin B : \sin C = \dfrac{a}{2R} : \dfrac{b}{2R} : \dfrac{c}{2R} = a : b : c$이므로

$a : b : c = \sin A : \sin B : \sin C$

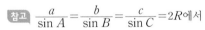

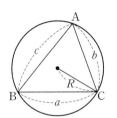

보기

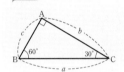

$\sin A : \sin B : \sin C$
$= \sin 90° : \sin 60° : \sin 30°$
$= 1 : \dfrac{\sqrt{3}}{2} : \dfrac{1}{2}$
$= 2 : \sqrt{3} : 1 = a : b : c$

3 코사인법칙

삼각형 ABC에서

$$a^2 = b^2 + c^2 - 2bc \cos A$$
$$b^2 = c^2 + a^2 - 2ca \cos B$$
$$c^2 = a^2 + b^2 - 2ab \cos C$$

참고 코사인법칙은 삼각형에서 두 변과 그 끼인각, 이 끼인각과 마주보는 나머지 한 변의 관계를 나타낸다. 즉, 삼각형에서 두 변의 길이와 그 끼인각의 크기를 알면 나머지 한 변의 길이를 구할 수 있다.

보기

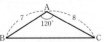

$\cos 120° = -\dfrac{1}{2}$이므로

$$\overline{BC}^2 = 8^2 + 7^2 - 2 \times 8 \times 7 \times \left(-\dfrac{1}{2}\right)$$
$$= 169 = 13^2$$

이므로 $\overline{BC} = 13$

4 코사인법칙의 변형

삼각형 ABC에서
$$\cos A = \frac{b^2+c^2-a^2}{2bc}, \ \cos B = \frac{c^2+a^2-b^2}{2ca},$$
$$\cos C = \frac{a^2+b^2-c^2}{2ab}$$

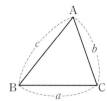

보기

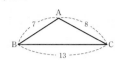

$$\cos A = \frac{7^2+8^2-13^2}{2\times 7\times 8} = -\frac{1}{2}$$

따라서 $A=120°$

---

5 삼각형의 넓이

삼각형 ABC의 넓이를 S라 할 때
$$S = \frac{1}{2}ab\sin C = \frac{1}{2}bc\sin A = \frac{1}{2}ca\sin B$$

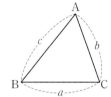

보기

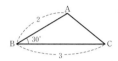

$$S = \frac{1}{2}\times 2\times 3\times \sin 30° = \frac{3}{2}$$

---

6 삼각형의 넓이의 변형

(1) 세 변의 길이가 a, b, c인 삼각형 ABC의 넓이 S는 다음과 같이 구한다.

  (ⅰ) $\cos A$를 구한다. $\left(\cos A = \dfrac{b^2+c^2-a^2}{2bc} \text{을 이용}\right)$

  (ⅱ) $\sin A$를 구한다. ($\sin^2 A + \cos^2 A = 1$을 이용)

  (ⅲ) $S = \dfrac{1}{2}bc\sin A$를 이용하여 넓이 S를 구한다.

(2) 삼각형의 세 변의 길이를 a, b, c, 외접원의 반지름의 길이를 R, 넓이를 S라 할 때

사인법칙에서 $\sin C = \dfrac{c}{2R}$이므로 $S = \dfrac{1}{2}ab\sin C = \dfrac{1}{2}ab\times\dfrac{c}{2R} = \dfrac{abc}{4R}$

또한, 사인법칙에서 $a=2R\sin A$, $b=2R\sin B$, $c=2R\sin C$이므로

$S = \dfrac{1}{2}ab\sin C = \dfrac{1}{2}\times 2R\sin A\times 2R\sin B\times\sin C = 2R^2\sin A\sin B\sin C$

(3) 삼각형 ABC에서 넓이를 S, 내접원의 반지름의 길이를 r라 하면
삼각형 ABC의 넓이는 세 삼각형 BCO, CAO, ABO의
넓이의 합이므로

$$S = \frac{1}{2}\times a\times r + \frac{1}{2}\times b\times r + \frac{1}{2}\times c\times r$$
$$= \frac{(a+b+c)r}{2}$$

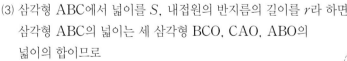

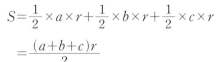

(단, 점 O는 내접원의 중심이다.)

보기

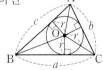

그림의 직각삼각형 ABC의 넓이는 $\dfrac{1}{2}\times 3\times 4=6$이다. 이 삼각형 ABC의 넓이를 삼각형의 넓이의 변형을 이용하여 구해도 다음과 같이 같은 결과가 나온다.

(ⅰ) $\cos A = \dfrac{3^2+5^2-4^2}{2\times 3\times 5} = \dfrac{3}{5}$

(ⅱ) $\sin A = \sqrt{1-\cos^2 A}$
      $= \sqrt{1-\dfrac{9}{25}} = \dfrac{4}{5}$

(ⅲ) $S = \dfrac{1}{2}\times 3\times 5\times \sin A$
     $= \dfrac{1}{2}\times 3\times 5\times\dfrac{4}{5} = 6$

기본 유형 익히기

유형 1 사인법칙

그림과 같은 삼각형 ABC에서 $\angle A = 60°$, $\angle C = 75°$이고, $\overline{BC} = 4\sqrt{3}$일 때, 선분 AC의 길이와 외접원의 반지름의 길이 R의 값을 차례대로 나열한 것은?

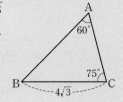

① $4\sqrt{2}$, 4
② $4\sqrt{2}$, $3\sqrt{2}$
③ $4\sqrt{3}$, 4
④ $4\sqrt{3}$, $3\sqrt{3}$
⑤ $4\sqrt{3}$, 6

풀이

삼각형의 세 내각의 크기의 합은 $180°$이므로

$60° + \angle B + 75° = 180°$에서 $\angle B = 45°$

그러므로 사인법칙에 의하여

$\dfrac{4\sqrt{3}}{\sin 60°} = \dfrac{\overline{AC}}{\sin 45°}$에서 $\overline{AC} = \dfrac{4\sqrt{3} \sin 45°}{\sin 60°} = 4\sqrt{2}$

$R = \dfrac{1}{2} \times \dfrac{4\sqrt{3}}{\sin 60°} = 4$ ❶

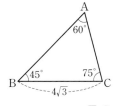

답 ①

POINT

❶ 사인법칙에 의하여

$\dfrac{4\sqrt{3}}{\sin 60°} = \dfrac{\overline{AC}}{\sin 45°}$

$= \dfrac{\overline{AB}}{\sin 75°} = 2R$

유제 1
● 8445-0138 ●

삼각형 ABC에서 $\angle A$의 마주보는 변의 길이를 a라 할 때, $\sin A = \dfrac{a}{6}$가 성립한다. 삼각형 ABC의 외접원의 반지름의 길이를 구하시오. (단, $0 < a \le 6$)

유형 2 사인법칙의 변형

삼각형 ABC에서 $A : B : C = 3 : 2 : 1$일 때, $\overline{BC} : \overline{AC} : \overline{AB} = x : \sqrt{3} : y$이다. $x + y$의 값은?

① 2
② 3
③ 4
④ 5
⑤ 6

풀이

$A : B : C = 3 : 2 : 1$에서 $A = 3k$, $B = 2k$, $C = k$ ❶

$A + B + C = 180°$이므로 $3k + 2k + k = 180°$

즉, $6k = 180°$에서 $k = 30°$

그러므로 $A = 90°$, $B = 60°$, $C = 30°$

$\overline{BC} : \overline{AC} : \overline{AB} = \sin A : \sin B : \sin C = \sin 90° : \sin 60° : \sin 30°$ ❷

$= 1 : \dfrac{\sqrt{3}}{2} : \dfrac{1}{2} = 2 : \sqrt{3} : 1$

따라서 $x + y = 2 + 1 = 3$

답 ②

POINT

❶ $A : B : C = 3 : 2 : 1$에서

$\dfrac{A}{3} = \dfrac{B}{2} = \dfrac{C}{1} = k$라 하면

$A = 3k$, $B = 2k$, $C = k$

❷ $a : b : c$

$= \sin A : \sin B : \sin C$

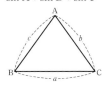

유제 2
● 8445-0139 ●

삼각형 ABC에서 $\angle B = 60°$, $\angle C = 45°$일 때, $\overline{AC} : \overline{AB}$는?

① $\sqrt{2} : \sqrt{3}$
② $\sqrt{3} : \sqrt{2}$
③ $\sqrt{3} : 1$
④ $2 : \sqrt{3}$
⑤ $\sqrt{3} : 2$

유형 3

코사인법칙

삼각형 ABC에서 $\overline{AB}=3$, $\overline{AC}=\sqrt{2}$, $\angle A=135°$일 때, $\overline{BC}$의 값은?

① $\sqrt{13}$ ② $\sqrt{14}$ ③ $\sqrt{15}$ ④ 4   ⑤ $\sqrt{17}$

풀이

오른쪽 삼각형 ABC에서 코사인법칙을 이용하면

$$\overline{BC}^2=(\sqrt{2})^2+3^2-2\times\sqrt{2}\times3\times\cos135°$$
$$=(\sqrt{2})^2+3^2+2\times\sqrt{2}\times3\times\cos45° \text{❶}$$
$$=2+9+6\sqrt{2}\times\frac{1}{\sqrt{2}}=17$$

따라서 $\overline{BC}=\sqrt{17}$

답 ⑤

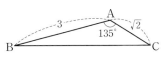

POINT

❶ $\cos135°$
$=\cos(180°-45°)$
$=-\cos45°$

유제 3

● 8445-0140 ●

그림과 같은 삼각형 ABC에서 $\sin A=\dfrac{\sqrt{14}}{4}$, $\overline{AB}=1$, $\overline{AC}=\sqrt{2}$

일 때, $\overline{BC}$의 값은? $\left(단, 0<A<\dfrac{\pi}{2}\right)$

① $\dfrac{1}{2}$ ② 1   ③ $\sqrt{2}$ ④ $\sqrt{3}$ ⑤ 2

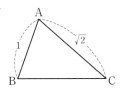

유형 4

코사인법칙의 변형

삼각형 ABC에서 $\cos A=\dfrac{3}{8}$, $\overline{AB}=3$, $\overline{AC}=4$일 때, $\cos B$의 값은?

① $\dfrac{3}{8}$ ② $\dfrac{1}{2}$ ③ $\dfrac{5}{8}$ ④ $\dfrac{3}{4}$ ⑤ $\dfrac{7}{8}$

풀이

오른쪽 삼각형 ABC에서 코사인법칙을 이용하면

$$\overline{BC}^2=\overline{AC}^2+\overline{AB}^2-2\times\overline{AC}\times\overline{AB}\times\cos A$$
$$=4^2+3^2-2\times4\times3\times\frac{3}{8}=16$$

이므로 $\overline{BC}=4$

코사인법칙의 변형에서

$$\cos B=\frac{3^2+4^2-4^2}{2\times3\times4}=\frac{3}{8} \text{❶}$$

답 ①

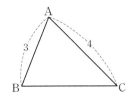

POINT

❶ $b^2=c^2+a^2-2ca\cos B$에서

$\cos B=\dfrac{c^2+a^2-b^2}{2ca}$

유제 4

● 8445-0141 ●

그림과 같이 한 변의 길이가 2인 정육면체 ABCD-EFGH에서 변 EF의 중점을 I라 할 때, $\cos(\angle AIG)$의 값은?

① $-\dfrac{1}{2}$ ② $-\dfrac{1}{3}$ ③ $-\dfrac{1}{4}$ ④ $-\dfrac{1}{5}$ ⑤ 0

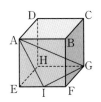

유형 5 삼각형의 넓이

그림과 같이 원에 내접하는 사각형 ABCD가 있다.
$$\overline{AD}=2, \overline{CD}=3, \angle B=60°$$
일 때, 삼각형 ACD의 넓이를 구하시오.

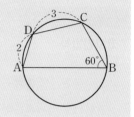

풀이

$\angle D=180°-60°=120°$이고 대각선 AC를 그으면 ❶
오른쪽 그림에서
삼각형 ACD의 넓이는

$$\frac{1}{2}\times2\times3\times\sin120°=\frac{1}{2}\times2\times3\times\frac{\sqrt{3}}{2}=\frac{3\sqrt{3}}{2}$$ ❷

답 $\dfrac{3\sqrt{3}}{2}$

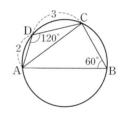

POINT

❶ 원에 내접하는 사각형의 마주보는 각의 크기의 합은 180°이다.

❷ $\sin120°$
$=\sin(180°-60°)$
$=\sin60°=\dfrac{\sqrt{3}}{2}$

유제 5
• 8445-0142 •
삼각형 ABC에서 $\angle A=30°$, $\overline{AB}\times\overline{BC}=8$, $\overline{AB}\times\overline{AC}=8\sqrt{3}$일 때, $\sin B$의 값을 구하시오.

유형 6 삼각형의 넓이의 변형

삼각형 ABC에서 $\overline{AB}=5$, $\overline{BC}=7$, $\overline{AC}=8$일 때, 삼각형 ABC에 내접하는 원의 반지름의 길이를 구하시오.

풀이

코사인법칙의 변형에서
$$\cos A=\frac{8^2+5^2-7^2}{2\times8\times5}=\frac{1}{2}$$
이므로 $\angle A=60°$이고 삼각형 ABC의 넓이는 ❶
$$\frac{1}{2}\times\overline{AB}\times\overline{AC}\times\sin A=\frac{1}{2}\times5\times8\times\sin60°=10\sqrt{3}$$ ❷
한편 삼각형 ABC에 내접하는 원의 반지름의 길이를 r, 원의 중심을 O라 하면
그림에서 삼각형 ABC의 넓이는 세 삼각형 ACO, BCO, ABO의 넓이의 합이므로

$$\frac{1}{2}\times8\times r+\frac{1}{2}\times7\times r+\frac{1}{2}\times5\times r=10r=10\sqrt{3}$$
따라서 $r=\sqrt{3}$

답 $\sqrt{3}$

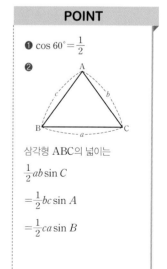

POINT

❶ $\cos60°=\dfrac{1}{2}$

❷

삼각형 ABC의 넓이는
$$\frac{1}{2}ab\sin C$$
$$=\frac{1}{2}bc\sin A$$
$$=\frac{1}{2}ca\sin B$$

유제 6
• 8445-0143 •
삼각형 ABC에서 $\overline{AB}=7$, $\overline{BC}=5$, $\overline{AC}=6$일 때, 삼각형 ABC의 넓이를 구하시오.

유형 1 사인법칙

01
• 8445-0144 •

삼각형 ABC에서 $\angle A = \dfrac{\pi}{4}$이고 외접원의 넓이가 50π

일 때, $\angle A$와 마주보는 변 a의 값은?

① 6 ② 7 ③ 8
④ 9 ⑤ 10

02
• 8445-0145 •

그림과 같이 삼각형 ABC의 꼭 짓점 A에서 변 BC에 내린 수선 의 발을 H라 하자.

$\overline{AB} = 4$, $\angle B = \dfrac{\pi}{3}$,

$\sin C = \dfrac{1}{\sqrt{3}}$

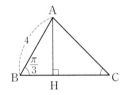

일 때, 선분 CH의 길이는? $\left(\text{단, } 0 < C < \dfrac{\pi}{2}\right)$

① $\sqrt{6}$ ② $2\sqrt{6}$ ③ $\sqrt{3}+2$
④ $2\sqrt{3}+1$ ⑤ $3\sqrt{3}+1$

03
• 8445-0146 •

삼각형 ABC에서 $\overline{BC} = 2\sqrt{3}$이고

$4\cos(B+C)\cos A = -1$

일 때, 삼각형 ABC의 외접원의 넓이는?

① 4π ② 6π ③ 8π
④ 10π ⑤ 12π

유형 2 사인법칙의 변형

04
• 8445-0147 •

지름의 길이가 $4\sqrt{2}$인 원에 내접하는 삼각형 ABC가 있 다.

$\sin A + \sin B + \sin C = \sqrt{2} + 1$

일 때, 삼각형 ABC의 둘레의 길이는 $m + n\sqrt{2}$이다. 두 자연수 m, n에 대하여 $m+n$의 값은?

① 10 ② 11 ③ 12
④ 13 ⑤ 14

05
• 8445-0148 •

삼각형 ABC에서 세 변을 각각 a, b, c라 하고

$\dfrac{a^3+b^3+c^3}{\sin^3 A + \sin^3 B + \sin^3 C} = 64$

일 때, 삼각형 ABC의 외접원의 지름의 길이는?

① $\sqrt{13}$ ② $\sqrt{14}$ ③ $\sqrt{15}$
④ 4 ⑤ $\sqrt{17}$

06
• 8445-0149 •

삼각형 ABC에 대하여 다음 조건을 만족시킬 때, $2\sin C - \sin A - \sin B$의 값은? (단, a는 상수)

(가) $a : b : c = 3 : 6 : 8$
(나) $\sin A + \sin B + \sin C = a$

① $\dfrac{6}{17}a$ ② $\dfrac{7}{17}a$ ③ $\dfrac{8}{17}a$
④ $\dfrac{9}{17}a$ ⑤ $\dfrac{10}{17}a$

유형 **3** 코사인법칙

07
• 8445-0150 •

그림과 같이 $\overline{\text{AB}}=\overline{\text{AC}}=\sqrt{10}$, $\overline{\text{BC}}=4$인 이등변삼각형 ABC에서 $\angle\text{ABC}=\theta$일 때, $\cos 2\theta$의 값은?

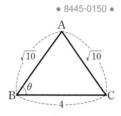

① $-\dfrac{3}{5}$　② $-\dfrac{1}{2}$　③ $-\dfrac{2}{5}$

④ $-\dfrac{3}{10}$　⑤ $-\dfrac{1}{5}$

08
• 8445-0151 •

그림과 같이 중심이 O, 반지름의 길이가 5, 호 PQ의 길이가 $\dfrac{5}{4}\pi$인 부채꼴 OPQ가 있다. 선분 OQ 위의 점 R에 대하여 $\overline{\text{OR}}=\sqrt{2}$일 때, 선분 PR의 길이는?

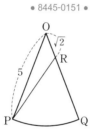

① $\sqrt{14}$　② $\sqrt{15}$　③ 4

④ $\sqrt{17}$　⑤ $3\sqrt{2}$

09
• 8445-0152 •

그림과 같은 삼각형 ABC에서 $\overline{\text{AB}}=\sqrt{5}$, $\overline{\text{BC}}=3$, $\angle\text{C}=45°$, $\overline{\text{AB}}>\overline{\text{AC}}$ 일 때, $\sin B$의 값은?

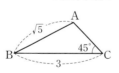

① $\dfrac{\sqrt{3}}{5}$　② $\dfrac{2}{5}$　③ $\dfrac{\sqrt{5}}{5}$

④ $\dfrac{\sqrt{6}}{5}$　⑤ $\dfrac{\sqrt{7}}{5}$

유형 **4** 코사인법칙의 변형

10
• 8445-0153 •

그림과 같은 삼각형 ABC에서 $\overline{\text{AB}}+\overline{\text{AC}}=8$, $\overline{\text{BC}}=3$, $\angle\text{B}=\angle\text{C}$ 일 때, $\cos A$의 값은?

① $\dfrac{19}{32}$　② $\dfrac{5}{8}$

③ $\dfrac{21}{32}$　④ $\dfrac{11}{16}$　⑤ $\dfrac{23}{32}$

11
• 8445-0154 •

삼각형 ABC에서 $\overline{\text{AB}}=7$, $\overline{\text{AC}}=8$, $\angle\text{A}=120°$ 일 때, $\cos B+\cos C=\dfrac{k}{26}$이다. 상수 k의 값은?

① 44　② 45　③ 46

④ 47　⑤ 48

12
• 8445-0155 •

1보다 큰 실수 m에 대하여 삼각형의 세 변의 길이가 m^2+m+1, m^2-1, $2m+1$ 일 때, 삼각형의 세 각 중에 가장 큰 각의 크기는?

① $\dfrac{\pi}{2}$　② $\dfrac{7}{12}\pi$　③ $\dfrac{2}{3}\pi$

④ $\dfrac{3}{4}\pi$　⑤ $\dfrac{5}{6}\pi$

유형 5 삼각형의 넓이

13

• 8445-0156 •

넓이가 5인 삼각형 ABC에서 $\overline{AB}=5$, $\overline{AC}=4$일 때, $\angle A$의 크기는? $\left(\text{단, } 0<\angle A<\dfrac{\pi}{2}\right)$

① $\dfrac{\pi}{12}$ ② $\dfrac{\pi}{6}$ ③ $\dfrac{\pi}{4}$

④ $\dfrac{\pi}{3}$ ⑤ $\dfrac{5}{12}\pi$

14

• 8445-0157 •

그림과 같이 반지름의 길이가 r인 원 위를 움직이는 서로 다른 두 점 A, B 가 있다. 삼각형 OAB의 넓이의 최 댓값이 12일 때, r의 값은? (단, 세 점 O, A, B는 일직선 위에 놓이지 않는다.)

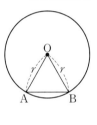

① $\sqrt{23}$ ② $2\sqrt{6}$ ③ 5

④ $\sqrt{26}$ ⑤ $3\sqrt{3}$

15

• 8445-0158 •

그림과 같이 삼각형 ODC에서
$\overline{OA}:\overline{AC}=3:1$,
$\overline{OB}:\overline{BD}=2:1$
이다. 사각형 ABDC의 넓이를 S_1, 삼각형 ODC의 넓이를 S_2라 할 때, $S_2=kS_1$이 성 립한다. 상수 k의 값은?

① $\dfrac{4}{3}$ ② $\dfrac{3}{2}$ ③ $\dfrac{5}{3}$

④ $\dfrac{11}{6}$ ⑤ 2

유형 6 삼각형의 넓이의 변형

16

• 8445-0159 •

삼각형 ABC에서 세 변의 곱이 $18\sqrt{21}$이고, 넓이가 $\dfrac{9\sqrt{3}}{2}$일 때, 이 삼각형의 외접원의 반지름의 길이는?

① $\sqrt{3}$ ② $\sqrt{5}$ ③ $\sqrt{7}$

④ 3 ⑤ $\sqrt{11}$

17

• 8445-0160 •

내접하는 원의 반지름의 길이가 $\sqrt{3}$이고 넓이가 $10\sqrt{3}$인 삼각형 ABC에서 $\overline{AB}=5$, $\overline{BC}=8$일 때, 선분 AC의 길이는?

① 6 ② 7 ④ 8

⑤ 9 ③ 10

18

• 8445-0161 •

그림과 같이 $\overline{AB}=3$, $\overline{AD}=5$이고, $\angle A=120°$인 평행 사변형 ABCD에 대하여 두 꼭짓점 B, D를 잇는 선분에 의하여 만들어진 삼각형 BCD에 내접하는 원의 넓이는?

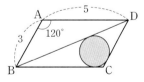

① $\dfrac{\pi}{2}$ ② $\dfrac{3}{4}\pi$ ③ π

④ $\dfrac{5}{4}\pi$ ⑤ $\dfrac{3}{2}\pi$

삼각형 ABC에서 $\overline{AB}=\overline{AC}=6$, $\overline{BC}=4\sqrt{3}$일 때, $\sin A$의 값과 외접원의 반지름의 길이 R의 값을 구하시오.

풀이

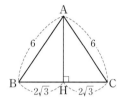

삼각형 ABC는 이등변삼각형이므로 꼭짓점 A에서 $\overline{BC}$에 내린 수선의 발을 H라 하면

$\overline{BH}=\overline{CH}=2\sqrt{3}$ ◀ ❶

직각삼각형 ABH에서

$\overline{AH}=\sqrt{6^2-(2\sqrt{3})^2}=2\sqrt{6}$

이므로 $\sin B=\dfrac{\sqrt{6}}{3}$ ◀ ❷

사인법칙에 의하여 $\dfrac{6}{\sin B}=\dfrac{4\sqrt{3}}{\sin A}=2R$이므로

$\sin A=\dfrac{2\sqrt{3}}{3}\sin B$

$=\dfrac{2\sqrt{3}}{3}\times\dfrac{\sqrt{6}}{3}=\dfrac{2\sqrt{2}}{3}$

또한 $R=\dfrac{1}{2}\times\dfrac{6}{\sin B}=\dfrac{1}{2}\times\dfrac{6}{\frac{\sqrt{6}}{3}}=\dfrac{3\sqrt{6}}{2}$ ◀ ❸

삼각형 ABC에서 외접원의 반지름의 길이를 R라 할 때

$$\dfrac{a}{\sin A}=\dfrac{b}{\sin B}=\dfrac{c}{\sin C}=2R$$

답 $\dfrac{2\sqrt{2}}{3}$, $\dfrac{3\sqrt{6}}{2}$

단계	채점 기준	비율
❶	이등변삼각형의 성질을 이용하여 밑변의 길이를 이등분한 경우	20 %
❷	$\sin B$의 값을 구한 경우	30 %
❸	$\sin A$, R의 값을 구한 경우	50 %

01
• 8445-0162 •

삼각형 ABC에서 $A:B:C=5:3:4$이고, $\overline{AB}=2\sqrt{3}$, $\overline{AC}=2\sqrt{2}$일 때, $\sin A$의 값을 구하시오.

02
• 8445-0163 •

그림과 같이 $\overline{AB}=3$, $\overline{AC}=5$, $\angle A=120°$인 삼각형 ABC에서 점 A에서 $\overline{BC}$에 내린 수선의 발을 H라 할 때, $\overline{AH}$의 길이를 구하시오.

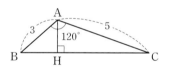

03
• 8445-0164 •

정삼각형의 내접원의 반지름의 길이를 r, 외접원의 반지름의 길이를 R라 할 때, $r:R$를 구하시오.

01

• 8445-0165 •

그림과 같이 지름 $\overline{BC}=6$인 원 밖의 점 A에 대하여 $\angle A=30°$이고 삼각형 ABC의 꼭짓점 B에서 변 AC에 내린 수선의 발 D가 있다. 원이 선분 AB와 만나는 점을 E라 할 때, $\overline{DE}^2$의 값을 구하시오. (단, $0 < B < 90°$, $0 < C < 90°$)

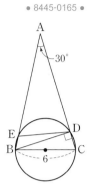

02

• 8445-0166 •

그림과 같이 $\angle A=60°$인 삼각형 ABC의 세 변의 길이를 a, b, c라 할 때, 〈보기〉에서 옳은 것만을 있는 대로 고른 것은?

┤ 보기 ├

ㄱ. $a=3$이면 $c=2\sqrt{3}\sin C$

ㄴ. $a^2+b^2+c^2=2ab\cos C+bc+2ca\cos B$

ㄷ. $\dfrac{c}{a+b}+\dfrac{b}{a+c}=\dfrac{2}{3}$

① ㄱ   ② ㄴ   ③ ㄱ, ㄴ   ④ ㄴ, ㄷ   ⑤ ㄱ, ㄴ, ㄷ

03

• 8445-0167 •

그림과 같이 원 모양의 호수에 내접하는 사각형 모양의 무대 ABCD가 있다. $\overline{AB}=\sqrt{2}$, $\overline{BC}=\sqrt{2}$, $\overline{CD}=3$, $\overline{DA}=4$이고 변 AD가 원의 지름일 때, 사각형 ABCD의 넓이는?

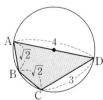

① $\dfrac{3\sqrt{7}}{4}$ ② $\sqrt{7}$ ③ $\dfrac{5\sqrt{7}}{4}$

④ $\dfrac{3\sqrt{7}}{2}$ ⑤ $\dfrac{7\sqrt{7}}{4}$

Level I

01
• 8445-0168 •

그림과 같이 ∠XOP에 대하여 동경 OP가 시초선 OX와 이루는 예각 α가 $1500° = 8\pi + \alpha$를 만족시킬 때, α의 값은?

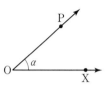

① $\dfrac{\pi}{12}$
② $\dfrac{\pi}{6}$
③ $\dfrac{\pi}{4}$

④ $\dfrac{\pi}{3}$
⑤ $\dfrac{5}{12}\pi$

02
• 8445-0169 •

중심각의 크기가 $\dfrac{\pi}{6}$이고 넓이가 $\dfrac{\pi}{2}$인 부채꼴의 반지름의 길이는?

① $\sqrt{5}$
② $\sqrt{6}$
③ $\sqrt{7}$

④ $2\sqrt{2}$
⑤ 3

03
• 8445-0170 •

원점 O와 점 $P(2, -\sqrt{5})$에 대하여 동경 OP가 나타내는 각의 크기를 θ라 할 때, $\cos\theta + \sin\theta \tan\theta$의 값은?

① $\dfrac{5}{6}$
② 1
③ $\dfrac{7}{6}$

④ $\dfrac{4}{3}$
⑤ $\dfrac{3}{2}$

04
• 8445-0171 •

$\dfrac{3^{\sin\theta}}{3^{\cos\theta}} = 9^{\cos\theta}$을 만족시키는 각 θ에 대하여 $\tan\theta$의 값을 구하시오.

05
• 8445-0172 •

함수 $f(x) = \sin\dfrac{3}{2}x$에서 임의의 실수 x에 대하여 $f(x+a) = f(x)$가 성립할 때, 양의 상수 a의 최솟값은?

① $\dfrac{\pi}{3}$
② $\dfrac{2}{3}\pi$
③ π

④ $\dfrac{4}{3}\pi$
⑤ $\dfrac{5}{3}\pi$

06
• 8445-0173 •

$0 \le x \le 2\pi$일 때, 방정식 $2\cos^2 x - \sin x - 1 = 0$을 만족시키는 모든 근의 합은?

① $\dfrac{\pi}{2}$
② π
③ $\dfrac{3}{2}\pi$

④ 2π
⑤ $\dfrac{5}{2}\pi$

07
• 8445-0174 •

삼각형 ABC에서
$$\overline{BC} = 5, \angle A = 30°, \angle B = 45°$$
일 때, $\overline{AC}$의 값은?

① $3\sqrt{2}$
② $4\sqrt{2}$
③ $5\sqrt{2}$

④ $6\sqrt{2}$
⑤ $7\sqrt{2}$

08
• 8445-0175 •

그림과 같이 삼각형 ABC에서
$$\overline{AB} = 4, \overline{AC} = 3,$$
$$\angle B + \angle C = 150°$$
일 때, 삼각형 ABC의 넓이를 구하시오.

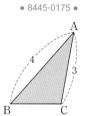

Level 2

09

• 8445-0176 •

그림과 같이 직선 AC는 원 O의 접선이고 점 A가 접점이다. 원 위의 점 B에 대하여

$$\overline{AB}=6, \ \angle BAC=\frac{\pi}{3}$$

일 때, 부채꼴 OAB의 넓이는?

① 3π ② 4π ③ 5π

④ 6π ⑤ 7π

10

• 8445-0177 •

좌표평면 위에 중심이 원점 O이고 반지름의 길이가 1인 원이 있다. 각 θ가 나타내는 동경과 원이 만나는 점의 좌표를 A(a, b)라 하자.

$$\sin(\pi+\theta)=\frac{1}{3}, \ \sin\left(\frac{\pi}{2}+\theta\right)>0$$

일 때, a^2-b의 값을 구하시오.

11

• 8445-0178 •

그림과 같이 좌표평면에서 중심이 원점인 원에 정사각형 ABCD가 내접해 있다. 동경 OA, OB, OC, OD를 나타내는 각을 각각 α, β, γ, δ라 할 때,

$$2\sin\alpha\times4\cos\beta+2\cos\left(\frac{\pi}{2}+\gamma\right)\times\sin\left(\frac{\pi}{2}+\delta\right)=-4$$

이다. $9\cos^2\alpha$의 값을 구하시오.

(단, 점 A는 제1사분면에 있다.)

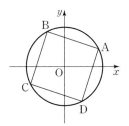

12

• 8445-0179 •

그림과 같이 함수 $y=\cos\pi x$의 그래프와 직선 $y=k$가 만나는 점의 x좌표가 양수일 때, 작은 수부터 차례대로 a, $4b$, $5b$, $\cdots$이다. 함수 $y=\tan(a+b)\pi x+3$의 주기는? (단, a, b는 상수이고, $0<k<1$이다.)

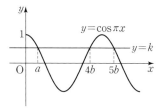

① $\frac{5}{4}$ ② $\frac{3}{2}$ ③ $\frac{7}{4}$

④ 2 ⑤ $\frac{9}{4}$

13

• 8445-0180 •

$\frac{\pi}{4}<\theta<\frac{\pi}{2}$이고 $a=\sin\theta\cos\theta$일 때,

$$\sqrt{1+2a}+\sqrt{1-2a}=k\sin\theta$$

를 만족시키는 상수 k의 값은?

① $\frac{1}{2}$ ② 1 ③ $\frac{3}{2}$

④ 2 ⑤ $\frac{5}{2}$

14

• 8445-0181 •

$0\leq x<2\pi$일 때, 부등식 $9^{\cos^2 x}\times\left(\frac{1}{3}\right)^{\sin x}-3<0$의 해는 $a<x<b$이다. $a+b$의 값은?

① $\frac{\pi}{2}$ ② $\frac{2}{3}\pi$ ③ $\frac{5}{6}\pi$

④ π ⑤ $\frac{7}{6}\pi$

15

• 8445-0182 •

삼각형 ABC에서

$$\sin A = \sqrt{2} \sin B = 2\sqrt{2} \sin C$$

일 때, 삼각형 ABC의 가장 긴 변의 길이를 m, 가장 짧은 변의 길이를 n이라 하자. $\left(\dfrac{m}{n}\right)^2$의 값을 구하시오.

16

• 8445-0183 •

그림과 같이 반지름의 길이가 2인 원의 지름 AB에서 점 B를 중심으로 15°씩 옆으로 선분을 그을 때, 원과 만나는 점을 각각 A_1, A_2라 하자. $\overline{AA_1}^2 + \overline{A_1A_2}^2$의 값은?

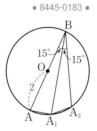

① $2(2-\sqrt{3})$ ② $4(2-\sqrt{3})$ ③ $6(2-\sqrt{3})$

④ $8(2-\sqrt{3})$ ⑤ $10(2-\sqrt{3})$

17

• 8445-0184 •

그림과 같이 둘레의 길이가 12이고 넓이가 6인 삼각형 ABC에 내접하는 원이 있다. 이 원이 삼각형 ABC에 내접하는 접점 D, E, F에 대하여 삼각형 DEF의 세 각 D, E, F와 마주보는 세 변을 각각 d, e, f라 할 때, $\dfrac{d}{\sin D} + \dfrac{e}{\sin E} + \dfrac{\sin F}{f}$의 값은?

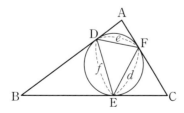

① 4 ② $\dfrac{25}{6}$ ③ $\dfrac{13}{3}$

④ $\dfrac{9}{2}$ ⑤ $\dfrac{14}{3}$

Level 3

18

• 8445-0185 •

그림과 같이 중심각이 $\dfrac{\pi}{3}$인 부채꼴 OAB의 점 B에서 선분 OA에 내린 수선의 발을 H라 하자. $\overline{BH} = \sqrt{6}$일 때, 두 선분 BH, AH와 호 AB로 둘러싸인 부분의 둘레의 길이는 $\sqrt{6} + \sqrt{a} + \dfrac{2\sqrt{b}}{3}\pi$이다. 두 자연수 a, b에 대하여 $a+b$의 값을 구하시오.

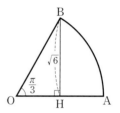

19

• 8445-0186 •

그림과 같이 중심이 O인 단위원과 x축이 만나는 점 중에 한 점을 A$(1, 0)$이라 하고, 제1사분면에 있는 단위원 위의 점 P_1을 원점에 대하여 대칭이동한 점을 P_2, 점 P_1을 90°만큼 회전이동한 점을 P_3, 점 P_3을 다시 x축에 대하여 대칭이동한 점을 P_4라 하자. 동경 OP_1, OP_2, OP_3, OP_4가 시초선 OA와 이루는 각을 각각 θ_1, θ_2, θ_3, θ_4라 할 때,

$$12 \sin \theta_1 + 14 \sin \theta_2 - 16 \cos \theta_3 - 26 \cos \theta_4 = 8$$

이다. 다음의 표를 이용하여 부채꼴 OP_2P_4의 넓이를 나타낸 것은?

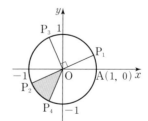

θ(라디안)	$\sin \theta$
a	0.12
b	0.15
c	0.16
d	0.20
e	0.21

① $\dfrac{\pi}{4} - \dfrac{2}{3}e$ ② $\dfrac{\pi}{4} - d$ ③ $\dfrac{\pi}{4} - \dfrac{4}{3}c$

④ $\dfrac{\pi}{4} - \dfrac{5}{3}b$ ⑤ $\dfrac{\pi}{4} - 2a$

20

• 8445-0187 •

x에 관한 이차방정식 $5x^2-\sqrt{5}x-k=0$의 두 근을 $\sin\theta$, $\cos\theta$라 할 때, $\sin\theta$, $|\cos\theta|$를 두 근으로 하는 이차방정식은 $5x^2-3\sqrt{5}x+k=0$이다. 상수 k에 대하여 $k(2\sin\theta+\cos\theta)=\dfrac{a\sqrt{5}}{5}$일 때, 상수 a의 값을 구하시오.

21

• 8445-0188 •

$\overline{AB}=\overline{AC}$, $\overline{BC}=4$, $\angle A=120°$인 이등변삼각형 ABC에서 $\overline{AC}$ 위를 움직이는 점 P에 대하여 〈보기〉에서 옳은 것만을 있는 대로 고른 것은?

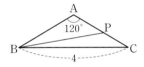

┤ 보기 ├

ㄱ. 삼각형 ABC의 외접원의 지름의 길이는 $\dfrac{8\sqrt{3}}{3}$이다.

ㄴ. $\overline{CP}=1$일 때, $\overline{BP}^2=17-4\sqrt{3}$

ㄷ. $\overline{BP}^2+\overline{CP}^2$의 최솟값은 10이다.

① ㄱ   ② ㄴ   ③ ㄱ, ㄷ
④ ㄴ, ㄷ   ⑤ ㄱ, ㄴ, ㄷ

22

• 8445-0189 •

한 변의 길이가 2인 정육면체 ABCD-EFGH에서 변 CD의 중점을 I, 변 EF의 중점을 J라 하고, $\angle IAJ=\theta$라 할 때, 삼각형 AIJ의 넓이는?

① 2   ② $\sqrt{5}$ ③ $\sqrt{6}$
④ $\sqrt{7}$ ⑤ $2\sqrt{2}$

서술형 문제

23

• 8445-0190 •

$\sin\theta=\dfrac{4}{5}\left(0<\theta<\dfrac{\pi}{2}\right)$일 때,

$$\frac{\cos\theta}{1+\sin\theta}+\frac{\sin\left(\dfrac{\pi}{2}+\theta\right)}{1-\cos\left(\dfrac{\pi}{2}-\theta\right)}$$

의 값을 구하시오.

24

• 8445-0191 •

$0\leq x\leq\dfrac{\pi}{2}$일 때, $y=\sin^6 x+\cos^6 x$의 최솟값을 구하시오.

05 등차수열과 등비수열

1 수열의 뜻과 등차수열의 일반항

(1) 수열의 뜻

① 차례로 늘어놓은 수의 열을 수열이라 하고, 수열을 이루고 있는 각 수를 그 수열의 항이라 한다.

② 수열을 나타낼 때에는 항에 번호가 붙은 문자의 열을 이용하여

$$a_1,\ a_2,\ a_3,\ \cdots,\ a_n,\ \cdots$$

과 같이 나타내며 a_1을 첫째항, a_2를 둘째항, $\cdots$, a_n을 n째항, $\cdots$ 또는 제1항, 제2항, 제3항, $\cdots$, 제n항, $\cdots$이라 한다.

③ 수열 $\{a_n\}$의 제n항 a_n이 n에 대한 식으로 주어지면 $n=1,\ 2,\ 3,\ \cdots$을 차례로 대입하여 각 항을 구할 수 있다. 이때 이 n에 대한 식을 수열 $\{a_n\}$의 일반항이라 한다.

(2) 등차수열의 뜻과 일반항

① 등차수열의 뜻과 공차

첫째항부터 차례로 일정한 수를 더하여 얻어지는 수열을 등차수열이라 하고, 더하는 일정한 수를 공차라 한다.

② 등차수열의 일반항

첫째항이 a, 공차가 d인 등차수열의 일반항 a_n은

$$a_n=a+(n-1)d\ (n=1,\ 2,\ 3,\ \cdots)$$

설명 첫째항이 a, 공차가 d인 등차수열 $\{a_n\}$의 각 항은 다음과 같다.

$a_1=a$

$a_2=a_1+d=a+d$

$a_3=a_2+d=(a+d)+d=a+2d$

$a_4=a_3+d=(a+2d)+d=a+3d$

$\vdots$

따라서 일반항 a_n은

$a_n=a+(n-1)d\ (n=1,\ 2,\ 3,\ \cdots)$

2 등차중항

세 수 a, b, c가 이 순서대로 등차수열을 이룰 때, b를 a와 c의 등차중항이라 한다. 이때 b가 a와 c의 등차중항이면

$$b-a=c-b,\ 2b=a+c,\ \text{즉}\ b=\frac{a+c}{2}$$

인 관계가 성립한다.

역으로 $b=\dfrac{a+c}{2}$이면 $b-a=c-b$이므로 b는 a와 c의 등차중항이다.

3 등차수열의 합

(1) 첫째항이 a, 공차가 d인 등차수열의 첫째항부터 제n항까지의 합 S_n은
$$S_n = \frac{n\{2a+(n-1)d\}}{2}$$

(2) 첫째항이 a, 제n항이 l인 등차수열의 첫째항부터 제n항까지의 합 S_n은
$$S_n = \frac{n(a+l)}{2}$$

설명 첫째항이 a, 공차가 d인 등차수열 $\{a_n\}$의 첫째항부터 제n항까지의 합을 S_n이라 하면
$$S_n = a+(a+d)+\cdots+\{a+(n-2)d\}+\{a+(n-1)d\} \quad \cdots\cdots \ \text{㉠}$$
㉠에서 우변의 항을 역순으로 놓으면
$$S_n = \{a+(n-1)d\}+\{a+(n-2)d\}+\cdots+(a+d)+a \quad \cdots\cdots \ \text{㉡}$$
㉠+㉡을 하면
$$2S_n = \{2a+(n-1)d\}+\{2a+(n-1)d\}+\cdots+\{2a+(n-1)d\}+\{2a+(n-1)d\}$$
$$= \{2a+(n-1)d\} \times n$$
에서 $S_n = \dfrac{n\{2a+(n-1)d\}}{2}$

또한, 제n항을 l이라 하면
$$S_n = \frac{n\{2a+(n-1)d\}}{2}$$
$$= \frac{n\{a+a+(n-1)d\}}{2} = \frac{n(a+l)}{2}$$

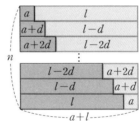

참고 수열 $\{a_n\}$에서 첫째항부터 제n항까지의 합이 $pn^2+qn(p \neq 0)$의 꼴이면 이 수열은 등차수열이다.

보기

① 첫째항이 -3, 공차가 4인 등차수열의 첫째항부터 제7항까지의 합은
$$\frac{7 \times \{2 \times (-3)+(7-1) \times 4\}}{2}$$
$$=63$$

② 첫째항이 2, 제5항이 22인 등차수열의 첫째항부터 제5항까지의 합은
$$\frac{5(2+22)}{2}=60$$

③ 첫째항이 1이고 공차가 3인 등차수열의 첫째항부터 제10항까지의 합은
(i) $\dfrac{10 \times \{2 \times 1+(10-1) \times 3\}}{2}$
$$=145$$
(ii) 첫째항이 1이고 공차가 3이므로
$$a_n = 1+(n-1) \times 3 = 3n-2$$
이고 $a_{10}=28$
그러므로 $\dfrac{10(1+28)}{2}=145$

---

4 등비수열의 뜻과 일반항

(1) **등비수열의 뜻**

첫째항부터 차례로 일정한 수를 곱하여 얻어지는 수열을 등비수열이라 하고, 곱하는 일정한 수를 공비라 한다.

(2) **등비수열의 일반항**

첫째항이 a, 공비가 r인 등비수열의 일반항 a_n은
$$a_n = ar^{n-1} \ (n=1, 2, 3, \cdots)$$

설명 첫째항이 a, 공비가 r인 등비수열 $\{a_n\}$의 각 항은 다음과 같다.
$$a_1 = a$$
$$a_2 = a_1 r = ar$$
$$a_3 = a_2 r = ar^2$$
$$a_4 = a_3 r = ar^3$$
$$\vdots$$
따라서 일반항 a_n은
$$a_n = ar^{n-1} \ (n=1, 2, 3, \cdots)$$

보기

① 수열 $1, 3, 9, 27, \cdots$은 첫째항이 1, 공비가 3인 등비수열이고

수열 $6, 3, \dfrac{3}{2}, \dfrac{3}{4}, \cdots$은

첫째항이 6, 공비가 $\dfrac{1}{2}$인 등비수열이다.

② 첫째항이 3, 공비가 2인 등비수열 $\{a_n\}$에서
$$a_1 = 3$$
$$a_2 = 3 \times 2$$
$$a_3 = 3 \times 2^2$$
$$a_4 = 3 \times 2^3$$
$$\vdots$$
$$a_n = 3 \times 2^{n-1}$$

5 등비중항

0이 아닌 세 수 a, b, c가 이 순서대로 등비수열을 이룰 때, b를 a와 c의 등비중항이라 한다. 이때 b가 a와 c의 등비중항이면

$$\frac{b}{a} = \frac{c}{b}, \ 즉 \ b^2 = ac$$

인 관계가 성립한다.

역으로 $b^2 = ac$이면 $\frac{b}{a} = \frac{c}{b}$이므로 b는 a와 c의 등비중항이다.

보기

세 수 2, x, 18이 이 순서대로 등비수열을 이루면 x는 2와 18의 등비중항이므로

$x^2 = 2 \times 18 = 36$

즉, $x = 6$ 또는 $x = -6$이다.

6 등비수열의 합

첫째항이 a, 공비가 r인 등비수열의 첫째항부터 제n항까지의 합 S_n은

(1) $r = 1$일 때, $S_n = na$

(2) $r \neq 1$일 때, $S_n = \dfrac{a(r^n - 1)}{r - 1} = \dfrac{a(1 - r^n)}{1 - r}$

설명 첫째항이 a, 공비가 r인 등비수열 $\{a_n\}$의 첫째항부터 제n항까지의 합을 S_n이라 하면

$$S_n = a + ar + ar^2 + \cdots + ar^{n-2} + ar^{n-1} \qquad \cdots\cdots ㉠$$

㉠의 양변에 공비 r를 곱하면

$$rS_n = ar + ar^2 + \cdots + ar^{n-2} + ar^{n-1} + ar^n \qquad \cdots\cdots ㉡$$

㉠에서 ㉡을 변끼리 빼면

$$\begin{array}{r} S_n = a + ar + ar^2 + \cdots + ar^{n-2} + ar^{n-1} \qquad\qquad \\ -) \quad rS_n = \quad ar + ar^2 + \cdots + ar^{n-2} + ar^{n-1} + ar^n \\ \hline S_n - rS_n = a \qquad\qquad\qquad\qquad\qquad\qquad\qquad\quad - ar^n \end{array}$$

따라서 첫째항부터 제n항까지의 합 S_n은

$r \neq 1$일 때, $S_n = \dfrac{a(1 - r^n)}{1 - r} = \dfrac{a(r^n - 1)}{r - 1}$

이고, $r = 1$일 때는 ㉠에서

$$S_n = a + a + a + \cdots + a + a = na$$

참고 등비수열의 활용

현재의 값이 a이고 매년 전년도 값의 $r\%$씩 일정하게 증가할 때, n년 후의 값은

$$a\left(1 + \frac{r}{100}\right)^n \ (단, \ r > 0)$$

현재의 값이 a이고 매년 전년도 값의 $r\%$씩 일정하게 감소할 때, n년 후의 값은

$$a\left(1 - \frac{r}{100}\right)^n \ (단, \ r > 0)$$

보기

첫째항이 -3이고, 제4항이 -24인 등비수열 $\{a_n\}$에서 $a_4 = -3r^3 = -24$이므로 $r^3 = 8$, 즉 $r = 2$ 첫째항부터 제5항까지의 합을 S_5라 하면

$S_5 = \dfrac{-3(2^5 - 1)}{2 - 1} = -93$

참고

현재의 값이 a이고 매년 전년도 값의 $r\%$씩 일정하게 증가할 때, 1년 후의 값은

$$a + a \times \frac{r}{100} = a\left(1 + \frac{r}{100}\right)$$

2년 후의 값은

$$a\left(1 + \frac{r}{100}\right) + \frac{r}{100} \times a\left(1 + \frac{r}{100}\right)$$

$$= a\left(1 + \frac{r}{100}\right)\left(1 + \frac{r}{100}\right)$$

$$= a\left(1 + \frac{r}{100}\right)^2$$

3년 후의 값은

$$a\left(1 + \frac{r}{100}\right)^2 + \frac{r}{100} \times a\left(1 + \frac{r}{100}\right)^2$$

$$= a\left(1 + \frac{r}{100}\right)^2\left(1 + \frac{r}{100}\right)$$

$$= a\left(1 + \frac{r}{100}\right)^3$$

$$\vdots$$

n년 후의 값은 $a\left(1 + \frac{r}{100}\right)^n$

기본 유형 익히기

유형 1
등차수열의 뜻과 일반항

등차수열 $\{a_n\}$에 대하여 $a_8-a_5=15$, $a_4-3a_2=4$일 때, a_{10}의 값은?

① 41　　　　② 42　　　　③ 43　　　　④ 44　　　　⑤ 45

풀이

등차수열 $\{a_n\}$의 첫째항을 a, 공차를 d라 하면

$a_8-a_5=15$에서

$a_8-a_5=(a+7d)-(a+4d)=3d=15$이므로 $d=5$ ❶

$a_4-3a_2=4$에서

$a_4-3a_2=a+3d-3(a+d)=-2a=4$이므로

$a=-2$

따라서 $a_{10}=a+9d=-2+9\times5=43$

답 ③

POINT

❶ 등차수열의 일반항에 의하여 첫째항을 a, 공차를 d라 하면

$a_8=a+(8-1)d=a+7d$

$a_5=a+(5-1)d=a+4d$

유제 1
● 8445-0192 ●

등차수열 $\{a_n\}$에서 $a_{20}-a_{15}=-10$일 때, $a_{10}-a_1$의 값은?

① -20　　② -18　　③ -16　　④ -14　　⑤ -12

유형 2
등차중항

세 수 1, p, 13이 이 순서대로 등차수열을 이루고, 등차수열 $\{a_n\}$에 대하여 $a_5=1$, $a_8=p$일 때, a_{30}의 값을 구하시오.

풀이

세 수 1, p, 13이 이 순서대로 등차수열을 이루므로

$p=\dfrac{1+13}{2}=7$ ❶

등차수열 $\{a_n\}$의 공차를 d라 하면

$a_8-a_5=7-1=6$이므로

$a_8-a_5=(a+7d)-(a+4d)=3d=6$

에서 $d=2$

또한, $a_1=a_5-4d=1-8=-7$이므로 ❷

$a_n=-7+(n-1)\times2=2n-9$

따라서 $a_{30}=51$

답 51

POINT

❶ b가 a와 c의 등차중항이면

$b-a=c-b$

$2b=a+c$

즉, $b=\dfrac{a+c}{2}$

❷ 등차수열 $\{a_n\}$의 공차를 d라 하면

$a_5=a_1+4d$

유제 2
● 8445-0193 ●

세 실수 a, $2+\sqrt{3}$, $2-\sqrt{3}$이 이 순서대로 등차수열을 이룰 때, 상수 a의 값은?

① $1+\sqrt{3}$　　　　② $1+2\sqrt{3}$　　　　③ $2(1+\sqrt{3})$

④ $2+3\sqrt{3}$　　　　⑤ $2(2+\sqrt{3})$

유형 ③

등차수열의 합

등차수열 $\{a_n\}$에 대하여 $a_5=a_1+12$, $a_4=5$일 때, $a_1+a_2+a_3+\cdots+a_{20}$의 값은?

① 460　　② 470　　③ 480　　④ 490　　⑤ 500

풀이

등차수열 $\{a_n\}$의 공차를 d라 하면

$a_5=a_1+12$에서 $a_5-a_1=12$이므로

$4d=12$, 즉 $d=3$ **❶**

$a_4=5$에서 $a_1+3d=5$, 즉

$a_1+3\times3=5$이므로 $a_1=-4$

따라서 $a_1+a_2+a_3+\cdots+a_{20}=\dfrac{20(-8+19\times3)}{2}=490$ **❷**

답 ④

POINT

❶ a_5-a_1
$=(a+4d)-a_1$
$=4d$

❷ 첫째항이 a, 공차가 d인 등차수열의 첫째항부터 제n항까지의 합 S_n은

$$S_n=\dfrac{n\{2a+(n-1)d\}}{2}$$

유제 ③

● 8445-0194 ●

공차가 2인 등차수열 $\{a_n\}$에서 첫째항부터 제10항까지의 합이 100일 때, a_1+a_2의 값은?

① 1　　② 2　　③ 3　　④ 4　　⑤ 5

유형 ④

등비수열의 뜻과 일반항

첫째항이 3인 등비수열 $\{a_n\}$에 대하여 $a_{16}=\sqrt{3}a_3$일 때, a_{40}의 값은?

① $3\sqrt{3}$　　② 9　　③ $9\sqrt{3}$　　④ 18　　⑤ $18\sqrt{3}$

풀이

등비수열 $\{a_n\}$의 공비를 r라 하면

$a_{16}=\sqrt{3}a_3$에서 $3r^{15}=\sqrt{3}\times3\times r^2$이므로 **❶**

$r^{13}=\sqrt{3}$

따라서 $a_{40}=3r^{39}$
$=3(r^{13})^3$
$=3(\sqrt{3})^3$
$=9\sqrt{3}$

답 ③

POINT

❶ 첫째항이 a, 공비가 r인 등비수열의 일반항 a_n은

$$a_n=ar^{n-1}$$

유제 ④

● 8445-0195 ●

모든 항이 실수이고 첫째항이 a, 공비가 r인 등비수열 $\{a_n\}$에 대하여 $a_3=2$, $a_8r=4$일 때, $\dfrac{a_5}{a}$의 값은?

① $\sqrt[6]{2}$　　② $\sqrt[3]{2}$　　③ $\sqrt[3]{4}$　　④ $\sqrt{2}$　　⑤ 2

유형 5 등비중항

세 수 $\dfrac{1}{\alpha}$, 6, $\dfrac{1}{\beta}$은 이 순서대로 등차수열을 이루고 세 수 α, $\dfrac{1}{2}$, β는 이 순서대로 등비수열을 이룰 때, $\alpha^2+\beta^2$의 값을 구하시오.

풀이

세 수 $\dfrac{1}{\alpha}$, 6, $\dfrac{1}{\beta}$은 이 순서대로 등차수열을 이루므로

$2\times 6=\dfrac{1}{\alpha}+\dfrac{1}{\beta}$, 즉 $\dfrac{\alpha+\beta}{\alpha\beta}=12$ ⋯⋯ ㉠

세 수 α, $\dfrac{1}{2}$, β는 이 순서대로 등비수열을 이루므로

$\left(\dfrac{1}{2}\right)^2=\alpha\beta$에서 $\alpha\beta=\dfrac{1}{4}$ ⋯⋯ ㉡
➊

㉠, ㉡에서 $\alpha+\beta=3$

따라서 $\alpha^2+\beta^2=(\alpha+\beta)^2-2\alpha\beta=3^2-2\times\dfrac{1}{4}=\dfrac{17}{2}$ 답 $\dfrac{17}{2}$

POINT

➊ 세 수 a, b, c가 이 순서대로 등비수열을 이룰 때, b를 a와 c의 등비중항이라 하고 $\dfrac{b}{a}=\dfrac{c}{b}$, 즉 $b^2=ac$

유제 5
• 8445-0196 •

서로 다른 두 자연수 x, y에 대하여 세 수 x, 4, y가 이 순서대로 등비수열을 이룰 때, $x+y$의 최솟값을 구하시오.

유형 6 등비수열의 합

공비가 2인 등비수열 $\{a_n\}$에 대하여 첫째항부터 제n항까지의 합을 S_n이라 할 때, $\dfrac{S_{30}}{S_{10}}$의 값은?

① $2^{10}+1$ ② $2^{20}+1$ ③ $2^{20}+2^{10}+1$
④ $2^{30}+1$ ⑤ $2^{30}+2^{20}+1$

풀이

등비수열 $\{a_n\}$의 공비가 2이므로

$S_{10}=\dfrac{a_1(2^{10}-1)}{2-1}=a_1(2^{10}-1)$ ➊

$S_{30}=\dfrac{a_1(2^{30}-1)}{2-1}=a_1(2^{30}-1)$

$\dfrac{S_{30}}{S_{10}}=\dfrac{2^{30}-1}{2^{10}-1}=\dfrac{(2^{10}-1)(2^{20}+2^{10}+1)}{2^{10}-1}$ ➋
$=2^{20}+2^{10}+1$ 답 ③

POINT

➊ 첫째항이 a, 공비가 r인 등비수열의 첫째항부터 제n항까지의 합은
$\dfrac{a(r^n-1)}{r-1}$

➋ $r^{3n}-1$
$=(r^n-1)(r^{2n}+r^n+1)$

유제 6
• 8445-0197 •

첫째항이 2이고 모든 항이 양수인 등비수열 $\{a_n\}$에 대하여 $a_7=4$일 때, 이 등비수열 $\{a_n\}$의 첫째항부터 제9항까지의 합은 $\dfrac{k}{\sqrt[6]{2}-1}$이다. k의 값은?

① $2\sqrt{2}$ ② $2\sqrt{2}-1$ ③ $2\sqrt{2}+1$ ④ $2(2\sqrt{2}-1)$ ⑤ $2(2\sqrt{2}+1)$

01

• 8445-0198 •

등차수열 $\{a_n\}$에서 $a_{10}-a_4=-18$, $a_4-2a_2=-6$일 때, a_5의 값은?

① -10 ② -9 ③ -8
④ -7 ⑤ -6

02

• 8445-0199 •

공차가 d인 등차수열 $\{a_n\}$에 대하여 $a_5=12$일 때,
$$a_9+a_{11}=k+10d$$
가 성립하도록 하는 상수 k의 값은?

① 20   ② 24   ③ 28
④ 32   ⑤ 36

03

• 8445-0200 •

첫째항이 각각 -10, 25인 두 등차수열 $\{a_n\}$, $\{b_n\}$에 대하여
$$a_5-a_2=b_3-b_5=6$$
일 때, $a_nb_n>0$을 만족하는 자연수 n의 최댓값은?

① 5   ② 6   ③ 7
④ 8   ⑤ 9

04

• 8445-0201 •

다음 수열은 등차수열이다. 양의 실수 x, y에 대하여 x^2y^3의 값은?

$$\frac{1}{2}\log_7 3,\ \log_7 x^2,\ \log_7 y^3,\ \frac{1}{2}\log_7 12,\ \cdots$$

① 6   ② 8   ③ 10
④ 12   ⑤ 14

05

• 8445-0202 •

등차수열 $\{a_n\}$이 다음 조건을 만족시킬 때, a_{10}의 값은?

(가) $a_6=2a_3$
(나) $a_2+a_4+a_6+\cdots+a_{12}$
　　$=a_1+a_3+a_5+\cdots+a_{11}+24$

① 36   ② 37   ③ 38
④ 39   ⑤ 40

06

• 8445-0203 •

공차가 p인 등차수열 $\{a_n\}$에 대하여
$$a_3=p-4,\ a_{15}=p+12$$
일 때, $a_k=6p+\frac{4}{3}$를 만족시키는 자연수 k의 값은?

① 11   ② 12   ③ 13
④ 14   ⑤ 15

유형 2 등차중항

07

• 8445-0204 •

0이 아닌 다섯 개의 수 a, b, 4, d, e가 이 순서대로 등차수열을 이룰 때, $\dfrac{b+d}{2}+\dfrac{a+e}{3}$의 값은?

① 6　　　　② $\dfrac{19}{3}$　　　　③ $\dfrac{20}{3}$

④ 7　　　　⑤ $\dfrac{22}{3}$

08

• 8445-0205 •

7개의 수

$$\sqrt{2}, a, b, c, d, e, 4$$

가 이 순서대로 등차수열을 이룰 때,
$2a+3b+4c+3d+2e$의 값은?

① $24+4\sqrt{2}$　　② $26+4\sqrt{2}$　　③ $28+4\sqrt{2}$
④ $26+7\sqrt{2}$　　⑤ $28+7\sqrt{2}$

유형 3 등차수열의 합

09

• 8445-0206 •

등차수열 $\{a_n\}$에 대하여 $a_n=2n+3$일 때,
$a_3+a_4+a_5+\cdots+a_{20}$의 값은?

① 466　　　　② 468　　　　③ 470
④ 472　　　　⑤ 474

10

• 8445-0207 •

$a_{10}=50$, $a_{11}=45$인 등차수열 $\{a_n\}$에 대하여
$$a_1+a_2+a_3+\cdots+a_n=0$$
을 만족시키는 자연수 n의 값은?

① 35　　　　② 36　　　　③ 37
④ 38　　　　⑤ 39

11

• 8445-0208 •

등차수열 $\{a_n\}$에 대하여
$$a_n=3n+k, \ a_6+a_7+a_8+\cdots+a_{15}=255$$
일 때, $a_n>150$인 자연수 n의 최솟값은?

(단, k는 상수이다.)

① 51　　　　② 53　　　　③ 55
④ 57　　　　⑤ 59

12

• 8445-0209 •

등차수열 a_1, a_2, a_3, $\cdots$, a_{50}에서
$a_{24}+a_{25}+a_{26}+a_{27}=80$이고, 첫째항부터 제$n$항까지의 합 $S_n=n^2+kn$(k는 상수)일 때, S_{30}의 값은?

① -200　　　② -100　　　③ 0
④ 100　　　　⑤ 200

유형 ④ 등비수열의 뜻과 일반항

13

• 8445-0210 •

등비수열 $\{a_n\}$에서 $a_3 \div a_6 \times a_7 = 12$일 때, a_4의 값은?

① 6   ② 12   ③ 18
④ 24   ⑤ 36

14

• 8445-0211 •

모든 항이 양수인 등비수열 $\{a_n\}$에 대하여
$\log_2 a_8 - \log_2 a_5 = 6$일 때, $\log_2 a_{20} - \log_2 a_{11}$의 값은?

① 6   ② 9   ③ 12
④ 15   ⑤ 18

15

• 8445-0212 •

등비수열 $\{a_n\}$에 대하여
$$a_3 + a_4 = 3, \ a_5 + a_6 = 4$$
일 때, $a_7 + a_8$의 값은?

① 4   ② $\dfrac{14}{3}$ ③ $\dfrac{16}{3}$
④ 6   ⑤ $\dfrac{20}{3}$

16

• 8445-0213 •

공비가 0이 아닌 등비수열 $\{a_n\}$에서
$$a_4 = 4, \ a_6 - a_3 = \frac{a_4}{a_2}$$
일 때, a_7의 값은?

① 5   ② $\dfrac{16}{3}$ ③ $\dfrac{17}{3}$
④ 6   ⑤ $\dfrac{19}{3}$

17

• 8445-0214 •

첫째항이 1이고 공차가 d인 등차수열 $\{\log a_n\}$에 대하여 $a_{30} = 10^m$ (m은 자연수)이 되도록 등차수열 $\{\log a_n\}$의 공차 d의 값을 정할 때, 1보다 작은 공차 d의 값 중 최댓값은?

① $\dfrac{30}{31}$ ② $\dfrac{29}{30}$ ③ $\dfrac{28}{29}$
④ $\dfrac{27}{28}$ ⑤ $\dfrac{26}{27}$

18

• 8445-0215 •

모든 항이 양수인 수열 $a_1, a_2, a_3, \cdots, a_{10}$이 다음 조건을 만족시킨다.

> (가) $\dfrac{a_2}{a_1} = \dfrac{a_4}{a_3} = \dfrac{a_6}{a_5} = \dfrac{a_8}{a_7} = \dfrac{a_{10}}{a_9} = 4$
>
> (나) $a_{2n-1} = 3n - 1$ ($n = 1, 2, 3, 4, 5$)

첫째항부터 제n항까지의 합 S_n에 대하여 S_{10}의 값은?

① 160   ② 170   ③ 180
④ 190   ⑤ 200

유형 5 등비중항

19

• 8445-0216 •

자연수 x, y에 대하여 세 수 3^x, 9, 9^y이 이 순서대로 등비수열을 이룰 때, x^2+y의 값을 구하시오.

20

• 8445-0217 •

두 수 3, 27 사이에 세 양수 a, b, c를 넣어 5개의 수 3, a, b, c, 27이 이 순서대로 등비수열을 이루게 한다. 또, 두 수 a, b 사이와 두 수 b, c 사이에 각각 한 개의 양수 p, q를 넣어 5개의 수 a, p, b, q, c가 이 순서대로 등비수열을 이루게 한다. $\dfrac{q^2}{p^2}$의 값은?

① $\sqrt{3}$ ② 3 ③ $3\sqrt{3}$
④ 9 ⑤ $9\sqrt{3}$

유형 6 등비수열의 합

21

• 8445-0218 •

등비수열 $\{a_n\}$에 대하여

$$a_1+a_2=5, \quad a_1+a_2+a_3+a_4=20$$

일 때, $a_1+a_2+a_3+\cdots+a_6$의 값은?

① 62   ② 63   ③ 64
④ 65   ⑤ 66

22

• 8445-0219 •

모든 항이 실수인 등비수열 $\{a_n\}$에 대하여 $a_1=2$, $a_{10}=6$일 때,

$$a_2+a_4+a_6+\cdots+a_{16}+a_{18}=\frac{k\sqrt[9]{3}}{\sqrt[9]{9}-1}$$

을 만족시킨다. 상수 k의 값은?

① 12   ② 14   ③ 16
④ 18   ⑤ 20

23

• 8445-0220 •

두 등비수열 $\{a_n\}$, $\{b_n\}$에 대하여 공비는 각각 r, $\dfrac{1}{r}$이고 $b_1=2a_1$이다. 두 수열 $\{a_n\}$, $\{b_n\}$의 첫째항부터 제n항까지의 합을 각각 A_n, B_n이라 할 때, 다음 중 $\dfrac{A_{10}}{B_{10}}$의 값과 같은 것은? (단, $r \neq 1$)

① $\dfrac{2}{r^{10}}$ ② $\dfrac{2}{r^9}$ ③ $\dfrac{r^9}{2}$
④ $2r^{10}$ ⑤ $2r^{11}$

24

• 8445-0221 •

네 양수 a, b, c, d가 이 순서대로 등비수열을 이루면서 다음 조건을 만족시킬 때, $abcd$의 값은?

> (가) $\log_2 a - \log_2 d = -3$
> (나) $2^a \times 2^b \times 2^c \times 2^d = 32$

① $\dfrac{32}{81}$ ② $\dfrac{64}{81}$ ③ $\dfrac{32}{27}$
④ $\dfrac{64}{27}$ ⑤ $\dfrac{128}{27}$

등차수열 $\{a_n\}$에 대하여
$$a_{10}=a_2+24,\ a_1+a_4+a_7=0$$
일 때, 수열 $\{a_n\}$의 일반항 a_n을 구하시오.

풀이

등차수열 $\{a_n\}$의 공차를 d라 하면

$a_{10}=a_2+24$에서

$\underline{a_{10}-a_2=(a_1+9d)-(a_1+d)}$
$\qquad\qquad\ =8d=24$

이므로 $d=3$ ◀ ❶

$a_1+a_4+a_7=0$에서

$a_1+a_4+a_7=a_1+(a_1+3d)+(a_1+6d)$
$\qquad\qquad\ =3a_1+9d=3a_1+27=0$

에서 $a_1=-9$ ◀ ❷

따라서

$a_n=-9+(n-1)\times3$
$\quad\ =3n-12$ ◀ ❸

> 첫째항이 a, 공차가 d인 등차수열의 일반항 a_n은
> $a_n=a_1+(n-1)d$
> $(n=1,\ 2,\ 3,\ \cdots)$

답 $3n-12$

단계	채점 기준	비율
❶	공차 d의 값을 구한 경우	20 %
❷	a_1의 값을 구한 경우	30 %
❸	일반항을 구한 경우	50 %

01

• 8445-0222 •

등비수열 $\{a_n\}$에 대하여 $a_1=5^{30}$이고, 공비가 $\dfrac{1}{\sqrt[4]{5}}$ 일 때, a_n의 값이 정수가 되는 모든 n의 값의 합을 구하시오.

02

• 8445-0223 •

등비수열 $\{a_n\}$에서 $a_1a_2a_3=5$, $\dfrac{a_3}{a_1a_2}=1$일 때, $\dfrac{a_{13}}{a_1}$의 값을 구하시오.

03

• 8445-0224 •

모든 항이 양수인 등비수열 $\{a_n\}$에서
$$a_3+a_4=10,\ a_5+a_6+a_7+a_8=60$$
일 때, a_9+a_{10}의 값을 구하시오.

01

● 8445-0225 ●

수직선 위의 네 점 $A(a)$, $B(b)$, $C(c)$, $D(d)$가 있다. 각 점의 좌표의 값 a, b, c, d에 대하여 a, $2b$, $3c$, $4d$가 이 순서대로 등차수열을 이룰 때, 다음이 성립한다.

점 B는 선분 AC를 $p : 1$로 내분하는 점이고
점 C는 선분 BD를 $q : 1$로 내분하는 점이고
점 D는 선분 AB를 $r : 1$로 외분하는 점이다.

세 자연수 p, q, r에 대하여 $p+q+r$의 값은? (단, $a<b<c<d$)

① 6   ② 7   ③ 8   ④ 9   ⑤ 10

02

● 8445-0226 ●

등차수열 $\{a_n\}$에서 $a_1+a_2=a_5$일 때, 다음 수열 21개 항의 곱은 2이다.

$$8^{a_1}, 8^{a_2}, 8^{a_3}, \cdots, 8^{a_{21}}$$

수열 $\{a_n\}$의 첫째항부터 제n항까지의 합을 S_n이라 할 때, $\dfrac{S_{820}}{820}=\dfrac{q}{p}$이다. $p+q$의 값을 구하시오.

(단, p와 q는 서로소인 자연수이다.)

03 실생활 활용

● 8445-0227 ●

어떤 복사기에는 복사할 글자의 크기를 확대복사 하는 버튼이 있다. 버튼을 한 번 누를 때, 글자의 크기는 이전 글자 크기의 1.5배 확대되어 복사된다. 크기가 l인 글자에 대하여 복사기의 확대 버튼을 한 번 누른 후의 글자의 크기를 l_1, 두 번 누른 후의 글자의 크기를 l_2, $\cdots$, 7번 누른 후의 글자의 크기를 l_7이라 할 때,

$$l_1+l_2+\cdots+l_7=k \times l_7$$

을 만족시키는 상수 k의 값은?

① $\left(\dfrac{3}{2}\right)^7-1$ ② $3\left\{\left(\dfrac{3}{2}\right)^7-1\right\}$ ③ $1-\left(\dfrac{2}{3}\right)^7$ ④ $3\left\{1-\left(\dfrac{2}{3}\right)^7\right\}$ ⑤ $9\left\{1-\left(\dfrac{2}{3}\right)^7\right\}$

06 수열의 합

1 합의 기호 $\sum$

(1) 수열 $\{a_n\}$의 첫째항부터 제n항까지의 합을 기호 $\sum$를 사용하여

$$a_1+a_2+a_3+\cdots+a_n=\sum_{k=1}^{n}a_k$$

와 같이 나타낸다.

(2) $\displaystyle\sum_{k=1}^{n}a_k$는 수열의 일반항 a_k의 k에 1, 2, 3, $\cdots$, n을 차례로 대입하여 얻은 항 a_1, a_2, a_3, $\cdots$, a_n의 합을 뜻하며 k 대신에 i 또는 m 등의 다른 문자를 사용하여 나타낼 수도 있다.

$$\sum_{k=1}^{n}a_k=\sum_{i=1}^{n}a_i=\sum_{m=1}^{n}a_m$$

> **참고** 수열 $\{a_n\}$의 제m항부터 제n항까지의 합은
>
> $$a_m+a_{m+1}+a_{m+2}+\cdots+a_n=\sum_{k=m}^{n}a_k$$
>
> 와 같이 나타낸다. 이것은 첫째항부터 제n항까지의 합에서 첫째항부터 제$(m-1)$항까지의 합을 뺀 것과 같으므로
>
> $$\sum_{k=m}^{n}a_k=\sum_{k=1}^{n}a_k-\sum_{k=1}^{m-1}a_k\ (2\le m\le n)$$

보기

① $1+2+3+\cdots+10$
$$=\sum_{k=1}^{10}k=\sum_{n=1}^{10}n$$

② $2^2+2^4+2^6+\cdots+2^{100}$
$$=\sum_{k=1}^{50}2^{2k}$$

③ $6+7+8+\cdots+15$
$$=\sum_{k=6}^{15}k=\sum_{k=1}^{15}k-\sum_{k=1}^{5}k$$

2 합의 기호 $\sum$의 성질

(1) $\displaystyle\sum_{k=1}^{n}(a_k+b_k)=\sum_{k=1}^{n}a_k+\sum_{k=1}^{n}b_k$

(2) $\displaystyle\sum_{k=1}^{n}(a_k-b_k)=\sum_{k=1}^{n}a_k-\sum_{k=1}^{n}b_k$

(3) $\displaystyle\sum_{k=1}^{n}ca_k=c\sum_{k=1}^{n}a_k$ (단, c는 상수)

(4) $\displaystyle\sum_{k=1}^{n}c=\underbrace{c+c+c+\cdots+c}_{n개}=cn$ (단, c는 상수)

> **참고** (1) $\displaystyle\sum_{k=1}^{n}(a_k-b_k)=(a_1-b_1)+(a_2-b_2)+\cdots+(a_n-b_n)$
>
> $$=(a_1+a_2+\cdots+a_n)-(b_1+b_2+\cdots+b_n)$$
>
> $$=\sum_{k=1}^{n}a_k-\sum_{k=1}^{n}b_k$$
>
> (2) $\displaystyle\sum_{k=1}^{n}ca_k=ca_1+ca_2+ca_3+\cdots+ca_n$
>
> $$=c(a_1+a_2+a_3+\cdots+a_n)=c\sum_{k=1}^{n}a_k$$

보기

$$\sum_{k=1}^{8}\left(k+\frac{1}{k}\right)$$
$$=\left(1+\frac{1}{1}\right)+\left(2+\frac{1}{2}\right)$$
$$\quad+\left(3+\frac{1}{3}\right)+\cdots$$
$$\quad+\left(7+\frac{1}{7}\right)+\left(8+\frac{1}{8}\right)$$
$$=(1+2+3+\cdots+7+8)$$
$$\quad+\left(\frac{1}{1}+\frac{1}{2}+\frac{1}{3}+\cdots+\frac{1}{7}+\frac{1}{8}\right)$$
$$=\sum_{k=1}^{8}k+\sum_{k=1}^{8}\frac{1}{k}$$

3 자연수의 거듭제곱의 합

(1) $\displaystyle\sum_{k=1}^{n} k = 1+2+3+\cdots+n = \dfrac{n(n+1)}{2}$

(2) $\displaystyle\sum_{k=1}^{n} k^2 = 1^2+2^2+3^2+\cdots+n^2 = \dfrac{n(n+1)(2n+1)}{6}$

(3) $\displaystyle\sum_{k=1}^{n} k^3 = 1^3+2^3+3^3+\cdots+n^3 = \left\{\dfrac{n(n+1)}{2}\right\}^2$

참고 (1) $1+2+3+\cdots+n$은 첫째항이 1이고 n번째 항이 n인 등차수열의 합이므로

$\dfrac{n(n+1)}{2}$

(2) 항등식 $(k+1)^3-k^3=3k^2+3k+1$의 k에 1, 2, 3, $\cdots$, n을 각각 대입하여 이 n개의 등식을 변끼리 더하여 정리한다.

(3) 항등식 $(k+1)^4-k^4=4k^3+6k^2+4k+1$의 k에 1, 2, 3, $\cdots$, n을 각각 대입하여 이 n개의 등식을 변끼리 더하여 정리한다.

① $\displaystyle\sum_{k=1}^{10}(2k+1)$

$= \displaystyle\sum_{k=1}^{10} 2k + \sum_{k=1}^{10} 1$

$= 2\displaystyle\sum_{k=1}^{10} k + \sum_{k=1}^{10} 1$

$= 2 \times \dfrac{10(10+1)}{2} + 1 \times 10$

$= 120$

② $\displaystyle\sum_{k=1}^{6}(k^3+k^2)$

$= \displaystyle\sum_{k=1}^{6} k^3 + \sum_{k=1}^{6} k^2$

$= \left(\dfrac{6\times7}{2}\right)^2 + \dfrac{6\times7\times13}{6}$

$= 21^2 + 91 = 532$

4 일반항이 분수꼴인 수열의 합

(1) 일반항이 분수식이고, 분모가 두 일차식의 곱으로 나타나는 수열의 합은

$$\dfrac{1}{AB} = \dfrac{1}{B-A}\left(\dfrac{1}{A} - \dfrac{1}{B}\right) \ (\text{단, } A\neq B)$$

임을 이용하여 각 항을 두 개의 항으로 분리하여 구한다.

$$\begin{aligned}
\sum_{k=1}^{n}\frac{1}{k(k+2)} &= \frac{1}{2}\sum_{k=1}^{n}\left(\frac{1}{k}-\frac{1}{k+2}\right) \\
&= \frac{1}{2}\left\{\left(1-\frac{1}{3}\right)+\left(\frac{1}{2}-\frac{1}{4}\right)+\left(\frac{1}{3}-\frac{1}{5}\right)+\cdots+\left(\frac{1}{n-1}-\frac{1}{n+1}\right)+\left(\frac{1}{n}-\frac{1}{n+2}\right)\right\} \\
&= \frac{1}{2}\left(1+\frac{1}{2}-\frac{1}{n+1}-\frac{1}{n+2}\right) \\
&= \frac{1}{2}\left(\frac{3}{2}-\frac{1}{n+1}-\frac{1}{n+2}\right)
\end{aligned}$$

(2) 일반항이 무리식이고, 분모에 두 무리식의 합이나 차로 나타나는 수열의 합은 분모를 유리화하여 분자가 두 무리식의 합이나 차로 나타내어지도록 하여 구한다.

$$\begin{aligned}
\sum_{k=1}^{n}\frac{1}{\sqrt{k+1}+\sqrt{k}} &= \sum_{k=1}^{n}\frac{(\sqrt{k+1}-\sqrt{k})}{(\sqrt{k+1}+\sqrt{k})(\sqrt{k+1}-\sqrt{k})} \\
&= \sum_{k=1}^{n}(\sqrt{k+1}-\sqrt{k}) \\
&= (\sqrt{2}-1)+(\sqrt{3}-\sqrt{2})+(\sqrt{4}-\sqrt{3})+\cdots+(\sqrt{n+1}-\sqrt{n}) \\
&= \sqrt{n+1}-1
\end{aligned}$$

① $\displaystyle\sum_{k=1}^{6}\frac{1}{k(k+1)}$

$= \displaystyle\sum_{k=1}^{6}\left(\frac{1}{k}-\frac{1}{k+1}\right)$

$= \left\{\left(1-\dfrac{1}{2}\right)+\left(\dfrac{1}{2}-\dfrac{1}{3}\right)\right.$

$\qquad +\left(\dfrac{1}{3}-\dfrac{1}{4}\right)+\left(\dfrac{1}{4}-\dfrac{1}{5}\right)$

$\qquad \left.+\left(\dfrac{1}{5}-\dfrac{1}{6}\right)+\left(\dfrac{1}{6}-\dfrac{1}{7}\right)\right\}$

$= 1-\dfrac{1}{7} = \dfrac{6}{7}$

② $\displaystyle\sum_{k=1}^{10}\frac{1}{\sqrt{k+1}+\sqrt{k}}$

$= \displaystyle\sum_{k=1}^{10}\frac{(\sqrt{k+1}-\sqrt{k})}{(\sqrt{k+1}+\sqrt{k})(\sqrt{k+1}-\sqrt{k})}$

$= \displaystyle\sum_{k=1}^{10}(\sqrt{k+1}-\sqrt{k})$

$= (\sqrt{2}-1)+(\sqrt{3}-\sqrt{2})$

$\qquad +(\sqrt{4}-\sqrt{3})+\cdots$

$\qquad +(\sqrt{11}-\sqrt{10})$

$= \sqrt{11}-1$

기본 유형 익히기

유형 1

합의 기호 $\sum$

첫째항이 $a_1=1$인 수열 $\{a_n\}$이 $\displaystyle\sum_{k=1}^{9} a_{k+1} - \sum_{k=2}^{10} a_{k-1} = 10$을 만족시킬 때, a_{10}의 값은?

① 8   ② 9   ③ 10   ④ 11   ⑤ 12

풀이

$\displaystyle\sum_{k=1}^{9} a_{k+1} = a_2 + a_3 + \cdots + a_{10} = \sum_{k=1}^{10} a_k - a_1$ ❶

$\displaystyle\sum_{k=2}^{10} a_{k-1} = a_1 + a_2 + \cdots + a_9 = \sum_{k=1}^{10} a_k - a_{10}$

$\displaystyle\sum_{k=1}^{9} a_{k+1} - \sum_{k=2}^{10} a_{k-1} = \left(\sum_{k=1}^{10} a_k - a_1\right) - \left(\sum_{k=1}^{10} a_k - a_{10}\right) = a_{10} - a_1 = 10$

이때 $a_1=1$이므로 $a_{10}=11$

답 ④

POINT

❶ $a_2 + a_3 + \cdots + a_{10}$
$= (a_1 + a_2 + a_3 + \cdots + a_{10}) - a_1$
$= \displaystyle\sum_{k=1}^{10} a_k - a_1$

유제 1
● 8445-0228 ●

$\displaystyle\sum_{k=1}^{9} \frac{k+1}{k} - \sum_{n=1}^{9} \frac{n+2}{n+1}$의 값은?

① $\dfrac{4}{5}$ ② $\dfrac{9}{10}$ ③ 1   ④ $\dfrac{11}{10}$ ⑤ $\dfrac{6}{5}$

유형 2

합의 기호 $\sum$의 성질

두 수열 $\{a_n\}$, $\{b_n\}$에 대하여 $\displaystyle\sum_{k=1}^{10}(3a_k + b_k) = 20$, $\displaystyle\sum_{k=1}^{10}(a_k - b_k) = 12$일 때, $\displaystyle\sum_{k=1}^{10} 2a_k$의 값은?

① 8   ② 10   ③ 12   ④ 14   ⑤ 16

풀이

$\displaystyle\sum_{k=1}^{10}(3a_k + b_k) + \sum_{k=1}^{10}(a_k - b_k) = \sum_{k=1}^{10}\{(3a_k+b_k)+(a_k-b_k)\}$ ❶

$\displaystyle = \sum_{k=1}^{10} 4a_k = 4\sum_{k=1}^{10} a_k$ ❷

에서 $4\displaystyle\sum_{k=1}^{10} a_k = 20 + 12 = 32$이므로 $\displaystyle\sum_{k=1}^{10} a_k = 8$

따라서 $\displaystyle\sum_{k=1}^{10} 2a_k = 2\sum_{k=1}^{10} a_k = 2 \times 8 = 16$

답 ⑤

POINT

❶ $\displaystyle\sum_{k=1}^{n}(a_k + b_k)$
$= \displaystyle\sum_{k=1}^{n} a_k + \sum_{k=1}^{n} b_k$

❷ $\displaystyle\sum_{k=1}^{n} ca_k = c\sum_{k=1}^{n} a_k$
　　　　　　(단, c는 상수)

유제 2
● 8445-0229 ●

$\displaystyle\sum_{k=1}^{10}(a_k + b_k) = -20$, $\displaystyle\sum_{k=1}^{10} 2a_k = 10$일 때, $\displaystyle\sum_{k=1}^{10}(a_k - b_k)$의 값은?

① 20   ② 25   ③ 30   ④ 35   ⑤ 40

유형 3

자연수 거듭제곱의 합

$\displaystyle\sum_{k=1}^{10}(k-1)(k+2)-\sum_{k=2}^{10}(k+1)(k-2)$의 값은?

① 88   ② 93   ③ 98   ④ 103   ⑤ 108

풀이

$\displaystyle\sum_{k=2}^{10}(k+1)(k-2)=\sum_{k=1}^{10}(k+1)(k-2)+2$이므로 ❶

$\displaystyle\sum_{k=1}^{10}(k-1)(k+2)-\sum_{k=2}^{10}(k+1)(k-2)$

$=\displaystyle\sum_{k=1}^{10}(k-1)(k+2)-\left\{\sum_{k=1}^{10}(k+1)(k-2)+2\right\}$

$=\displaystyle\sum_{k=1}^{10}(k^2+k-2)-\sum_{k=1}^{10}(k^2-k-2)-2$

$=\displaystyle\sum_{k=1}^{10}2k-2=2\sum_{k=1}^{10}k-2$

$=2\times\dfrac{10\times11}{2}-2=108$

답 ⑤

POINT

❶ $\displaystyle\sum_{k=1}^{10}(k+1)(k-2)$

$=-2+\displaystyle\sum_{k=2}^{10}(k+1)(k-2)$

이므로

$\displaystyle\sum_{k=2}^{10}(k+1)(k-2)$

$=\displaystyle\sum_{k=1}^{10}(k+1)(k-2)+2$

유제 3
• 8445-0230 •

$\displaystyle\sum_{k=1}^{10}(2k^2+3k-2)-\sum_{k=1}^{10}(k^2+k-1)$의 값을 구하시오.

유형 4

일반항이 분수꼴인 수열의 합

$a_n=n^2+n$이고 $\displaystyle\sum_{k=1}^{n}\dfrac{1}{a_k}=\dfrac{18}{19}$일 때, n의 값을 구하시오.

풀이

$a_n=n^2+n=n(n+1)$이므로

$\displaystyle\sum_{k=1}^{n}\dfrac{1}{a_k}=\sum_{k=1}^{n}\dfrac{1}{k(k+1)}=\sum_{k=1}^{n}\left(\dfrac{1}{k}-\dfrac{1}{k+1}\right)$ ❶

$=\left\{\left(\dfrac{1}{1}-\dfrac{1}{2}\right)+\left(\dfrac{1}{2}-\dfrac{1}{3}\right)+\left(\dfrac{1}{3}-\dfrac{1}{4}\right)+\left(\dfrac{1}{4}-\dfrac{1}{5}\right)+\right.$

$\left.\cdots+\left(\dfrac{1}{n}-\dfrac{1}{n+1}\right)\right\}$

$=1-\dfrac{1}{n+1}=\dfrac{18}{19}$

에서 $\dfrac{n}{n+1}=\dfrac{18}{19}$

따라서 $n=18$

답 18

POINT

❶ $\dfrac{1}{k(k+1)}$

$=\dfrac{1}{1}\times\left(\dfrac{1}{k}-\dfrac{1}{k+1}\right)$

유제 4
• 8445-0231 •

$\displaystyle\sum_{k=1}^{18}\dfrac{1}{\sqrt{k+1}+\sqrt{k+2}}$의 값은?

① $\sqrt{19}-1$ ② $\sqrt{19}-\sqrt{2}$ ③ $2\sqrt{5}-1$ ④ $2\sqrt{5}-\sqrt{2}$ ⑤ $2\sqrt{5}-\sqrt{3}$

유형 1 합의 기호 $\sum$

01
• 8445-0232 •

수열 $\{a_n\}$에 대하여 $a_1=25$, $a_{10}=2$일 때,

$$\sum_{n=1}^{9}(a_n+a_{n+1})(a_n-a_{n+1})$$

의 값은?

① 620   ② 621   ③ 622

④ 623   ⑤ 624

02
• 8445-0233 •

$\sum_{k=1}^{10}kn+\sum_{l=11}^{20}ln-\sum_{m=1}^{12}mn=660$일 때, 자연수 n의 값은?

① 4   ② 5   ③ 6

④ 7   ⑤ 8

03
• 8445-0234 •

수열 $\{a_n\}$에 대하여

$$a_{101}=\frac{1}{5},\ \sum_{k=1}^{100}k(a_k-a_{k+1})=50$$

일 때, $\sum_{k=1}^{100}a_k$의 값은?

① 50   ② 55   ③ 60

④ 65   ⑤ 70

04
• 8445-0235 •

공차가 2인 등차수열 $\{a_n\}$에 대하여

$$\sum_{k=1}^{10}a_{2k-1}-10a_1$$

의 값은?

① 150   ② 160   ③ 170

④ 180   ⑤ 190

05
• 8445-0236 •

$(2x-3)^{20}=\sum_{k=1}^{21}a_{k-1}x^{k-1}$일 때, $\sum_{k=1}^{11}a_{2k-2}-\sum_{k=1}^{10}a_{2k-1}$의 값은?

(단, a_0, a_1, a_2, $\cdots$은 상수이다.)

① -5^{20} ② -1 ③ 0

④ 1   ⑤ 5^{20}

유형 2 합의 기호 $\sum$의 성질

06
• 8445-0237 •

$\sum_{k=1}^{10}(k^2+k+1)-\sum_{k=3}^{10}(k^2+k)$의 값은?

① 14   ② 15   ③ 16

④ 17   ⑤ 18

07

• 8445-0238 •

수열 $\{a_n\}$이 첫째항이 1이고 공차가 3인 등차수열일 때,

$$\sum_{k=1}^{8}\left(\frac{a_{k+1}}{a_k}-\frac{a_{k+2}}{a_{k+1}}\right)$$

의 값은?

① $\dfrac{14}{5}$ ② $\dfrac{71}{25}$ ③ $\dfrac{72}{25}$

④ $\dfrac{73}{25}$ ⑤ $\dfrac{74}{25}$

08

• 8445-0239 •

세 수열 $\{a_n\}$, $\{b_n\}$, $\{c_n\}$에 대하여

$$\sum_{k=1}^{20}(2a_k+3b_k)=15,\ \sum_{k=1}^{20}(b_k-4c_k)=-3$$

일 때, $\sum_{k=1}^{20}(a_k+3b_k-6c_k)$의 값은?

① 1 ② 2 ③ 3

④ 4 ⑤ 5

09

• 8445-0240 •

수열 $\{a_n\}$에 대하여

$$\sum_{k=1}^{10}(3a_k^{2}+4a_k)=120,\ \sum_{k=1}^{10}a_k=6$$

일 때, $\sum_{k=1}^{10}(a_k-1)^2+\sum_{k=1}^{10}(3a_k+1)$의 값은?

① 50 ② 52 ③ 54

④ 56 ⑤ 58

10

• 8445-0241 •

다음과 같이 정의된 수열 $\{a_n\}$이 있다.

$$a_n=\begin{cases}2^{(-1)^n} & (n\le 10)\\ 1+a_{n-10} & (n>10)\end{cases}$$

$\sum_{k=1}^{30}a_k$의 값은?

① $\dfrac{133}{2}$ ② $\dfrac{135}{2}$ ③ $\dfrac{137}{2}$

④ $\dfrac{139}{2}$ ⑤ $\dfrac{141}{2}$

유형 3 자연수의 거듭제곱의 합

11

• 8445-0242 •

$\sum_{k=1}^{100}\left(k^3+\dfrac{1}{25}\right)-\sum_{k=8}^{100}k^3$의 값은?

① 776 ② 779 ③ 782

④ 785 ⑤ 788

12

• 8445-0243 •

$\sum_{k=1}^{n}(k+1)^2-\sum_{k=1}^{n}(k^2+4)=80$일 때, 자연수 n의 값은?

① 9 ② 10 ③ 11

④ 12 ⑤ 13

13

• 8445-0244 •

수열

$$(1^2+1),\ (2^2+3),\ (3^2+5),\ \cdots,\ (10^2+19)$$

의 합은?

① 480　　　　② 485　　　　③ 490

④ 495　　　　⑤ 500

14

• 8445-0245 •

수열 $\{a_n\}$에 대하여

$$a_{3n-2}=\frac{1}{2^n},\ a_{3n-1}=4^n,\ a_{3n}=16^n\ (n=1,\ 2,\ 3,\ \cdots)$$

일 때, 다음 식의 값은?

$$\sum_{k=1}^{12}\log_2 a_{2k-1}+\sum_{k=1}^{12}\log_2 a_{2k}$$

① 168　　　　② 172　　　　③ 176

④ 180　　　　⑤ 184

15

• 8445-0246 •

1부터 10까지의 자연수 중에서 서로 다른 두 자연수를
모두 곱한 값의 합은?

① 1024　　　　② 1188　　　　③ 1280

④ 1320　　　　⑤ 1440

16

• 8445-0247 •

그림은 가로와 세로의 길이가 9인 정사각형의 각 변을 9
등분하는 선분들로 이루어진 도형이다. 이 도형에서 만
들 수 있는 한 변의 길이가 n인 정사각형의 개수를 a_n이
라 하면 $a_n=(10-n)^2$이다. 이 도형에서 만들 수 있는
모든 정사각형 중에서 한 변의 길이가 4 이상인 정사각
형의 개수는?

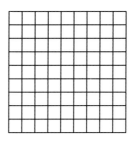

① 91　　　　② 92　　　　③ 93

④ 94　　　　⑤ 95

17

• 8445-0248 •

한 변의 길이가 n인 정사각형의 두 대각선을 그어 그림
과 같이 어두운 삼각형 A_n을 만든다. 이 삼각형 A_n에
외접하는 원의 넓이를 a_n이라 할 때, $\sum_{k=1}^{10}a_k=\frac{p}{4}\pi$이다.
상수 p의 값을 구하시오.

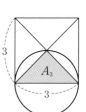 ⋯

18

• 8445-0249 •

$\displaystyle\sum_{k=1}^{20}\dfrac{2}{k^2+k}$의 값은?

① $\dfrac{38}{21}$ ② $\dfrac{13}{7}$ ③ $\dfrac{40}{21}$

④ $\dfrac{41}{21}$ ⑤ 2

19

• 8445-0250 •

다음 수열의 합은?

$$\dfrac{1}{3},\ \dfrac{1}{15},\ \dfrac{1}{35},\ \dfrac{1}{63},\ \dfrac{1}{99}$$

① $\dfrac{7}{22}$ ② $\dfrac{4}{11}$ ③ $\dfrac{9}{22}$

④ $\dfrac{5}{11}$ ⑤ $\dfrac{1}{2}$

20

• 8445-0251 •

$a_n=\displaystyle\sum_{k=1}^{n+1}k$에 대하여 $\displaystyle\sum_{k=1}^{n}\dfrac{1}{a_k}=\dfrac{12}{13}$일 때, n의 값은?

① 22 ② 23 ③ 24

④ 25 ⑤ 26

21

• 8445-0252 •

다음 두 조건을 만족시키는 함수 $f(x)$에 대하여
$\displaystyle\sum_{k=1}^{n}f(k)=\dfrac{13}{7}$일 때, n의 값은?

> (가) $f(1)=1$
> (나) $(x^2-x)f(x)-1=0$

① 4 ② 5 ③ 6

④ 7 ⑤ 8

22

• 8445-0253 •

$\displaystyle\sum_{k=1}^{10}\dfrac{1}{\sqrt{k+1}+\sqrt{k}}=\sqrt{n}-1$일 때, 자연수 n의 값은?

① 9 ② 10 ③ 11

④ 12 ⑤ 13

23

• 8445-0254 •

첫째항과 공차가 모두 2인 등차수열 $\{a_n\}$에 대하여
$\displaystyle\sum_{k=1}^{15}\dfrac{1}{\sqrt{a_{k+1}}+\sqrt{a_k}}$의 값은?

① $\dfrac{3\sqrt{2}}{2}$ ② $2\sqrt{2}$ ③ $\dfrac{5\sqrt{2}}{2}$

④ $3\sqrt{2}$ ⑤ $\dfrac{7\sqrt{2}}{2}$

다음 식의 값을 구하시오.

$$1 \times 2 + (1+3) \times 3 + (1+3+5) \times 4 +$$
$$\cdots + (1+3+5+\cdots+17) \times 10$$

풀이

$1+3+5+\cdots+17$은 첫째항이 1이고 공차가 2인 등차수열의 합이므로

$17 = 1 + (n-1) \times 2 = 2n-1$에서

$n=9$ ◀ ❶

$1 \times 2 + (1+3) \times 3 + (1+3+5) \times 4 +$
$$\cdots + (1+3+5+\cdots+17) \times 10$$

$$= \sum_{k=1}^{9} \{(1+3+5+\cdots+2k-1)(k+1)\}$$

$$= \sum_{k=1}^{9} \left\{ \frac{k(1+2k-1)}{2} \times (k+1) \right\}$$

$$= \sum_{k=1}^{9} k^2(k+1) \quad 1+3+5+\cdots+2k-1\text{은}$$ ◀ ❷
$$\qquad\qquad\qquad \text{등차수열의 합이다.}$$

$$= \sum_{k=1}^{9} (k^3+k^2) \quad \text{첫째항 1, } k\text{번째 항 } 2k-1, \text{ 항의 수는}$$

$$= \sum_{k=1}^{9} k^3 + \sum_{k=1}^{9} k^2 \quad k\text{이므로 그 합은 } \frac{k(1+2k-1)}{2}\text{이다.}$$

$$= \left(\frac{9 \times 10}{2} \right)^2 + \frac{9 \times 10 \times 19}{6}$$

$$= 2310$$ ◀ ❸

답 2310

단계	채점 기준	비율
❶	1, 3, 5, $\cdots$, 17의 일반항과 항의 수를 구한 경우	20 %
❷	❶의 결과를 이용하여 주어진 식을 $\sum$를 이용하여 k로 나타낸 경우	30 %
❸	주어진 식의 값을 구한 경우	50 %

01
● 8445-0255 ●

두 수열 $\{a_n\}$, $\{b_n\}$에 대하여

$$\sum_{k=1}^{10} (a_k+b_k) = 18, \quad \sum_{k=1}^{10} (2a_k-b_k) = 6$$

일 때, $\sum_{k=1}^{10} (5a_k+b_k)$의 값을 구하시오.

02
● 8445-0256 ●

자연수 전체의 집합을 정의역으로 하는 두 함수
$f(n) = (n-1)(n+1)$, $g(n) = 2n+1$이 있다.
$$h(n) = (f \circ g)(n)$$
일 때, $\sum_{n=1}^{20} \frac{1}{h(n)}$의 값을 구하시오.

03
● 8445-0257 ●

수열 $\{a_n\}$에 대하여

$$a_n = \frac{1}{\sqrt{n+1} + \sqrt{n+2}}$$

일 때, $\sum_{k=1}^{n} a_k = 2\sqrt{5} - \sqrt{2}$이다. 자연수 n의 값을 구하시오.

01

● 8445-0258 ●

수열 $\{a_n\}$의 각 항은 -1, 0, 1 중의 어느 한 수이다.

$$\sum_{k=1}^{20} a_k = 6, \quad \sum_{k=1}^{20} |a_k| = 16, \quad \sum_{k=1}^{40} a_k = 0$$

일 때, 수열 a_1, a_2, a_3, $\cdots$, a_{40}에서 0인 것의 개수는 p이다. p의 최댓값과 최솟값의 합은?

① 19 ② 20 ③ 21 ④ 22 ⑤ 23

02

● 8445-0259 ●

첫째항이 1, 공차가 $\dfrac{1}{3}$인 등차수열 $\{a_n\}$에 대하여 수열 $\{b_n\}$을 $b_n = a_n a_{n+1}$이라 할 때,

$$\frac{1}{b_1} + \frac{1}{b_2} + \frac{1}{b_3} + \cdots + \frac{1}{b_{n-1}} = \frac{11}{4}$$

이 성립하도록 하는 자연수 n의 값은?

① 30 ② 32 ③ 34 ④ 36 ⑤ 38

03

● 8445-0260 ●

자연수 n에 대하여 이차함수 $y = (x-2n)^2$의 그래프와 직선 $y = 2x - 4n$이 만나는 서로 다른 두 점의 x좌표를 α_n, β_n

$(\alpha_n < \beta_n)$이라 할 때, $\displaystyle\sum_{n=1}^{15} \frac{\log_2 \dfrac{\beta_n}{\alpha_n}}{\log_2 \alpha_n \log_2 \beta_n}$의 값은?

① $\dfrac{1}{2}$ ② $\dfrac{2}{3}$ ③ $\dfrac{3}{4}$ ④ $\dfrac{4}{5}$ ⑤ $\dfrac{5}{6}$

07 수학적 귀납법

1 수열의 귀납적 정의

수열 $\{a_n\}$에서
(i) 첫째항 a_1의 값
(ii) 이웃하는 두 항 a_n과 a_{n+1} 사이의 관계식 ($n=1, 2, 3, \cdots$)

　이 주어질 때, 주어진 관계식의 n에 1, 2, 3, $\cdots$을 차례로 대입하면 수열 $\{a_n\}$의 각 항을 구할 수 있다.

이와 같이 처음 몇 개의 항과 이웃하는 여러 항 사이의 관계식으로 수열을 정의하는 것을 수열의 귀납적 정의라 한다.

보기

$a_1=1$,
$a_{n+1}=a_n+n \, (n=1, 2, 3, \cdots)$
으로 정의된 수열 $\{a_n\}$에서 a_4
의 값을 구해 보자.
$a_1=1$이고 $n=1$을 대입하면
$a_2=a_1+1=1+1=2$
$n=2$를 대입하면
$a_3=a_2+2=2+2=4$
$n=3$을 대입하면
$a_4=a_3+3=4+3=7$

2 귀납적으로 정의된 등차, 등비수열

(1) 등차수열 $\{a_n\}$의 귀납적 정의는 다음과 같다.
　① 첫째항 a와 공차 d를 이용하여 나타내는 방법
　　$a_1=a, \; a_{n+1}=a_n+d \, (n=1, 2, 3, \cdots)$
　② 등차중항을 이용하여 나타내는 방법
　　$a_1=a, \; a_2=b, \; 2a_{n+1}=a_n+a_{n+2} \, (n=1, 2, 3, \cdots)$
(2) 등비수열 $\{a_n\}$의 귀납적 정의는 다음과 같다.
　① 첫째항 a와 공비 r를 이용하여 나타내는 방법
　　$a_1=a, \; a_{n+1}=ra_n \, (n=1, 2, 3, \cdots)$
　② 등비중항을 이용하여 나타내는 방법
　　$a_1=a, \; a_2=b, \; a_{n+1}{}^2=a_n a_{n+2} \, (n=1, 2, 3, \cdots)$

참고 (1) 첫째항이 3이고 공차가 2인 등차수열 $\{a_n\}$에서는
　　$a_1=3, \; a_2=a_1+2, \; a_3=a_2+2, \; a_4=a_3+2, \cdots$이므로 다음이 성립한다.
　　$a_1=3, \; a_{n+1}=a_n+2 \, (n=1, 2, 3, \cdots)$ ······ ㉠
　　역으로 ㉠에서
　　$a_1=3, \; a_2=a_1+2=3+2=5, \; a_3=a_2+2=5+2=7$
　　$a_4=a_3+2=7+2=9, \cdots$를 구할 수 있다.

　(2) 첫째항이 1이고 공비가 3인 등비수열 $\{a_n\}$에서는
　　$a_1=1, \; a_2=3a_1, \; a_3=3a_2, \; a_4=3a_3, \cdots$이므로 다음이 성립한다.
　　$a_1=1, \; a_{n+1}=3a_n \, (n=1, 2, 3, \cdots)$ ······ ㉠
　　역으로 ㉠에서
　　$a_1=1, \; a_2=3a_1=3\times1=3, \; a_3=3a_2=3\times3=9$
　　$a_4=3a_3=3\times9=27, \cdots$을 구할 수 있다.

보기

① $a_1=3$,
$a_{n+1}=a_n-3 \, (n=1, 2, 3, \cdots)$
에서 a_5를 구해 보자.
$a_1=3$이고 $n=1, 2, 3, 4$를 차
례로 대입하면
$a_2=a_1-3=3-3=0$
$a_3=a_2-3=0-3=-3$
$a_4=a_3-3=-3-3=-6$
$a_5=a_4-3=-6-3=-9$
② $a_1=10$,
$a_{n+1}=\dfrac{1}{2}a_n \, (n=1, 2, 3, \cdots)$에
서 a_5를 구해 보자.
$a_1=10$이고 $n=1, 2, 3, 4$를 차
례로 대입하면
$a_2=\dfrac{1}{2}a_1=\dfrac{1}{2}\times10=5$
$a_3=\dfrac{1}{2}a_2=\dfrac{1}{2}\times5=\dfrac{5}{2}$
$a_4=\dfrac{1}{2}a_3=\dfrac{1}{2}\times\dfrac{5}{2}=\dfrac{5}{4}$
$a_5=\dfrac{1}{2}a_4=\dfrac{1}{2}\times\dfrac{5}{4}=\dfrac{5}{8}$

3 수학적 귀납법으로 등식 증명하기

(1) 자연수 n에 관한 명제 $p(n)$이 모든 자연수에 대하여 성립함을 증명하려면 다음을 보이면 된다.

(ⅰ) $n=1$일 때, 명제 $p(n)$이 성립함을 보인다.

(ⅱ) $n=k$일 때, 명제 $p(n)$이 성립한다고 가정하고 이를 이용하여 $n=k+1$일 때에도 명제 $p(n)$이 성립함을 보인다.

이와 같이 명제를 증명하는 방법을 수학적 귀납법이라 한다.

(2) 모든 자연수 n에 대하여 어떤 등식이 성립함을 증명할 때에는

(ⅰ) $n=1$일 때, 주어진 등식이 성립함을 보인다.

(ⅱ) $n=k$일 때, 주어진 등식이 성립한다고 가정하고,

$n=k$일 때의 등식의 양변에 적당한 식을 더하거나 곱하거나 추가하여

$n=k+1$일 때에도 주어진 등식이 성립함을 보인다.

참고 모든 자연수 n에 대하여 등식

$$1^2+2^2+3^2+\cdots+n^2=\frac{1}{6}n(n+1)(2n+1) \qquad \cdots\cdots \text{㉠}$$

이 성립함을 수학적 귀납법으로 증명하면 다음과 같다.

(ⅰ) $n=1$일 때

$$(\text{좌변})=1^2=1, \ (\text{우변})=\frac{1\times2\times3}{6}=1$$

따라서 $n=1$일 때 ㉠이 성립한다.

(ⅱ) $n=k$일 때 ㉠이 성립한다고 가정하면

$$1^2+2^2+3^2+\cdots+k^2=\frac{1}{6}k(k+1)(2k+1) \qquad \cdots\cdots \text{㉡}$$

이 성립하므로 ㉡의 양변에 $(k+1)^2$을 더하면

$$1^2+2^2+3^2+\cdots+k^2+(k+1)^2=\frac{1}{6}k(k+1)(2k+1)+(k+1)^2$$

$$=\frac{1}{6}(k+1)(2k^2+k+6k+6)$$

$$=\frac{1}{6}(k+1)(k+2)(2k+3)$$

$$=\frac{1}{6}(k+1)\{(k+1)+1\}\{2(k+1)+1\}$$

위의 등식은 ㉠에 $n=k+1$을 대입한 것과 같다.

따라서 $n=k+1$일 때에도 ㉠이 성립한다.

(ⅰ), (ⅱ)에 의하여 등식은 모든 자연수 n에 대하여 성립한다.

주의

① 모든 자연수 n에 대하여 어떤 등식이 성립함을 증명할 때,

(ⅰ) $n=1$일 때, 주어진 등식이 성립함을 보인다.

(ⅱ) $n=k$일 때, 주어진 등식이 성립한다고 가정한다. $n=k$일 때의 등식의 양변에 적당한 식을 더하거나 곱하거나 추가하여 $n=k+1$일 때에도 주어진 등식이 성립함을 보인다.

위의 (ⅰ), (ⅱ)의 과정을 보이면 $n=1$일 때에는 주어진 등식이 성립함을 (ⅰ)에서 이미 보였으므로 k 대신에 1을 대입하면 (ⅱ)에 의하여 $n=k+1=1+1=2$일 때에도 주어진 등식이 당연히 성립하게 된다. 또한, k 대신에 2를 대입하면 (ⅱ)에 의하여 $n=k+1=2+1=3$일 때에도 주어진 등식이 당연히 성립하게 된다.

이러한 과정이 반복하게 되므로 주어진 등식이 모든 자연수 n에 대하여 성립한다는 것을 보인 것이다.

② $n\geq a\,(a$는 2 이상의 자연수)인 모든 자연수 n에 대하여 어떤 등식이 성립함을 증명할 때에는

(ⅰ) $n=a$일 때 주어진 등식이 성립함을 보인다.

(ⅱ) $n=k\,(k\geq a)$일 때, 주어진 등식이 성립한다고 가정하고, $n=k$일 때의 등식의 양변에 적당한 식을 더하거나 곱하거나 추가하여 $n=k+1$일 때에도 주어진 등식이 성립함을 보인다.

4 수학적 귀납법으로 부등식 증명하기 🔍

모든 자연수 n에 대하여 어떤 부등식이 성립함을 증명할 때에는

(ⅰ) $n=1$일 때, 주어진 부등식이 성립함을 보인다.

(ⅱ) $n=k$일 때, 주어진 부등식이 성립한다고 가정하고,

　　$n=k$일 때의 부등식의 양변에 적당한 식을 더하거나 곱하거나 추가하여

　　$n=k+1$일 때에도 주어진 부등식이 성립함을 보인다.

참고 $n \geq 2$인 모든 자연수 n에 대하여 부등식

$$1 + \frac{1}{2} + \frac{1}{3} + \frac{1}{4} + \cdots + \frac{1}{n} > \frac{2n}{n+1} \qquad \cdots\cdots \ \text{㉠}$$

이 성립함을 수학적 귀납법으로 증명하면 다음과 같다.

(ⅰ) $n=2$일 때, (좌변)$= \frac{3}{2} > \frac{4}{3} =$(우변)

　　따라서 $n=2$일 때 부등식 ㉠이 성립한다.

(ⅱ) $n=k\,(k \geq 2)$일 때, 부등식이 성립한다고 가정하면

$$1 + \frac{1}{2} + \frac{1}{3} + \cdots + \frac{1}{k} > \frac{2k}{k+1} \qquad \cdots\cdots \ \text{㉡}$$

　　이므로 ㉡의 양변에 $\frac{1}{k+1}$을 더하면

$$1 + \frac{1}{2} + \frac{1}{3} + \cdots + \frac{1}{k} + \frac{1}{k+1} > \frac{2k}{k+1} + \frac{1}{k+1} = \frac{2k+1}{k+1}$$

　　그런데 자연수 k에 대하여

$$\begin{aligned}
\frac{2k+1}{k+1} - \frac{2(k+1)}{(k+1)+1} &= \frac{2k+1}{k+1} - \frac{2k+2}{k+2} \\
&= \frac{(2k+1)(k+2) - 2(k+1)^2}{(k+1)(k+2)} \\
&= \frac{k}{(k+1)(k+2)} > 0
\end{aligned}$$

　　이므로 $\dfrac{2k+1}{k+1} > \dfrac{2(k+1)}{(k+1)+1}$

　　즉, $1 + \dfrac{1}{2} + \dfrac{1}{3} + \cdots + \dfrac{1}{k} + \dfrac{1}{k+1} > \dfrac{2(k+1)}{(k+1)+1}$

　　위의 부등식은 ㉠에 $n=k+1$을 대입한 것과 같다.

　　따라서 $n=k+1$일 때에도 ㉠이 성립한다.

(ⅰ), (ⅱ)에 의하여 부등식 ㉠은 모든 자연수 n에 대하여 성립한다.

주의

$n \geq a\,(a$는 2 이상의 자연수$)$인 모든 자연수 n에 대하여 어떤 부등식이 성립함을 증명할 때에는

(ⅰ) $n=a$일 때 주어진 부등식이 성립함을 보인다.

(ⅱ) $n=k\,(k \geq a)$일 때, 주어진 부등식이 성립한다고 가정하고, $n=k$일 때의 부등식의 양변에 적당한 식을 더하거나 곱하거나 추가하여 $n=k+1$일 때에도 주어진 부등식이 성립함을 보인다.

기본 유형 익히기

유형 1

수열의 귀납적 정의

수열 $\{a_n\}$에 대하여
$$a_1=1,\ a_{n+1}=na_n+1\ (n=1,\ 2,\ 3,\ \cdots)$$
일 때, a_2+a_5의 값은?

① 66　　　　② 67　　　　③ 68　　　　④ 69　　　　⑤ 70

풀이

$a_1=1$이고

$a_{n+1}=na_n+1$에 $n=1,\ 2,\ 3,\ 4$를 차례로 대입하면

$a_2=a_1+1=1+1=2$

$a_3=2a_2+1=2\times2+1=5$ ❶

$a_4=3a_3+1=3\times5+1=16$

$a_5=4a_4+1=4\times16+1=65$이므로

$a_2+a_5=2+65=67$

답 ②

POINT

❶ $a_{n+1}=na_n+1$에서
$n=2$를 대입하면
$a_3=2a_2+1$

유제 1
• 8445-0261 •

$a_1=1,\ a_{n+2}=a_n+n\ (n=1,\ 2,\ 3,\ \cdots)$을 만족시키는 수열 $\{a_n\}$에 대하여 a_7의 값을 구하시오.

유형 2

귀납적으로 정의된 등차, 등비수열

수열 $\{a_n\}$에 대하여 $a_1=\dfrac{a_{n+1}}{a_n}$이고, $\dfrac{1}{\sqrt[5]{3}}a_{n+1}=a_n$일 때, a_{10}의 값은? (단, $n=1,\ 2,\ 3,\ \cdots$)

① 3　　　　② $3\sqrt[5]{3}$　　　　③ $\sqrt[5]{3^9}$　　　　④ 9　　　　⑤ $9\sqrt[5]{3}$

풀이

$\dfrac{1}{\sqrt[5]{3}}a_{n+1}=a_n$에서 $a_{n+1}=\sqrt[5]{3}\,a_n$이므로

수열 $\{a_n\}$은 등비수열이고,

공비 $r=\sqrt[5]{3},\ a_1=\dfrac{a_{n+1}}{a_n}=\sqrt[5]{3}$이다. ❶

따라서 $a_{10}=a_1r^9=\left(\sqrt[5]{3}\right)^{10}=9$ ❷

답 ④

POINT

❶ 수열 $\{a_n\}$은 등비수열이므로 $\dfrac{a_{n+1}}{a_n}=r$

❷ $\left(\sqrt[5]{3}\right)^{10}=\left(3^{\frac{1}{5}}\right)^{10}=3^2=9$

유제 2
• 8445-0262 •

수열 $\{a_n\}$에 대하여
$$a_1=-1,\ a_2=3,\ 2a_{n+1}=a_n+a_{n+2}\ (n=1,\ 2,\ 3,\ \cdots)$$
일 때, a_{10}의 값은?

① 35　　　　② 36　　　　④ 37　　　　⑤ 38　　　　③ 39

유형 3

수학적 귀납법으로 등식 증명하기

다음은 모든 자연수 n에 대하여
$$2+4+8+\cdots+2^n=2^{n+1}-2 \qquad \cdots\cdots ㉠$$
가 성립함을 수학적 귀납법으로 증명하는 내용이다.

(i) $n=1$일 때, (좌변)$=2$, (우변)$=2^2-2=2$이므로 $n=1$일 때 ㉠은 성립한다.

(ii) $n=k(k\geq1)$일 때, ㉠이 성립한다고 가정하면, 즉 $2+4+8+\cdots+2^k=2^{k+1}-2$ $\cdots\cdots ㉡$

ㄴ의 양변에 $\boxed{\text{(가)}}$ 을 더하면
$$2+4+8+\cdots+2^k+\boxed{\text{(가)}}=2^{k+1}-2+\boxed{\text{(가)}}=\boxed{\text{(나)}}-2$$
따라서 $n=k+1$일 때에도 ㉠이 성립한다.

(i), (ii)에 의하여 주어진 식은 모든 자연수 n에 대하여 성립한다.

위의 과정에서 (가), (나)에 알맞은 식을 각각 $f(k)$, $g(k)$라 할 때, $f(1)+g(1)$의 값을 구하시오.

풀이

(ii) $n=k(k\geq1)$일 때, ㉠이 성립한다고 가정하면, 즉
$$2+4+8+\cdots+2^k=2^{k+1}-2 \qquad \cdots\cdots ㉡$$
$n=k+1$일 때, ㉠이 성립함을 보여야 하므로 ㉡의 양변에 2^{k+1}을 더하면
$$2+4+8+\cdots+2^k+2^{k+1}=2^{k+1}-2+2^{k+1}=2\times2^{k+1}-2=2^{k+2}-2 ❶$$
따라서 $n=k+1$일 때에도 ㉠이 성립한다.

그러므로 (가), (나)에 알맞은 식은 각각 $f(k)=2^{k+1}$, $g(k)=2^{k+2}$이므로
$$f(1)+g(1)=2^2+2^3=12$$

답 12

POINT

❶ $n=k+1$일 때,
$2+4+8+\cdots+2^k+2^{k+1}$
$=2^{(k+1)+1}-2$
가 성립함을 보이면 된다.

유제 3

● 8445-0263 ●

다음은 모든 자연수 n에 대하여
$$1^3+2^3+3^3+\cdots+n^3=\frac{1}{4}n^2(n+1)^2 \qquad \cdots\cdots ㉠$$
이 성립함을 수학적 귀납법으로 증명하는 내용이다.

(i) $n=1$일 때, (좌변)$=1^3=1$, (우변)$=\frac{1}{4}\times1^2\times2^2=1$이므로 $n=1$일 때 ㉠은 성립한다.

(ii) $n=k$일 때, ㉠이 성립한다고 가정하면 $1^3+2^3+3^3+\cdots+k^3=\frac{1}{4}k^2(k+1)^2$ $\cdots\cdots ㉡$

ㄴ의 양변에 $\boxed{\text{(가)}}$ 을 더하면
$$1^3+2^3+\cdots+k^3+\boxed{\text{(가)}}=\frac{1}{4}k^2(k+1)^2+\boxed{\text{(가)}}=\frac{1}{4}(k+1)^2\boxed{\text{(나)}}$$
따라서 $n=k+1$일 때에도 ㉠이 성립한다.

(i), (ii)에 의하여 주어진 식은 모든 자연수 n에 대하여 성립한다.

위의 과정에서 (가), (나)에 알맞은 식을 각각 $f(k)$, $g(k)$라 할 때, $f(1)+g(1)$의 값을 구하시오.

유형 4

수학적 귀납법
으로 부등식
증명하기

다음은 $n \geq 3$인 모든 자연수 n에 대하여 부등식

$$2^n > 3n-2 \qquad \cdots\cdots ㉠$$

가 성립함을 수학적 귀납법으로 증명하는 과정의 일부이다.

(ii) $n=k(k \geq 3)$일 때, ㉠이 성립한다고 가정하면 $2^k > 3k-2$ $\qquad \cdots\cdots ㉡$

　 ㉡의 양변에 　(가)　를 곱하면 $2^{k+1} > 6k-4$

　 그런데 $(6k-4) - ($　(나)　$) > 0$이므로 $2^{k+1} > 6k-4 > $　(나)　

　 따라서 ㉠은 $n=k+1$일 때에도 성립한다.

위의 과정에서 (가)에 알맞은 수를 a, (나)에 알맞은 식을 $f(k)$라 할 때, $a+f(2)$의 값을 구하시오.

풀이

(ii) $n=k(k \geq 3)$일 때, ㉠이 성립한다고 가정하면 $2^k > 3k-2$ $\qquad \cdots\cdots ㉡$

　 $n=k+1$일 때, ㉠이 성립함을 보여야 하므로 ❶

　 ㉡의 양변에 2를 곱하면 $2^{k+1} > 6k-4$

　 그런데 $(6k-4)-(3k+1)=3k-5>0$이므로

　 $2^{k+1} > 6k-4 > 3k+1 = 3(k+1)-2$, 즉 $2^{k+1} > 3(k+1)-2$

　 따라서 ㉠은 $n=k+1$일 때에도 성립한다.

위의 과정에서 (가)에 알맞은 수는 2이고, (나)에 알맞은 식은

$f(k)=3k+1$이므로 $a+f(2)=2+7=9$

답 9

POINT

❶ $n=k+1$일 때,
$2^{k+1} > 3(k+1)-2$가 성립함
을 보이면 된다.

유제 4

● 8445-0264 ●

다음은 $h>0$일 때, $n \geq 2$인 모든 자연수 n에 대하여

$$(1+h)^n > 1+nh \qquad \cdots\cdots ㉠$$

가 성립함을 수학적 귀납법으로 증명하는 내용이다.

(ⅰ) $n=2$일 때

　 (좌변)$=(1+h)^2 = 1+2h+h^2 > $　(가)　$=$(우변)이므로 $n=2$일 때 ㉠이 성립한다.

(ⅱ) $n=k(k \geq 2)$일 때, ㉠이 성립한다고 가정하여 양변에 $1+h$를 곱하면

　 $(1+h)^{k+1} > (1+kh)(1+h)$

　 그런데 $(1+kh)(1+h) = 1+(k+1)h+kh^2 > 1+($　(나)　$)h$

　 그러므로 $(1+h)^{k+1} > 1+($　(나)　$)h$

　 따라서 $n=k+1$일 때에도 ㉠이 성립한다.

(ⅰ), (ⅱ)에 의하여 주어진 부등식 ㉠은 $n \geq 2$인 모든 자연수 n에 대하여 성립한다.

위의 과정에서 (가), (나)에 알맞은 식을 각각 $f(h)$, $g(k)$라 할 때, $f(1)+g(1)$의 값을
구하시오.

유형 1 수열의 귀납적 정의

01

• 8445-0265 •

수열 $\{a_n\}$에 대하여

$$a_1=4,\ a_{n+1}=(-1)^n a_n\,(n=1,\ 2,\ 3,\ \cdots)$$

일 때, a_4의 값은?

① 6　　　　② 5　　　　③ 4

④ 3　　　　⑤ 2

02

• 8445-0266 •

수열 $\{a_n\}$에 대하여

$$a_1=2,\ a_2=-3,\ a_3=1,\ a_{n+3}=a_n\,(n=1,\ 2,\ 3,\ \cdots)$$

일 때, a_4+a_8의 값은?

① -5　　　② -3　　　③ -1

④ 1　　　　⑤ 3

03

• 8445-0267 •

수열 $\{a_n\}$에 대하여

$$a_1=2,\ a_{n+1}=\frac{n}{n+1}a_n+k\,(n=1,\ 2,\ 3,\ \cdots)$$

일 때, $a_4=\dfrac{11}{4}$이다. 상수 k의 값은?

① 0　　　　② $\dfrac{1}{2}$　　　③ 1

④ $\dfrac{3}{2}$　　　⑤ 2

04

• 8445-0268 •

수열 $\{a_n\}$에 대하여 $a_1=3$이고 $a_{n+1}=3a_n+3$일 때, a_6의 값은? (단, $n=1,\ 2,\ 3,\ \cdots$)

① 1092　　　② 1094　　　③ 1096

④ 1098　　　⑤ 1100

유형 2 귀납적으로 정의된 등차, 등비수열

05

• 8445-0269 •

수열 $\{a_n\}$에 대하여 $a_1=38$이고 $a_{n+1}=a_n-4$일 때, a_{10}의 값은? (단, $n=1,\ 2,\ 3,\ \cdots$)

① 2　　　　② 4　　　　③ 6

④ 8　　　　⑤ 10

06

• 8445-0270 •

모든 항이 양수인 수열 $\{a_n\}$에 대하여

$$a_1=2,\ a_{n+2}a_n=a_{n+1}{}^2\,(n=1,\ 2,\ 3,\ \cdots)$$

일 때, $\log_2 a_4=\dfrac{4}{3}$이다. a_{13}의 값은?

① $\sqrt[3]{2}$　　　② $\sqrt[3]{4}$　　　③ $2\sqrt[3]{2}$

④ $2\sqrt[3]{4}$　　　⑤ $4\sqrt[3]{2}$

유형 ③ 수학적 귀납법으로 등식 증명하기

07
• 8445-0271 •

다음은 모든 자연수 n에 대하여 등식

$$1 \times 3 \times 5 \times \cdots \times (2n-1) \times 2^n$$
$$= (n+1)(n+2)(n+3)\cdots 2n$$

이 성립함을 수학적 귀납법으로 증명하는 과정의 일부이다.

(ii) $n=k$일 때, 주어진 등식이 성립한다고 가정하면

$$1 \times 3 \times 5 \times \cdots \times (2k-1) \times 2^k$$
$$= (k+1)(k+2)(k+3)\cdots 2k$$

위의 식의 양변에 (가) 를 곱하면

$$1 \times 3 \times 5 \times \cdots \times (2k-1) \times 2^k \times \boxed{(가)}$$
$$= (k+1)(k+2)(k+3)\cdots 2k \times \boxed{(가)}$$
$$= (k+2)(k+3)(k+4)\cdots 2k \times \boxed{(나)}$$
$$\times \{2(k+1)\}$$

따라서 $n=k+1$일 때에도 성립한다.

위의 과정에서 (가), (나)에 알맞은 식을 각각 $f(k)$, $g(k)$라 할 때, $f(2)+g(2)$의 값을 구하시오.

08
• 8445-0272 •

다음은 n이 자연수일 때, $3^{n+1}+4^{2n-1}$은 13으로 나누어 떨어지는 것을 수학적 귀납법으로 증명하는 내용이다.

$f(n)=3^{n+1}+4^{2n-1}$으로 놓으면

(i) $n=1$일 때, $f(1)=3^2+4=13$이므로
$f(1)$은 13으로 나누어 떨어진다.

(ii) $n=k$일 때
$f(k)$가 13으로 나누어 떨어진다고 가정하면
$f(k+1)=3^{k+2}+4^{2k+1}$
$\qquad\qquad = \boxed{(가)} f(k) + \boxed{(나)} \times 4^{2k-1}$
이므로 $f(k+1)$도 13으로 나누어 떨어진다.
따라서 임의의 자연수 n에 대하여 $3^{n+1}+4^{2n-1}$은 13으로 나누어 떨어진다.

위의 과정에서 (가), (나)에 알맞은 수의 합을 구하시오.

유형 ④ 수학적 귀납법으로 부등식 증명하기

09
• 8445-0273 •

다음은 $n \geq 2$인 모든 자연수 n에 대하여 부등식

$$1+\frac{1}{2^2}+\frac{1}{3^2}+\frac{1}{4^2}+\cdots+\frac{1}{n^2}<2-\frac{1}{n} \quad\cdots\cdots ㉠$$

이 성립함을 수학적 귀납법으로 증명하는 과정의 일부이다.

(ii) $n=k(k\geq 2)$일 때, ㉠이 성립한다고 가정하여
양변에 (가) 를 더하면

$$1+\frac{1}{2^2}+\cdots+\frac{1}{k^2}+\boxed{(가)}$$
$$<2-\frac{1}{k}+\boxed{(가)}=2-\frac{(나)}{k(k+1)^2}$$
$$<2-\frac{k^2+k}{k(k+1)^2}=2-\frac{1}{k+1}$$

따라서 $n=k+1$일 때에도 부등식이 성립한다.

위의 과정에서 (가), (나)에 알맞은 식을 각각 $f(k)$, $g(k)$라 할 때, $100f(1)g(1)$의 값을 구하시오.

10
• 8445-0274 •

다음은 $n \geq 10$인 모든 자연수에 대하여 부등식

$$2^n > n^3 \quad\cdots\cdots ㉠$$

이 성립함을 수학적 귀납법으로 증명하는 과정의 일부이다.

(ii) $n=k(k\geq 10)$일 때, ㉠이 성립한다고 가정하여
양변에 2를 곱하면 $\boxed{(가)}>2k^3$
$k\geq 10$에서 $k^3\geq 10k^2$, $k^2\geq 10k$, $k\geq 10$이므로
$2k^3-\boxed{(나)}=k^3-3k^2-3k-1\geq 67k-1>0$
에서 $2^{k+1}>2k^3>\boxed{(나)}$
따라서 $n=k+1$일 때에도 성립한다.

위의 과정에서 (가), (나)에 알맞은 식을 각각 $f(k)$, $g(k)$라 할 때, $f(1)+g(1)$의 값을 구하시오.

● 정답과 풀이 50쪽

모든 자연수 n에 대하여 등식

$$1 \times 2 + 2 \times 3 + 3 \times 4 + \cdots + n(n+1) = \frac{n(n+1)(n+2)}{3}$$

가 성립함을 수학적 귀납법으로 증명하시오.

증명

(ⅰ) $n=1$일 때, (좌변)$=2=$(우변)이므로

　　$n=1$일 때 주어진 등식이 성립한다. ◀ ❶

(ⅱ) $n=k$일 때, 주어진 등식이 성립한다고 가정하면

　　$1 \times 2 + 2 \times 3 + 3 \times 4 + \cdots + k(k+1)$

　　$= \dfrac{1}{3}k(k+1)(k+2)$

　　양변에 $(k+1)(k+2)$를 더하면 ◀ ❷

　　$1 \times 2 + 2 \times 3 + 3 \times 4 + \cdots + k(k+1) + (k+1)(k+2)$

　　$= \dfrac{1}{3}k(k+1)(k+2) + (k+1)(k+2)$

　　$= \dfrac{1}{3}(k+1)(k+2)(k+3)$

　　따라서 $n=k+1$일 때에도 등식이 성립한다.

(ⅰ), (ⅱ)에 의하여 주어진 등식은 모든 자연수 n에 대하여

성립한다. ◀ ❸

단계	채점 기준	비율
❶	$n=1$일 때 주어진 등식이 성립함을 보인 경우	20 %
❷	양변에 $(k+1)(k+2)$를 더한 경우	30 %
❸	$n=k+1$일 때 주어진 등식이 성립함을 보인 경우	50 %

$$\frac{1}{3}k(k+1)(k+2) + (k+1)(k+2)$$

$$= (k+1)(k+2)\left(\frac{1}{3}k+1\right)$$

$$= \frac{1}{3}(k+1)(k+2)(k+3)$$

01

● 8445-0275 ●

수열 $\{a_n\}$에 대하여

　　$a_1=2$, $a_{n+1}=(2n-1)a_n-2n$ $(n=1, 2, 3, \cdots)$

일 때, a_5의 값을 구하시오.

02

● 8445-0276 ●

수열 $\{a_n\}$에 대하여

$a_1=4$, $a_{2n}+a_{2n-1}=(n-1)^2+5$ $(n=1, 2, 3, \cdots)$

일 때, 첫째항부터 제n항까지의 합을 S_n이라 하자.

S_{20}의 값을 구하시오.

03

● 8445-0277 ●

$n \geq 4$인 모든 자연수 n에 대하여 부등식

　　$1 \times 2 \times 3 \times \cdots \times n > 2^n$

이 성립함을 수학적 귀납법으로 증명하시오.

01

● 8445-0278 ●

수열 $\{a_n\}$에 대하여 $a_1=a_6=18\sqrt{3}$, $a_{n+2}=a_n-4\sqrt{3}$ $(n=1,\ 2,\ 3,\ \cdots)$이 성립할 때, 〈보기〉에서 옳은 것만을 있는 대로 고른 것은?

┤ 보기 ├

ㄱ. $a_3-a_1=-4\sqrt{3}$　　　　　ㄴ. $a_{2n-1}+a_{2n}=52\sqrt{3}-8\sqrt{3}n$　　　　　ㄷ. $\displaystyle\sum_{k=1}^{15}a_k=130\sqrt{3}$

① ㄱ　　　　　② ㄴ　　　　　③ ㄱ, ㄴ　　　　　④ ㄱ, ㄷ　　　　　⑤ ㄱ, ㄴ, ㄷ

02

● 8445-0279 ●

다음은 모든 자연수 n에 대하여 부등식 $\dfrac{1}{n+1}+\dfrac{1}{n+2}+\cdots+\dfrac{1}{3n+1}>1$이 성립함을 수학적 귀납법으로 증명하는 과정이다.

(i) $n=1$일 때, $\dfrac{1}{2}+\dfrac{1}{3}+\dfrac{1}{4}=\dfrac{13}{12}>1$이므로 주어진 부등식이 성립한다.

(ii) $n=k$일 때, $a_k=\dfrac{1}{k+1}+\dfrac{1}{k+2}+\cdots+\dfrac{1}{3k+1}$이라 하자.

　$a_k>1$이 성립한다고 가정하면

　$a_{k+1}=a_k+\left(\dfrac{1}{3k+2}+\dfrac{1}{3k+3}+\dfrac{1}{3k+4}\right)-\dfrac{1}{\boxed{(가)}}$

　한편 $(3k+2)(3k+4)<(3k+3)^2$이므로 $\dfrac{1}{3k+2}+\dfrac{1}{3k+4}>\boxed{(나)}$이다.

　그런데 $a_k>1$이므로

　$a_{k+1}>a_k+\left(\dfrac{1}{3k+3}+\boxed{(나)}\right)-\dfrac{1}{\boxed{(가)}}=a_k>1$

　따라서 $n=k+1$일 때에도 주어진 부등식은 성립한다.

그러므로 (i), (ii)에 의하여 모든 자연수 n에 대하여 주어진 부등식은 성립한다.

위의 과정에서 (가), (나)에 알맞은 식를 각각 $f(k)$, $g(k)$라 할 때, $f(11)\times g(1)$의 값을 구하시오.

03 실생활 활용

● 8445-0280 ●

어떤 건강음료 전문점의 10일 동안의 건강음료 판매량을 조사하였다. 첫째 날은 모두 4^5리터가 판매되었고, 둘째 날부터는 매일 오전에는 전날 판매량의 50%의 양이 판매되었고 오후에는 전날 판매량의 75%의 양이 판매되었다. n째 날에 판매되는 건강음료의 판매량을 a_n이라 할 때, a_n과 a_{n+1} 사이의 관계식은 $a_{n+1}=ka_n(n\leq9)$이다. 여섯째 날까지의 모든 판매량은 m^6-4^6일 때, 두 상수 k, m에 대하여 $\dfrac{20k}{m}$의 값을 구하시오.

Level Ⅰ

01

• 8445-0281 •

공차가 -2인 등차수열 $\{a_n\}$에 대하여

$$a_1+a_4=a_7$$

일 때, a_1의 값은?

① -6 ② -4 ③ -2

④ 0 ⑤ 2

02

• 8445-0282 •

등차수열 $\{a_n\}$에 대하여 $a_n=3n-4$이고 첫째항부터 제 n항까지의 합을 S_n이라 할 때, S_{10}의 값은?

① 125 ② 130 ③ 135

④ 140 ⑤ 145

03

• 8445-0283 •

공비가 0이 아니고 첫째항이 3인 등비수열 $\{a_n\}$에 대하여 $a_{10}=2a_6$일 때, a_{17}의 값은?

① 42 ② 45 ③ 48

④ 51 ⑤ 54

04

• 8445-0284 •

공비가 2인 등비수열 $\{a_n\}$에 대하여

$$a_1+a_2+a_3+a_4+a_5=2^{10}$$

일 때, $a_1+a_2+a_3+\cdots+a_9+a_{10}$의 값은?

① $2^{10}+2^5$ ② 2^{12} ③ 2^{15}

④ $2^{15}+2^5$ ⑤ $2^{15}+2^{10}$

05

• 8445-0285 •

$\sum\limits_{k=1}^{100}(k^3+5)-\sum\limits_{k=6}^{100}(k^3+4)$의 값은?

① 345 ② 350 ③ 355

④ 360 ⑤ 365

06

• 8445-0286 •

건축자재인 타일은 여러 가지 모양이 있다. 가로와 세로의 길이가 각각 1과 2인 직사각형 모양의 타일 a_1을 그림과 같이 가로와 세로의 길이를 각각 1씩 늘려 나가는 타일 a_2, a_3, $\cdots$이 있다. 가로의 길이가 n인 직사각형 모양의 타일의 넓이를 A_n이라 할 때, $\sum\limits_{k=1}^{6}A_k$의 값은?

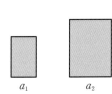

a_1 a_2 a_3

① 106 ② 108 ③ 110

④ 112 ⑤ 114

07

• 8445-0287 •

수열 $\{a_n\}$에 대하여

$$a_1=1,\ a_2=-2,\ a_{2n+1}=a_{2n-1}+3,\ a_{2n+2}=a_{2n}+n$$

일 때, a_7+a_8의 값은? (단, $n=1,\ 2,\ 3,\ \cdots$)

① 11 ② 12 ③ 13

④ 14 ⑤ 15

Level 2

08
• 8445-0288 •

서로 다른 7개의 수 x, y, a_1, a_2, b_1, b_2, b_3에 대하여 두 수열 x, a_1, a_2, y와 x, b_1, b_2, b_3, y가 각각 이 순서대로 등차수열일 때, $\dfrac{a_2-a_1}{b_2-b_1}$의 값은?

① $\dfrac{4}{3}$ ② $\dfrac{5}{3}$ ③ 2

④ $\dfrac{7}{3}$ ⑤ $\dfrac{8}{3}$

09
• 8445-0289 •

$a_1=-3$인 등차수열 $\{a_n\}$에 대하여 첫째항부터 제n항까지의 합을 S_n이라 하자. $S_5=5$일 때, $S_{2n}>480$을 만족시키는 자연수 n의 최솟값은?

① 9 ② 11 ③ 13

④ 15 ⑤ 17

10
• 8445-0290 •

수열 $\{a_n\}$에 대하여 수열 $\{16^{a_n}\}$이 공비가 8인 등비수열일 때, $a_{30}-a_{10}$의 값은?

① 10 ② 15 ③ 20

④ 25 ⑤ 30

11
• 8445-0291 •

그림과 같이 한 변의 길이가 3인 정사각형 모양의 종이의 각 변의 삼등분점을 연결하여 가운데 정사각형을 오려내고, 다시 남아 있는 8개의 정사각형에서도 각 정사각형의 삼등분점을 연결하여 가운데 정사각형을 오려낸다. 이와 같은 방법을 5회 반복한 후 남아 있는 종이의 넓이는?

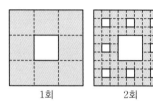 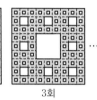

1회   2회   3회

① $\dfrac{8^6}{9^5}$ ② $\dfrac{8^5}{9^4}$ ③ $\dfrac{9^6}{8^5}$

④ $\dfrac{9^5}{8^4}$ ⑤ $\dfrac{9^4}{8^3}$

12
• 8445-0292 •

자연수 전체의 집합에서 정의된 함수

$$f(n)=\begin{cases} n & (n=4k) \\ 2 & (n=4k-1) \\ -n & (n=4k-2) \\ -10 & (n=4k-3) \end{cases} (k=1, 2, 3, \cdots)$$

에 대하여 $\displaystyle\sum_{n=1}^{46} f(n)$의 값을 구하시오.

13
• 8445-0293 •

다음 식의 값은?

$$\sum_{k=1}^{10} k^2 + 2\sum_{k=1}^{4}(2k+1)^2 + 2\sum_{k=1}^{3}(2k+3)^2$$

$$+ 2\sum_{k=1}^{2}(2k+5)^2 + 2\sum_{k=1}^{1}(2k+7)^2$$

① 1325 ② 1365 ③ 1405

④ 1445 ⑤ 1485

14

● 8445-0294 ●

수열 $\{a_n\}$이 첫째항이 3이고 공차가 2인 등차수열일 때,

$$\frac{a_1}{1^2}+\frac{a_2}{1^2+2^2}+\frac{a_3}{1^2+2^2+3^2}+$$

$$\cdots+\frac{a_{20}}{1^2+2^2+3^2+\cdots+20^2}$$

의 값은?

① $\dfrac{38}{7}$ ② $\dfrac{40}{7}$ ③ 6

④ $\dfrac{44}{7}$ ⑤ $\dfrac{46}{7}$

15

● 8445-0295 ●

다음은 음이 아닌 모든 정수 n에 대하여

$\dfrac{n^5}{5}+\dfrac{n^4}{2}+\dfrac{n^3}{3}-\dfrac{n}{30}$이 정수임을 증명한 것이다.

(i) $n=$ □(가) 일 때, 주어진 식은 성립한다.

(ii) $n=k(k\geq0)$일 때, 주어진 식이 성립한다고 가정
하면

$$\frac{(\boxed{(나)})^5}{5}+\frac{(\boxed{(나)})^4}{2}+\frac{(\boxed{(나)})^3}{3}-\frac{\boxed{(나)}}{30}$$

$$=\frac{k^5+5k^4+10k^3+10k^2+5k+1}{5}$$

$$+\frac{k^4+4k^3+6k^2+4k+1}{2}$$

$$+\frac{k^3+3k^2+3k+1}{3}-\frac{\boxed{(나)}}{30}$$

$$=\boxed{(다)}+(k^4+4k^3+6k^2+4k+1)$$

에서 □(다) 는 정수이므로 주어진 식은
$n=k+1$일 때에도 성립한다.

(i), (ii)에 의하여 주어진 식은 음이 아닌 모든 정수 n
에 대하여 정수이다.

위의 과정에서 (가)에 알맞을 수를 a라 하고, (나), (다)
에 알맞은 식를 각각 $f(k)$, $g(k)$라 할 때,
$a+f(1)+g(1)$의 값을 구하시오.

16

● 8445-0296 ●

부등식

$$1\leq a_1<a_2<a_3<\cdots<a_{10}\leq41$$

을 만족시키는 10개의 홀수 a_1, a_2, a_3, $\cdots$, a_{10}에 대하여
집합 A가 $A=\{x\,|\,x=a_1+a_2+a_3+\cdots+a_{10}\}$일 때, 집
합 A의 원소의 개수를 구하시오.

17

● 8445-0297 ●

모든 자연수 n에 대하여 수열 $\{a_n\}$은 다음 등식을 만족
시킨다.

$$\sum_{k=1}^{n}\frac{ka_k}{n}=2n-1$$

$10a_{10}$의 값은?

① 34 ② 35 ③ 36

④ 37 ⑤ 38

18

● 8445-0298 ●

그림과 같은 중심각이 θ_n인 부채꼴 $O_nA_nB_n$에서 반지름
O_nB_n의 길이와 부채꼴의 호 l_n의 길이가 같을 때, 점
B_n에서 선분 O_nA_n에 내린 수선의 발 H_n에 대하여
$\overline{B_nH_n}=\sqrt{2n-1}$이다. 이 부채꼴의 넓이를 a_n이라 할 때,
$\displaystyle\sum_{k=1}^{10}a_{2k}=\dfrac{a}{\sin^2 1}$이다. 상수 a의 값을 구하시오.

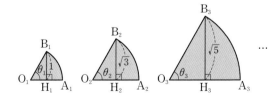

19

• 8445-0299 •

1보다 큰 자연수 n에 대하여 직선 $y=ax$가

원 $(x-3)^2+y^2=\dfrac{9}{n^2}$에 접할 때, $a=f(n)$이다.

$\displaystyle\sum_{n=2}^{10}\{f(n)\}^2$의 값은?

① $\dfrac{7}{11}$ 　　② $\dfrac{36}{55}$ 　　③ $\dfrac{37}{55}$

④ $\dfrac{38}{55}$ 　　⑤ $\dfrac{39}{55}$

20

• 8445-0300 •

수열 $\{a_n\}$의 첫째항부터 제n항까지의 합 S_n에 대하여
$$S_n=(n+1)^2+(n+2)^2+\cdots+(n+10)^2$$
일 때, $a_n+a_{n+1}+a_{n+2}+\cdots+a_{2n}$을 n에 대한 식으로 나타내면 an^2+bn+c이다. 세 상수 a, b, c의 합 $a+b+c$의 값을 구하시오. (단, $n\geq2$)

21

• 8445-0301 •

수열 $\{a_n\}$에 대하여
$$a_1=25,\ \log a_{n+1}=\log a_n-\log\sqrt[3]{5}\ (n\geq1)$$
이다. 수열 $\{a_n\}$의 항의 값이 유리수가 되는 값을 큰 수부터 차례대로 나열할 때, 처음 10개의 합은 $\dfrac{k}{4}\left\{1-\left(\dfrac{1}{5}\right)^{10}\right\}$이다. 상수 k의 값을 구하시오.

22

• 8445-0302 •

공차가 0이 아닌 등차수열 $\{a_n\}$에 대하여
$$a_2-2a_{10}=a_k-3a_{15}=0$$
일 때, 자연수 k의 값을 구하시오.

23

• 8445-0303 •

자연수 n에 대하여 원 $x^2+(y-2)^2=4n$과 직선 $y=x$가 만나는 두 점 A_n, B_n 사이의 거리를 a_n이라 할 때, $\displaystyle\sum_{n=1}^{24}\dfrac{1}{a_n+a_{n+1}}$의 값을 구하시오.

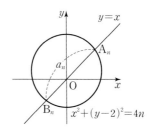

수	0	1	2	3	4	5	6	7	8	9
1.0	.0000	.0043	.0086	.0128	.0170	.0212	.0253	.0294	.0334	.0374
1.1	.0414	.0453	.0492	.0531	.0569	.0607	.0645	.0682	.0719	.0755
1.2	.0792	.0828	.0864	.0899	.0934	.0969	.1004	.1038	.1072	.1106
1.3	.1139	.1173	.1206	.1239	.1271	.1303	.1335	.1367	.1399	.1430
1.4	.1461	.1492	.1523	.1553	.1584	.1614	.1644	.1673	.1703	.1732
1.5	.1761	.1790	.1818	1847	.1875	.1903	.1931	.1959	.1987	.2014
1.6	.2041	.2068	.2095	.2122	.2148	.2175	.2201	.2227	.2253	.2279
1.7	.2304	.2330	.2355	.2380	.2405	.2430	.2455	.2480	.2504	.2529
1.8	.2553	.2577	.2601	.2625	.2648	.2672	.2695	.2718	.2742	.2765
1.9	.2788	.2810	.2833	.2856	.2878	.2900	.2923	.2945	.2967	.2989
2.0	.3010	.3032	.3054	.3075	.3096	.3118	.3139	.3160	.3181	.3201
2.1	.3222	.3243	.3263	.3284	.3304	.3324	.3345	.3365	.3385	.3404
2.2	.3424	.3444	.3464	.3483	.3502	.3522	.3541	.3560	.3579	.3598
2.3	.3617	.3636	.3655	.3674	.3692	.3711	.3729	.3747	.3766	.3784
2.4	.3802	.3820	.3838	.3856	.3874	.3892	.3909	.3927	.3945	.3962
2.5	.3979	.3997	.4014	.4031	.4048	.4065	.4082	.4099	.4116	.4133
2.6	.4150	.4166	.4183	.4200	.4216	.4232	.4249	.4265	.4281	.4298
2.7	.4314	.4330	.4346	.4362	.4378	.4393	.4409	.4425	.4440	.4456
2.8	.4472	.4487	.4502	.4518	.4533	.4548	.4564	.4579	.4594	.4609
2.9	.4624	.4639	.4654	.4669	.4683	.4698	.4713	.4728	.4742	.4757
3.0	.4771	.4786	.4800	.4814	.4829	.4843	.4857	.4871	.4886	.4900
3.1	.4914	.4928	.4942	.4955	.4969	.4983	.4997	.5011	.5024	.5038
3.2	.5051	.5065	.5079	.5092	.5105	.5119	.5132	.5145	.5159	.5172
3.3	.5185	.5198	.5211	.5224	.5237	.5250	.5263	.5276	.5289	.5302
3.4	.5315	.5328	.5340	.5353	.5366	.5378	.5391	.5403	.5416	.5428
3.5	.5441	.5453	.5465	.5478	.5490	.5502	.5514	.5527	.5539	.5551
3.6	.5563	.5575	.5587	.5599	.5611	.5623	.5635	.5647	.5658	.5670
3.7	.5682	.5694	.5705	.5717	.5729	.5740	.5752	.5763	.5775	.5786
3.8	.5798	.5809	.5821	.5832	.5843	.5855	.5866	.5877	.5888	.5899
3.9	.5911	.5922	.5933	.5944	.5955	.5966	.5977	.5988	.5999	.6010
4.0	.6021	.6031	.6042	.6053	.6064	.6075	.6085	.6096	.6107	.6117
4.1	.6128	.6138	.6149	.6160	.6170	.6180	.6191	.6201	.6212	.6222
4.2	.6232	.6243	.6253	.6263	.6274	.6284	.6294	.6304	.6314	.6325
4.3	.6335	.6345	.6355	.6365	.6375	.6385	.6395	.6405	.6415	.6425
4.4	.6435	.6444	.6454	.6464	.6474	.6484	.6493	.6503	.6513	.6522
4.5	.6532	.6542	.6551	.6561	.6571	.6580	.6590	.6599	.6609	.6618
4.6	.6628	.6637	.6646	.6656	.6665	.6675	.6684	.6693	.6702	.6712
4.7	.6721	.6730	.6739	.6749	.6758	.6767	.6776	.6785	.6794	.6803
4.8	.6812	.6821	.6830	.6839	.6848	.6857	.6866	.6875	.6884	.6893
4.9	.6902	.6911	.6920	.6928	.6937	.6946	.6955	.6964	.6972	.6981
5.0	.6990	.6998	.7007	.7016	.7024	.7033	.7042	.7050	.7059	.7067
5.1	.7076	.7084	.7093	.7101	.7110	.7118	.7126	.7135	.7143	.7152
5.2	.7160	.7168	.7177	.7185	.7193	.7202	.7210	.7218	.7226	.7235
5.3	.7243	.7251	.7259	.7267	.7275	.7284	.7292	.7300	.7308	.7316
5.4	.7324	.7332	.7340	.7348	.7356	.7364	.7372	.7380	.7388	.7396

수	0	1	2	3	4	5	6	7	8	9
5.5	.7404	.7412	.7419	.7427	.7435	.7443	.7451	.7459	.7466	.7474
5.6	.7482	.7490	.7497	.7505	.7513	.7520	.7528	.7536	.7543	.7551
5.7	.7559	.7566	.7574	.7582	.7589	.7597	.7604	.7612	.7619	.7628
5.8	.7634	.7642	.7649	.7657	.7664	.7672	.7679	.7686	.7694	.7701
5.9	.7709	.7716	.7723	.7731	.7738	.7745	.7752	.7760	.7767	.7774
6.0	.7782	.7789	.7796	.7803	.7810	.7818	.7825	.7832	.7839	.7846
6.1	.7853	.7860	.7868	.7875	.7882	.7889	.7896	.7903	.7910	.7917
6.2	.7924	.7931	.7938	.7945	.7952	.7959	.7966	.7973	.7980	.7987
6.3	.7993	.8000	.8007	.8014	.8021	.8028	.8035	.8041	.8048	.8055
6.4	.8062	.8069	.8075	.8082	.8089	.8096	.8102	.8109	.8116	.8122
6.5	.8129	.8136	.8142	.8149	.8156	.8162	.8169	.8176	.8182	.8189
6.6	.8195	.8202	.8209	.8215	.8222	.8228	.8235	.8241	.8248	.8254
6.7	.8261	.8267	.8274	.8280	.8287	.8293	.8299	.8306	.8312	.8319
6.8	.8325	.8331	.8338	.8344	.8351	.8357	.8363	.8370	.8376	.8382
6.9	.8388	.8395	.8401	.8407	.8414	.8420	.8426	.8432	.8439	.8445
7.0	.8451	.8457	.8463	.8470	.8476	.8482	.8488	.8494	.8500	.8506
7.1	.8513	.8519	.8525	.8531	.8537	.8543	.8549	.8555	.8561	.8567
7.2	.8573	.8579	.8585	.8591	.8597	.8603	.8609	.8615	.8621	.8627
7.3	.8633	.8639	.8645	.8651	.8657	.8663	.8669	.8675	.8681	.8686
7.4	.8692	.8698	.8704	.8710	.8716	.8722	.8727	.8733	.8739	.8745
7.5	.8751	.8756	.8762	.8768	.8774	.8779	.8785	.8791	.8797	.8802
7.6	.8808	.8814	.8820	.8825	.8831	.8837	.8842	.8848	.8854	.8859
7.7	.8865	.8871	.8876	.8882	.8887	.8893	.8899	.8904	.8910	.8915
7.8	.8921	.8927	.8932	.8938	.8943	.8949	.8954	.5960	.8965	.8971
7.9	.8976	.8982	.8987	.8993	.8998	.9004	.9009	.9015	.9020	.9025
8.0	.9031	.9036	.9042	.9047	.9053	.9058	.9063	.9069	.9074	.9079
8.1	.9085	.9090	.9096	.9101	.9106	.9112	.9117	.9122	.9128	.9133
8.2	.9138	.9143	.9149	.9154	.9159	.9165	.9170	.9175	.9180	.9186
8.3	.9191	.9196	.9201	.9206	.9212	.9217	.9222	.9227	.9232	.9238
8.4	.9243	.9248	.9253	.9258	.9263	.9269	.9274	.9279	.9284	.9289
8.5	.9294	.9299	.9304	.9309	.9315	.9320	.9325	.9330	.9335	.9340
8.6	.9345	.9350	.9355	.9360	.9365	.9370	.9375	.9380	.9385	.9390
8.7	.9395	.9400	.9405	.9410	.9415	.9420	.9425	.9430	.9435	.9440
8.8	.9445	.9450	.9455	.9460	.9465	.9469	.9474	.9479	.9484	.9489
8.9	.9494	.9499	.9504	.9509	.9513	.9518	.9523	.9528	.9533	.9538
9.0	.9542	.9547	.9552	.9557	.9562	.9566	.9571	.9576	.9581	.9586
9.1	.9590	.9595	.9600	.9605	.9609	.9614	.9619	.9624	.9628	.9633
9.2	.9638	.9643	.9647	.9652	.9657	.9661	.9666	.9671	.9675	.9680
9.3	.9685	.9689	.9694	.9699	.9703	.9708	.9713	.9717	.9722	.9727
9.4	.9731	.9736	.9741	.9745	.9750	.9754	.9759	.9763	.9768	.9773
9.5	.9777	.9782	.9786	.9791	.9795	.9800	.9805	.9809	.9814	.9818
9.6	.9823	.9827	.9832	.9836	.9841	.9845	.9850	.9854	.9859	.9863
9.7	.9868	.9872	.9877	.9881	.9886	.9890	.9894	.9899	.9903	.9908
9.8	.9912	.9917	.9921	.9926	.9930	.9934	.9939	.9943	.9948	.9952
9.9	.9956	.9961	.9965	.9969	.9974	.9978	.9983	.9987	.9991	.9996

삼각함수표

각	sin θ	cos θ	tan θ
0°	0.0000	1.0000	0.0000
1°	0.0175	0.9998	0.0175
2°	0.0349	0.9994	0.0349
3°	0.0523	0.9986	0.0524
4°	0.0698	0.9976	0.0699
5°	0.0872	0.9962	0.0875
6°	0.1045	0.9945	0.1051
7°	0.1219	0.9925	0.1228
8°	0.1392	0.9903	0.1405
9°	0.1564	0.9877	0.1584
10°	0.1736	0.9848	0.1763
11°	0.1908	0.9816	0.1944
12°	0.2079	0.9781	0.2126
13°	0.2250	0.9744	0.2309
14°	0.2419	0.9703	0.2493
15°	0.2588	0.9659	0.2679
16°	0.2756	0.9613	0.2867
17°	0.2924	0.9563	0.3057
18°	0.3090	0.9511	0.3249
19°	0.3256	0.9455	0.3443
20°	0.3420	0.9397	0.6340
21°	0.3584	0.9336	0.3839
22°	0.3746	0.9272	0.4040
23°	0.3907	0.9205	0.4245
24°	4067	9135	0.4452
25°	4226	9063	0.4663
26°	4384	8988	0.4877
27°	4540	8910	0.5095
28°	4695	8829	0.5317
29°	4848	8746	0.5543
30°	5000	8660	0.5774
31°	0.5150	0.8572	0.6009
32°	0.5299	0.8480	0.6249
33°	0.5446	0.8387	0.6494
34°	0.5592	0.8290	0.6745
35°	0.5736	0.8192	0.7002
36°	0.5878	0.8090	0.7265
37°	0.6018	0.7986	0.7536
38°	0.6157	0.7880	0.7813
39°	0.6293	0.7771	0.8098
40°	0.6428	0.7660	0.8391
41°	0.6561	0.7547	0.8693
42°	0.6691	0.7431	0.9004
43°	0.6820	0.7314	0.9325
44°	0.6947	0.7193	0.9657
45°	0.7071	0.7071	1.0000

각	sin θ	cos θ	tan θ
45°	0.7071	0.7071	1.0000
46°	0.7193	0.6947	1.0355
47°	0.7314	0.6820	1.0724
48°	0.7431	0.6691	1.1106
49°	0.7547	0.6561	1.1504
50°	0.7660	0.6428	1.1918
51°	0.7771	0.6293	1.2349
52°	0.7880	0.6157	1.2799
53°	0.7986	0.6018	1.3270
54°	0.8090	0.5878	1.3764
55°	0.8192	0.5736	1.4281
56°	0.8290	0.5592	1.4826
57°	0.8387	0.5446	1.5399
58°	0.8480	0.5299	1.6003
59°	0.8572	0.5150	1.6643
60°	0.8660	0.5000	1.7321
61°	0.8746	0.4848	1.8040
62°	0.8829	0.4695	1.8827
63°	0.8910	0.4540	1.9626
64°	0.8988	0.4384	2.0503
65°	0.9063	0.4226	2.1445
66°	0.9135	0.4067	2.2460
67°	0.9205	0.3907	2.3559
68°	0.9272	0.3746	2.4751
69°	0.9336	0.3584	2.6051
70°	0.9397	0.3420	2.7475
71°	0.9455	0.3256	2.9042
72°	0.9511	0.3090	3.0777
73°	0.9563	0.2924	3.2709
74°	0.9613	0.2756	3.4874
75°	0.9659	0.2588	3.7321
76°	0.9703	0.2419	4.0108
77°	0.9744	0.2250	4.3315
78°	0.9781	0.2079	4.7046
79°	0.9816	0.1908	5.1446
80°	0.9848	0.1736	5.6713
81°	0.8977	0.1564	6.3138
82°	0.9903	0.1392	7.1154
83°	0.9925	0.1219	8.1443
84°	0.9945	0.1045	9.5144
85°	0.9962	0.0872	11.4301
86°	0.9976	0.0698	14.3007
87°	0.9986	0.0523	19.0811
88°	0.9994	0.0349	28.8445
89°	0.9998	0.0175	57.2900
90°	1.0000	1.0000	

M/E/M/O/

올림포스 수학 I

수행평가

01 지수와 로그   3쪽

01 1, $\dfrac{1}{3}$, $\dfrac{1}{9}$

02 $b=3^a$

03 $1+3=4$

04 3, 6, 7, 8

05 $d=\log_2 c$

06 $2+4=6$

02 지수함수와 로그함수   5쪽

01 $2^4=16$

02 $y=2^x$

03 10

04 5

05 8

06 9 또는 10 또는 11

03 삼각함수의 뜻과 그래프   7쪽

01 $y=\cos x$

02 4, 20

03 6, 18

04 $8 \leq x \leq 16$

05 $0 \leq x \leq 4$ 또는 $20 \leq x < 24$

04 삼각함수의 활용   9쪽

01 $25\sqrt{3}\,\text{m}$

02 $\overline{\text{BH}}=25\,\text{m}$, $\overline{\text{CH}}=75\,\text{m}$

03 $50\sqrt{3}\,\text{m}$

04 $30°$

05 $90°$

06 $50\,\text{m}$

07 $50\sqrt{3}\,\text{m}$

05 등차수열과 등비수열   11쪽

01 $A=\dfrac{a+b}{2}$, $G=\sqrt{ab}$

02 $\dfrac{3}{2}$

03 $\sqrt{1\times 2}=\sqrt{2}$, $\dfrac{3}{2}>\sqrt{2}$이므로 1과 2의 등차중항이 등비중항보다 크다.

04 $\dfrac{a+b}{2}$

05 $\overline{\text{E}_2\text{F}_2}=\sqrt{ab}$

06 길이를 재어 보면 $\overline{\text{E}_1\text{F}_1}>\overline{\text{E}_2\text{F}_2}$이므로 등차중항이 등비중항보다 크다.

$$\frac{a+b}{2}-\sqrt{ab}=\frac{a-2\sqrt{ab}+b}{2}=\frac{(\sqrt{a}-\sqrt{b})^2}{2}\geq 0$$

06 수열의 합   13쪽

01 $a_n=n$, 45

02 $b_n=n^2$, 285

03 k^2

04 $\displaystyle\sum_{k=1}^{9}(k^2+k)=\sum_{k=1}^{9}k^2+\sum_{k=1}^{9}k=45+285=330$

05 $\displaystyle\sum_{k=1}^{n}(a_k+b_k)=(a_1+b_1)+(a_2+b_2)+\cdots+(a_n+b_n)$
$$=(a_1+a_2+\cdots+a_n)+(b_1+b_2+\cdots+b_n)$$
$$=\sum_{k=1}^{n}a_k+\sum_{k=1}^{n}b_k$$

06 $\dfrac{9}{10}$

07 2310

07 수학적 귀납법   15쪽

01 2

02 6

03 $a_3=12$, $a_4=20$

04 $2(n+1)$

05 $a_{n+1}=a_n+2(n+1)$

06 $\dfrac{23}{4}$

[1~6] [표1], [표2]에서 각각 A와 B, C와 D는 어떤 규칙으로 서로 짝지어져 있다.

[표1]

A	4	3	2	1	0	−1	−2
B	81	27	9	3			

[표2]

C	4	8	16	32	64	128	256
D	2		4	5			

다음 물음에 답하시오.

1 [표1]의 빈칸을 완성하시오. [10점]

2 A의 값이 a일 때, B의 값 b를 구하는 식을 구하시오. (단, a는 정수) [20점]

3 $3 \times 27 = 81$이다. 위의 표에서 B의 3, 27, 81에 각각 대응되는 A의 수들 사이에는 어떤 관계가 있는가? [20점]

4 [표2]의 빈칸을 완성하시오. [10점]

5 C의 값이 c일 때, D의 값 d를 구하는 식을 구하시오. (단, c는 양의 실수) [20점]

6 $4 \times 16 = 64$이다. 위의 표에서 C의 4, 16, 64에 각각 대응되는 D의 수들 사이에는 어떤 관계가 있는가? [20점]

지수의 확장(지수가 정수인 경우)

(1) 0 또는 음의 정수인 지수

　　$a \neq 0$이고 n이 양의 정수일 때, $a^0 = 1$, $a^{-n} = \dfrac{1}{a^n}$

(2) 지수가 정수일 때의 지수법칙

　　$a \neq 0$, $b \neq 0$이고, m, n이 정수일 때

　　① $a^m a^n = a^{m+n}$

　　② $a^m \div a^n = a^{m-n}$

　　③ $(a^m)^n = a^{mn}$

　　④ $(ab)^n = a^n b^n$

로그

(1) 로그의 정의

　　$a > 0$, $a \neq 1$, $N > 0$일 때, $a^x = N$을 만족시키는 실수 x는 오직 하나 존재한다.

　　이 실수 x를 $\log_a N$과 같이 나타내고 a를 밑으로 하는 N의 로그라 한다.

　　　　$a^x = N \iff x = \log_a N$

　　이때 N을 $\log_a N$의 진수라 한다.

$$\overset{\text{진수}}{\underset{\text{밑}}{\log_a N}}$$

(2) 로그의 성질

　　$a > 0$, $a \neq 1$이고 $M > 0$, $N > 0$일 때

　　① $\log_a 1 = 0$, $\log_a a = 1$

　　② $\log_a MN = \log_a M + \log_a N$

　　③ $\log_a \dfrac{M}{N} = \log_a M - \log_a N$

　　④ $\log_a M^k = k \log_a M$ (단, k는 실수)

평 가 요 소

▶ 과제를 작성하여 제출할 수 있다.

▶ 지수의 확장과 지수법칙을 이해할 수 있다.

▶ 로그의 정의를 이해할 수 있다.

▶ 로그의 성질을 이해할 수 있다.

| 단원명 | 02. 지수함수와 로그함수 | 지수함수의 뜻과 활용 |

[1~6] 박테리아는 한 번 분열할 때마다 그 수가 2배씩 증가한다고 한다. 즉, 분열한 횟수에 따른 박테리아의 수는

1번 분열한 후에는 2^1배,

2번 분열한 후에는 2^2배,

3번 분열한 후에는 2^3배,

　⋮

가 된다.

다음 물음에 답하시오.

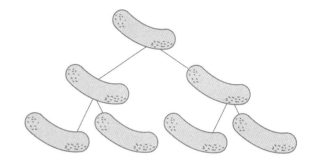

1 4번 분열한 후의 박테리아의 수는 처음의 몇 배인지 구하시오. [10점]

2 처음 박테리아의 수를 1, x번 분열한 후의 박테리아의 수를 y라 할 때, x와 y 사이의 관계식을 구하시오. [20점]

3 처음 박테리아의 수가 1일 때 박테리아가 1024마리가 되는 것은 몇 번 분열한 후인지 구하시오. [10점]

4 처음 박테리아의 수가 n일 때, 6번 분열한 후의 박테리아의 수는 320마리였다. n의 값을 구하시오. [20점]

5 처음 박테리아의 수가 8일 때 박테리아가 2000마리를 초과하는 것은 최소한 몇 번 분열한 후인지 구하시오. [20점]

6 처음 박테리아의 수가 20일 때, 박테리아가 10000마리 이상 50000마리 이하가 되는 것은 몇 번 분열한 후인지 구하시오. [20점]

1. 지수함수의 뜻

a가 1이 아닌 양수일 때, 임의의 실수 x에 대하여 a^x을 대응시키면 x의 값에 따라 a^x의 값이 오직 하나 정해지므로

$$y = a^x (a > 0, \ a \neq 1)$$

은 x에 대한 함수이다. 이 함수를 a를 밑으로 하는 지수함수라 한다.

2. 지수함수의 활용

(1) 지수에 미지수를 포함한 방정식

$a > 0$, $a \neq 1$일 때

① 방정식 $a^{f(x)} = b(b > 0)$의 풀이

로그의 정의를 이용하여 방정식 $f(x) = \log_a b$를 만족시키는 x의 값을 구한다.

② 방정식 $a^{f(x)} = a^{g(x)}$의 풀이

방정식 $f(x) = g(x)$를 만족시키는 x의 값을 구한다.

(2) 지수에 미지수를 포함한 부등식

$a > 0$, $a \neq 1$일 때

① 부등식 $a^{f(x)} < b(b > 0)$의 풀이

$\begin{cases} a > 1 일 \ 때, \ 부등식 \ f(x) < \log_a b로 \ 변형하여 \ x의 \ 값의 \ 범위를 \ 구한다. \\ 0 < a < 1일 \ 때, \ 부등식 \ f(x) > \log_a b로 \ 변형하여 \ x의 \ 값의 \ 범위를 \ 구한다. \end{cases}$

② 부등식 $a^{f(x)} < a^{g(x)}$의 풀이

$\begin{cases} a > 1 일 \ 때, \ 부등식 \ f(x) < g(x)로 \ 변형하여 \ x의 \ 값의 \ 범위를 \ 구한다. \\ 0 < a < 1일 \ 때, \ 부등식 \ f(x) > g(x)로 \ 변형하여 \ x의 \ 값의 \ 범위를 \ 구한다. \end{cases}$

평 가 요 소

▶ 과제를 작성하여 제출할 수 있다.

▶ 지수함수의 식을 구할 수 있다.

▶ 지수방정식을 풀 수 있다.

▶ 지수부등식을 풀 수 있다.

단원명	03. 삼각함수의 뜻과 그래프	삼각함수의 그래프와 활용

학년   반   번 이름:

[1~5] 그래프는 어떤 온라인 게임회사의 하루 동안의 시간대별 접속자 수의 비율을 나타낸 것이다. 즉, 가장 많은 수의 고객이 접속한 시각의 접속자 수를 1이라 하고 그에 대한 상대비율을 나타낸 것이다. 이것은 삼각함수의 그래프의 일종이다. 다음 물음에 답하시오.

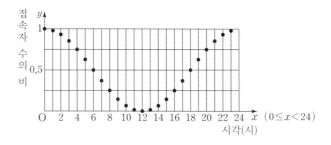

1 위의 그래프에서 y축의 좌표 0.5, 0을 각각 0, -1로 바꾸고 x축의 좌표 2, 4, 6, ⋯, 24를 각각 $\dfrac{\pi}{6}$, $\dfrac{\pi}{3}$, $\dfrac{\pi}{2}$, ⋯, 2π로 바꾸면 어떤 삼각함수의 그래프가 되는가? [20점]

2 접속자 수의 비가 0.75인 시각을 구하시오. [20점]

3 0시의 접속자 수가 10000명이라면 접속자 수가 5000명인 시각을 구하시오. [20점]

4 위 그래프가 **1**의 삼각함수의 그래프일 때 접속자 수의 비가 0.25 이하인 시각을 구하시오. (단, 각의 크기가 x인 삼각함수를 포함한 부등식을 만들어서 구하시오.) [20점]

5 6시의 접속자 수가 10000명이라면 접속자 수가 15,000명 이상인 시각 x의 범위를 구하시오. [20점]

함수 $y = \cos x$의 그래프와 성질

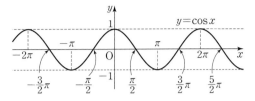

① 정의역은 실수 전체의 집합이다.
② 치역은 $\{y \,|\, -1 \leq y \leq 1\}$이다.
③ $y = \cos x$의 그래프는 y축에 대하여 대칭이다.
④ 주기가 2π인 주기함수이다.

삼각함수의 활용

(1) 방정식에의 활용

각의 크기가 미지수인 삼각함수를 포함한 방정식은 다음과 같이 푼다.

① 주어진 방정식을 $\cos x = k$의 꼴로 변형한다.
② 주어진 범위에서 $y = \cos x$의 그래프와 직선 $y = k$를 그린다.
③ 두 그래프의 교점의 x좌표를 구한다.

(2) 부등식에의 활용

각의 크기가 미지수인 삼각함수를 포함한 부등식은 다음과 같이 푼다.

① 주어진 부등식을 $\cos x > k (\cos x < k,\ k$는 실수$)$의 꼴로 변형한다.
② 주어진 범위에서 $y = \cos x$의 그래프와 직선 $y = k$를 그린다.
③ 두 그래프의 교점의 x좌표를 구한다.
④ $\cos x > k (\cos x < k)$의 해는 함수 $y = \cos x$의 그래프가 직선 $y = k$보다 위쪽(아래쪽)에 있는 x의 값의 범위를 구한다.

평 가 요 소

▶ 과제를 작성하여 제출할 수 있다.

▶ 삼각함수의 그래프를 판별할 수 있다.

▶ 삼각함수를 방정식에 활용할 수 있다.

▶ 삼각함수를 부등식에 활용할 수 있다.

[1~7] 다음 그림은 어떤 호수 가장자리 두 지점 A, C와 호수 주변의 지점 B 사이의 위치 관계를 나타낸 것이다. $\overline{AB}=50$ m, $\overline{BC}=100$ m이고, $\overline{AB}$와 $\overline{BC}$가 이루는 각의 크기가 $60°$이다.

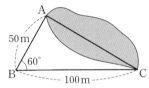

다음 물음에 답하시오.

1 점 A에서 $\overline{BC}$에 내린 수선 AH의 길이를 구하시오. [10점]

2 $\overline{BH}$, $\overline{CH}$의 길이를 각각 구하시오. [10점]

3 직각삼각형 AHC에서 피타고라스의 정리를 이용하여 $\overline{AC}$의 길이를 구하시오. [10점]

4 사인법칙 $\dfrac{\overline{AC}}{\sin B}=\dfrac{\overline{AB}}{\sin C}$를 이용하여 $\angle$C의 크기를 구하시오. [20점]

5 삼각형 ABC에서 사인법칙을 이용하여 $\angle$A의 크기를 구하시오. [10점]

6 삼각형 ABC의 외접원의 반지름의 길이를 구하시오. [20점]

7 코사인법칙을 이용하여 $\overline{AC}$의 길이를 구하시오. [20점]

삼각비와 피타고라스의 정리

(1) 삼각비

직각삼각형 ABC에서

$$\sin A = \frac{a}{b}, \ \cos A = \frac{c}{b}, \ \tan A = \frac{a}{c}$$

(2) 피타고라스의 정리

직각삼각형 ABC에서 $\angle B = 90°$일 때

$$b^2 = a^2 + c^2$$

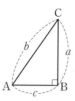

사인법칙

삼각형 ABC에서 외접원의 반지름의 길이를 R라 할 때

$$\frac{a}{\sin A} = \frac{b}{\sin B} = \frac{c}{\sin C} = 2R$$

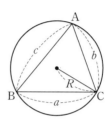

코사인법칙

삼각형 ABC에서

$$a^2 = b^2 + c^2 - 2bc \cos A$$
$$b^2 = c^2 + a^2 - 2ca \cos B$$
$$c^2 = a^2 + b^2 - 2ab \cos C$$

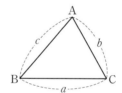

평 가 요 소

▶ 과제를 작성하여 제출할 수 있다.

▶ 삼각비를 이용하여 $\overline{AH}$, $\overline{BH}$, $\overline{CH}$의 길이를 구할 수 있다.

▶ 피타고라스의 정리를 이용하여 $\overline{AC}$의 길이를 구할 수 있다.

▶ 사인법칙을 이용하여 $\angle C$, $\angle A$의 크기와 외접원의 반지름의 길이를 구할 수 있다.

▶ 코사인법칙을 이용하여 $\overline{AC}$의 길이를 구할 수 있다.

| 단원명 | 05. 등차수열과 등비수열 | 등차중항과 등비중항의 대소 |

[1~6] 아랫변의 길이가 a이고, 윗변의 길이가 b인 사다리꼴 ABCD에 대하여 [그림1]과 같이 $\overline{AB}$, $\overline{CD}$의 중점을 각각 E_1, F_1이라 하고, [그림2]와 같이 $\square AE_2F_2D \varpropto \square E_2BCF_2$가 되도록 $\overline{AB}$, $\overline{CD}$ 위에 잡은 두 점을 각각 E_2, F_2라 하자.

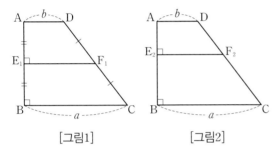

[그림1]   [그림2]

다음 물음에 답하시오.

1 두 양수 a, b의 등차중항을 A, 등비중항을 G라 할 때, A, G를 a와 b로 나타내시오. (단, $G>0$) [10점]

2 $a=2$, $b=1$일 때, 두 수 2, 1의 등차중항을 구하시오. [10점]

3 $a=2$, $b=1$일 때, 두 수 2, 1의 양수인 등비중항을 구하고 **2**에서 구한 등차중항과 대소 관계를 비교하시오. [10점]

4 $\overline{E_1F_1}$의 길이를 a, b로 나타내시오. [20점]

5 $\overline{E_2F_2}$의 길이를 a, b로 나타내시오. [20점]

6 **4**에서 구한 $\overline{E_1F_1}$의 길이와 **5**에서 구한 $\overline{E_2F_2}$의 길이를 자로 재어 어떤 길이가 긴지 확인해 보고, 부등식 $\dfrac{a+b}{2} \geq \sqrt{ab}$가 성립함을 증명하시오. [30점]

등차중항

세 수 a, b, c가 이 순서대로 등차수열을 이룰 때, b를 a와 c의 등차중항이라 한다.

이때 b가 a와 c의 등차중항이면

$$b-a=c-b,\ 2b=a+c,\ \text{즉}\ b=\frac{a+c}{2}$$

인 관계가 성립한다. 역으로

$b=\dfrac{a+c}{2}$이면 $b-a=c-b$이므로 b는 a와 c의 등차중항이다.

등비중항

0이 아닌 세 수 a, b, c가 이 순서대로 등비수열을 이룰 때, b를 a와 c의 등비중항이라 한다.

이때 b가 a와 c의 등비중항이면

$$\frac{b}{a}=\frac{c}{b},\ \text{즉}\ b^2=ac$$

인 관계가 성립한다. 역으로

$b^2=ac$이면 $\dfrac{b}{a}=\dfrac{c}{b}$이므로 b는 a와 c의 등비중항이다.

평 가 요 소

▶ 과제를 작성하여 제출할 수 있다.

▶ 등차중항과 등비중항을 구할 수 있다.

▶ 등차중항과 등비중항의 기하학적 표현을 이해할 수 있다.

▶ 등차중항과 등비중항의 대소 관계를 구할 수 있다.

단원명	06. 수열의 합	여러 가지 수열의 합

[1~7] 네 수열

$\{a_n\}$: 1, 2, 3, 4, 5, 6, 7, 8, 9

$\{b_n\}$: 1^2, 2^2, 3^2, 4^2, 5^2, 6^2, 7^2, 8^2, 9^2

$\{c_n\}$: 1×2, 2×3, 3×4, 4×5, 5×6, 6×7,
$\qquad\qquad 7 \times 8$, 8×9, 9×10

$\{d_n\}$: $1^2 \times 2$, $2^2 \times 3$, $3^2 \times 4$, $4^2 \times 5$, $5^2 \times 6$, $6^2 \times 7$,
$\qquad\qquad 7^2 \times 8$, $8^2 \times 9$, $9^2 \times 10$

에 대하여 다음 물음에 답하시오.

1 수열 $\{a_n\}$의 일반항을 구하고
$\sum\limits_{k=1}^{n} k = \dfrac{n(n+1)}{2}$ 임을 이용하여 수열 $\{a_n\}$의 합을 구하시오. [10점]

2 수열 $\{b_n\}$의 일반항을 구하고
$\sum\limits_{k=1}^{n} k^2 = \dfrac{n(n+1)(2n+1)}{6}$ 임을 이용하여 수열 $\{b_n\}$의 합을 구하시오. [10점]

3 수열 $\{c_n\}$의 일반항을 $f(n)$이라 할 때
$$\sum_{k=1}^{9} f(k) = \sum_{k=1}^{9} (\boxed{} + k) = \sum_{k=1}^{9} \boxed{} + \sum_{k=1}^{9} k$$
가 성립한다. □ 안에 알맞은 식을 구하시오.
[10점]

4 **3**의 결과를 이용하여 수열 $\{c_n\}$의 합을 구하고 **1**과 **2**에서 구한 결과와 비교하시오. [10점]

5 **3**의 결과를 이용하여
$$\sum_{k=1}^{n} (a_k + b_k) = \sum_{k=1}^{n} a_k + \sum_{k=1}^{n} b_k$$
임을 증명하시오. [20점]

6 수열 $\left\{\dfrac{1}{c_n}\right\}$의 합을 구하시오. [20점]

7 수열 $\{d_n\}$의 합을 구하시오. [20점]

합의 기호 $\sum$의 성질

(1) $\sum\limits_{k=1}^{n}(a_k+b_k)=\sum\limits_{k=1}^{n}a_k+\sum\limits_{k=1}^{n}b_k$

(2) $\sum\limits_{k=1}^{n}(a_k-b_k)=\sum\limits_{k=1}^{n}a_k-\sum\limits_{k=1}^{n}b_k$

(3) $\sum\limits_{k=1}^{n}ca_k=c\sum\limits_{k=1}^{n}a_k$ (단, c는 상수)

(4) $\sum\limits_{k=1}^{n}c=\underbrace{c+c+c+\cdots+c}_{n개}=cn$ (단, c는 상수)

자연수의 거듭제곱의 합

(1) $\sum\limits_{k=1}^{n}k=1+2+3+\cdots+n=\dfrac{n(n+1)}{2}$

(2) $\sum\limits_{k=1}^{n}k^2=1^2+2^2+3^2+\cdots+n^2=\dfrac{n(n+1)(2n+1)}{6}$

(3) $\sum\limits_{k=1}^{n}k^3=1^3+2^3+3^3+\cdots+n^3=\left\{\dfrac{n(n+1)}{2}\right\}^2$

일반항이 분수꼴인 수열의 합

일반항이 분수식이고, 분모가 두 일차식의 곱으로 나타나는 수열의 합을 구할 때에는

$$\frac{1}{AB}=\frac{1}{B-A}\left(\frac{1}{A}-\frac{1}{B}\right)(단,\ A\neq B)$$

임을 이용하여 각 항을 두 개의 항으로 분리하여 구한다.

$$\sum\limits_{k=1}^{n}\frac{1}{k(k+1)}=\sum\limits_{k=1}^{n}\left(\frac{1}{k}-\frac{1}{k+1}\right)$$

$$\sum\limits_{k=1}^{n}\frac{1}{k(k+1)}=\left(1-\frac{1}{2}\right)+\left(\frac{1}{2}-\frac{1}{3}\right)+\left(\frac{1}{3}-\frac{1}{4}\right)+\cdots+\left(\frac{1}{n}-\frac{1}{n+1}\right)=1-\frac{1}{n+1}=\frac{n}{n+1}$$

평 가 요 소

▶ 과제를 작성하여 제출할 수 있다.

▶ $\sum\limits_{k=1}^{n}k=\dfrac{n(n+1)}{2}$, $\sum\limits_{k=1}^{n}k^2=\dfrac{n(n+1)(2n+1)}{6}$, $\sum\limits_{k=1}^{n}k^3=\left\{\dfrac{n(n+1)}{2}\right\}^2$을 이용할 수 있다.

▶ $\sum$의 성질을 이용할 수 있다.

▶ 여러 가지 수열의 일반항을 구하고 그 합을 구할 수 있다.

[1~5] 평면 위에 한 개의 원이 있다. n개의 원을 더 그릴 때, 임의의 두 원은 서로 다른 두 점에서 만나고 어느 세 원도 한 점을 공유하지 않는다고 한다. n개의 원을 더 그릴 때, 만나서 생기는 교점의 개수를 a_n이라 할 때, 다음 물음에 답하시오.

1 $n=1$일 때, a_1의 값을 구하시오. [10점]

2 $n=2$일 때, a_2의 값을 구하시오. [10점]

3 a_3, a_4의 값을 각각 구하시오. [10점]

4 n개의 원을 더 그린 후 주어진 조건을 만족하는 한 개의 원을 추가하여 그릴 때, 새로 생기는 교점의 개수를 구하시오. [20점]

5 **4**의 결과를 이용하여 a_n과 a_{n+1}의 관계식을 구하시오. [20점]

6 다음은 모든 자연수 n에 대하여 등식

$$\left(1+\frac{1}{2}\right)\left(1+\frac{1}{3}\right)\cdots\left(1+\frac{1}{k+1}\right)=\frac{n+2}{2}$$

가 성립함을 수학적 귀납법으로 증명한 것이다.

(ⅰ) $n=1$일 때

(좌변)=(우변)= (가)

이므로 주어진 등식은 성립한다.

(ⅱ) $n=k$일 때

주어진 등식이 성립한다고 가정하면

$$\left(1+\frac{1}{2}\right)\left(1+\frac{1}{3}\right)\cdots\left(1+\frac{1}{k+1}\right)=\frac{k+2}{2}$$

　　　　　　　　　　 …… ㉠

㉠의 양변에 (나) 를 곱하면

$$\left(1+\frac{1}{2}\right)\left(1+\frac{1}{3}\right)\cdots\left(1+\frac{1}{k+1}\right)(\;(나)\;)$$

$$=\frac{k+2}{2}\times(\;(나)\;)=(\;(다)\;)$$

따라서 $n=k+1$일 때에도 성립한다.

(ⅰ), (ⅱ)에 의하여 모든 자연수 n에서 대하여 주어진 등식은 성립한다.

위의 과정에서 (가)에 알맞은 수를 a, (나)와 (다)에 알맞은 식을 각각 $f(k)$, $g(k)$라 할 때, $a+f(2)+g(3)$의 값을 구하시오. [30점]

수열의 귀납적 정의

수열 $\{a_n\}$에서

(i) 첫째항 a_1의 값

(ii) 이웃하는 두 항 a_n과 a_{n+1} 사이의 관계식 ($n=1,\ 2,\ 3,\ \cdots$)이 주어질 때, 주어진 관계식의 n에 1, 2, 3, $\cdots$을 차례로 대입하면 수열 $\{a_n\}$의 각 항을 구할 수 있다.

이와 같이 처음 몇 개의 항과 이웃하는 여러 항 사이의 관계식으로 수열을 정의하는 것을 수열의 귀납적 정의라 한다.

수학적 귀납법으로 등식 증명하기

(1) 자연수 n에 관한 명제 $p(n)$이 모든 자연수에 대하여 성립함을 증명하려면 다음을 보이면 된다.

   (i) $n=1$일 때, 명제 $p(n)$이 성립함을 보인다.

   (ii) $n=k$일 때, 명제 $p(n)$이 성립한다고 가정하고 이를 이용하여 $n=k+1$일 때에도 명제 $p(n)$이 성립함을 보인다.

   이와 같이 명제를 증명하는 방법을 수학적 귀납법이라 한다.

(2) 모든 자연수 n에 대하여 어떤 등식이 성립함을 증명할 때에는

   (i) $n=1$일 때, 주어진 등식이 성립함을 보인다.

   (ii) $n=k$일 때, 주어진 등식이 성립한다고 가정하고,

      $n=k$일 때의 등식의 양변에 적당한 식을 더하거나 곱하거나 추가하여

      $n=k+1$일 때에도 주어진 등식이 성립함을 보인다.

평 가 요 소

▶ 과제를 작성하여 제출할 수 있다.

▶ 규칙을 이해하여 수열의 항의 값을 구할 수 있다.

▶ 수열의 항과 항 사이의 관계식을 구할 수 있다.

▶ 수학적 귀납법을 이해할 수 있다.

EBS play+

구독하고 EBS 콘텐츠
무·제·한으로 즐기세요!

- 주요서비스

오디오 어학당 애니키즈 클래스ⓔ 지식·강연 다큐멘터리 EBS 세상의 모든 기행

오디오e지식 EBR 경제·경영 명의 헬스케어 ▶BOX 독립다큐·애니 평생학교

오디오어학당 PDF 무료 대방출! 지금 바로 확인해 보세요!

- 카테고리

애니메이션 · 어학 · 다큐 · 경제 · 경영 · 예술 · 인문 · 리더십 · 산업동향
테크놀로지 · 건강정보 · 실용 · 자기계발 · 역사 · 독립영화 · 독립애니메이션

"학교 시험 대비 특별 부록"으로
서술형 · 수행평가까지!
내신의 모든 것 완벽 대비!!

올림
포스

수학 I

정답과 풀이

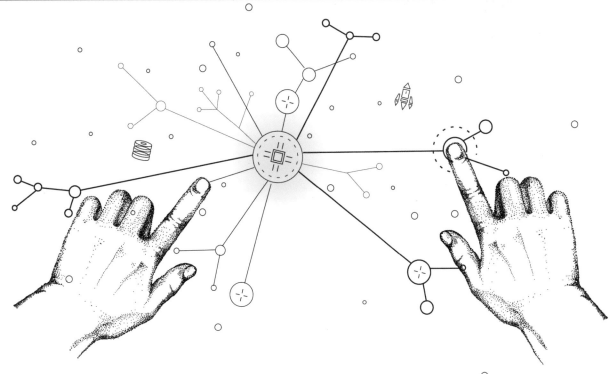

올 림 포 스 **수학Ⅰ**

정답과 풀이

정답과 풀이

01 지수와 로그

기본 유형 익히기   유제   본문 10~13쪽

1. 4   **2.** ②   **3.** ④   **4.** ②   **5.** 12

6. ③   **7.** ③   **8.** 0.8572

1. 5와 -5의 다섯제곱근 중 실수인 것은 각각 $\sqrt[5]{5}$, $\sqrt[5]{-5}$이므로 $a=b=1$

6의 여섯제곱근 중 실수인 것은 $\sqrt[6]{6}$, $-\sqrt[6]{6}$이므로 $c=2$

-6의 여섯제곱근 중 실수인 것은 없으므로 $d=0$

따라서 $(a+b)(c+d)=(1+1)(2+0)=4$

답 4

2. $\sqrt[3]{\sqrt{ab^5}\sqrt{a^5b^7}}=\sqrt[3]{\sqrt{ab^5\times a^5b^7}}$

$\qquad = \sqrt[3]{\sqrt{a^6b^{12}}}$

$\qquad = \sqrt[6]{a^6b^{12}}$

$\qquad = \sqrt[6]{a^6}\sqrt[6]{b^{12}}$

$\qquad = \sqrt[6]{a^6}(\sqrt[6]{b^6})^2=ab^2$

답 ②

3. $(a^2b)^3\times(a^3b^2)^{-2}=(a^2)^3b^3\times(a^3)^{-2}(b^2)^{-2}$

$\qquad = a^6b^3\times a^{-6}b^{-4}$

$\qquad = a^{6-6}b^{3-4}$

$\qquad = a^0b^{-1}$

$\qquad = \dfrac{1}{b}$

답 ④

4. $\sqrt[3]{ab^2}\times\sqrt[4]{a^2b}\div\sqrt[6]{a^5b^4}=(ab^2)^{\frac{1}{3}}\times(a^2b)^{\frac{1}{4}}\div(a^5b^4)^{\frac{1}{6}}$

$\qquad = (ab^2)^{\frac{1}{3}}\times(a^2b)^{\frac{1}{4}}\times(a^5b^4)^{-\frac{1}{6}}$

$\qquad = a^{\frac{1}{3}}b^{\frac{2}{3}}\times a^{\frac{1}{2}}b^{\frac{1}{4}}\times a^{-\frac{5}{6}}b^{-\frac{2}{3}}$

$\qquad = a^{\frac{1}{3}+\frac{1}{2}-\frac{5}{6}}\times b^{\frac{2}{3}+\frac{1}{4}-\frac{2}{3}}$

$\qquad = a^{\frac{2+3-5}{6}}\times b^{\frac{1}{4}}$

$\qquad = a^0\times b^{\frac{1}{4}}$

$\qquad = b^{\frac{1}{4}}=\sqrt[4]{b}$

답 ②

5. 밑의 조건에서 $x-1>0$, $x-1\neq1$이므로

$x>1$, $x\neq2$ …… ㉠

진수 조건에서 $-x^2+4x+12>0$, $x^2-4x-12<0$

$(x+2)(x-6)<0$

즉, $-2<x<6$ …… ㉡

㉠, ㉡에서

$1<x<6$, $x\neq2$

따라서 구하는 정수 x의 값은 3, 4, 5이므로 이들의 합은

$3+4+5=12$

답 12

6. $\log_5\dfrac{24}{25}=\log_5\dfrac{2^3\times3}{5^2}$

$\qquad = \log_5 2^3+\log_5 3-\log_5 5^2$

$\qquad = 3\log_5 2+\log_5 3-2$

$\qquad = 3x+y-2$

이므로 $a=3$, $b=1$, $c=-2$

따라서 $a+b+c=3+1+(-2)=2$

답 ③

7. $\log_2 3\times\log_3 4+\log_9 2\times\log_4 9$

$=\log_2 3\times\log_3 4+\log_4 9\times\log_9 2$

$=\log_2 4+\log_4 2$

$=\log_2 2^2+\log_{2^2} 2$

$=2\log_2 2+\dfrac{1}{2}\log_2 2$

$=2+\dfrac{1}{2}=\dfrac{5}{2}$

답 ③

다른풀이

$\log_2 3\times\log_3 4+\log_9 2\times\log_4 9$

$=\dfrac{\log 3}{\log 2}\times\dfrac{2\log 2}{\log 3}+\dfrac{\log 2}{2\log 3}\times\dfrac{2\log 3}{2\log 2}$

$=2+\dfrac{1}{2}=\dfrac{5}{2}$

8. $\log 7.2=\log\dfrac{72}{10}=\log\dfrac{2^3\times3^2}{10}$

$\qquad = 3\log 2+2\log 3-\log 10$

$\qquad = 3\times0.3010+2\times0.4771-1=0.8572$

답 0.8572

본문 14~17쪽

01 ⑤	**02** 34	**03** ③	**04** ④	**05** ①
06 ⑤	**07** 2	**08** ①	**09** 43	**10** ①
11 $\frac{9}{4}$	**12** ②	**13** ②	**14** 9	**15** ③
16 ②	**17** ②	**18** ⑤	**19** ③	**20** ③
21 ①	**22** ④	**23** 572	**24** ④	

01 ① 4의 제곱근은 $\pm\sqrt{4}=\pm2$이다. (거짓)

② -8의 세제곱근은 모두 세 개이며 이 중 실수인 것은 -2이다. (거짓)

③ $\sqrt[4]{16}$은 16의 양의 네제곱근이므로 2이다. (거짓)

④ $x^4=-4$인 실수 x는 존재하지 않는다. (거짓)

⑤ -5의 다섯제곱근 중 실수인 것은 $\sqrt[5]{-5}=-\sqrt[5]{5}$이다. (참)

답 ⑤

02 $\alpha=\sqrt[3]{-64}=\sqrt[3]{(-4)^3}=-4$

81의 네제곱근 중 실수인 것을 x라 하면

$x^4=81$

$x=\pm\sqrt[4]{81}=\pm\sqrt[4]{3^4}=\pm3$

$\beta=3$, $\gamma=-3$ 또는 $\beta=-3$, $\gamma=3$

따라서 $\alpha^2+\beta^2+\gamma^2=16+9+9=34$

답 34

03 $\sqrt[8]{5^4}\times(\sqrt[10]{5})^5=\sqrt[8]{5^4}\times\sqrt[10]{5^5}$

$\quad=\sqrt[4\times2]{5^4}\times\sqrt[5\times2]{5^5}$

$\quad=\sqrt{5}\times\sqrt{5}$

$\quad=5$

답 ③

04 $\dfrac{\sqrt[3]{81}}{\sqrt[3]{3}}=\sqrt[3]{\dfrac{81}{3}}=\sqrt[3]{27}=\sqrt[3]{3^3}=3$

$\sqrt[4]{\sqrt{81}}=\sqrt[2\times4]{3^4}=\sqrt{3}$

$\sqrt[4]{9}=\sqrt[2\times2]{3^2}=\sqrt{3}$

따라서 $\dfrac{\sqrt[3]{81}}{\sqrt[3]{3}}-\sqrt[4]{\sqrt{81}}+\sqrt[4]{9}=3-\sqrt{3}+\sqrt{3}=3$

답 ④

05 $\sqrt[4]{\dfrac{\sqrt[3]{a^2}}{\sqrt{a}}}\times\sqrt[6]{\dfrac{\sqrt[4]{a}}{a}}=\dfrac{\sqrt[4]{\sqrt[3]{a^2}}}{\sqrt[4]{\sqrt{a}}}\times\dfrac{\sqrt[6]{\sqrt[4]{a}}}{\sqrt[6]{a}}$

$\quad=\dfrac{\sqrt[12]{a^2}}{\sqrt[8]{a}}\times\dfrac{\sqrt[24]{a}}{\sqrt[6]{a}}$

$\quad=\dfrac{\sqrt[6]{a}}{\sqrt[8]{a}}\times\dfrac{\sqrt[24]{a}}{\sqrt[6]{a}}$

$\quad=\dfrac{\sqrt[24]{a}}{\sqrt[8]{a}}$

$\quad=\dfrac{\sqrt[24]{a}}{\sqrt[24]{a^3}}$

$\quad=\sqrt[24]{\dfrac{1}{a^2}}$

$\quad=\sqrt[12]{\dfrac{1}{a}}$

답 ①

06 $8^4\times(4^{-3}\div16^{-2})^3=(2^3)^4\times\{(2^2)^{-3}\div(2^4)^{-2}\}^3$

$\quad=2^{12}\times(2^{-6}\div2^{-8})^3$

$\quad=2^{12}\times\{2^{-6-(-8)}\}^3$

$\quad=2^{12}\times(2^2)^3$

$\quad=2^{12}\times2^6$

$\quad=2^{18}$

답 ⑤

07 $(ab^{-1})^8\times(a^{-2})^n\div\left(\dfrac{b^2}{a}\right)^{-4}$

$=(a^8\times b^{-8})\times a^{-2n}\div(a^{-1}\times b^2)^{-4}$

$=(a^{8-2n}\times b^{-8})\div(a^4\times b^{-8})$

$=a^{8-2n-4}\times b^{-8+8}$

$=a^{4-2n}\times b^0=a^{4-2n}$

$a^0=1$이므로 $4-2n=0$에서 $n=2$

답 2

08 $\sqrt{3}\times\sqrt[3]{6}\times\sqrt[6]{48}=3^{\frac{1}{2}}\times6^{\frac{1}{3}}\times48^{\frac{1}{6}}$

$\quad=3^{\frac{1}{2}}\times(2\times3)^{\frac{1}{3}}\times(2^4\times3)^{\frac{1}{6}}$

$\quad=3^{\frac{1}{2}}\times(2^{\frac{1}{3}}\times3^{\frac{1}{3}})\times(2^{\frac{2}{3}}\times3^{\frac{1}{6}})$

$\quad=2^{\frac{1}{3}+\frac{2}{3}}\times3^{\frac{1}{2}+\frac{1}{3}+\frac{1}{6}}$

$\quad=2\times3$

$\quad=6$

답 ①

09 $\left\{\left(\dfrac{4}{9}\right)^{-\frac{2}{3}}\right\}^{\frac{9}{4}}=\left(\dfrac{4}{9}\right)^{-\frac{2}{3}\times\frac{9}{4}}=\left(\dfrac{4}{9}\right)^{-\frac{3}{2}}$

$\qquad=\left\{\left(\dfrac{2}{3}\right)^2\right\}^{-\frac{3}{2}}=\left(\dfrac{2}{3}\right)^{-3}=\left(\dfrac{3}{2}\right)^3=\dfrac{27}{8}$

$p=8$, $q=27$이므로 $2p+q=16+27=43$

📖 43

10 $a^{-2}=\dfrac{1}{a^2}$, $64^{\frac{2}{3}}=(2^6)^{\frac{2}{3}}=2^4$이므로

$\dfrac{1}{a^2}=2^4$에서 $a^2=\dfrac{1}{2^4}$

이때 $a>0$이므로

$a=\dfrac{1}{4}$

📖 ①

11 $2^{x+1}=3$에서 $2\times 2^x=3$이므로

$2^x=\dfrac{3}{2}$

따라서 $\left(\dfrac{1}{4}\right)^{-x}=(2^{-2})^{-x}=2^{2x}=(2^x)^2=\left(\dfrac{3}{2}\right)^2=\dfrac{9}{4}$

📖 $\dfrac{9}{4}$

12 $5^x=27=3^3$에서 $5=(3^3)^{\frac{1}{x}}=3^{\frac{3}{x}}$ $\qquad$ …… ㉠

$45^y=9=3^2$에서 $45=(3^2)^{\frac{1}{y}}=3^{\frac{2}{y}}$ $\qquad$ …… ㉡

㉠, ㉡을 변끼리 나누면

$3^{\frac{3}{x}-\frac{2}{y}}=\dfrac{5}{45}$

$\dfrac{5}{45}=\dfrac{1}{9}=\left(\dfrac{1}{3}\right)^2=3^{-2}$

따라서 $\dfrac{3}{x}-\dfrac{2}{y}=-2$

📖 ②

[다른풀이]

$5^x=27$에서 $x=\log_5 27$이므로

$\dfrac{1}{x}=\log_{27} 5=\log_{3^3} 5=\dfrac{1}{3}\log_3 5$

$45^y=9$에서 $y=\log_{45} 9$이므로

$\dfrac{1}{y}=\log_9 45=\log_{3^2} 45=\dfrac{1}{2}\log_3 45$

따라서 $\dfrac{3}{x}-\dfrac{2}{y}=3\times\dfrac{1}{3}\log_3 5-2\times\dfrac{1}{2}\log_3 45$

$\qquad=\log_3 5-\log_3 45$

$\qquad=\log_3 \dfrac{5}{45}$

$\qquad=\log_3 \dfrac{1}{9}$

$\qquad=\log_3 3^{-2}$

$\qquad=-2$

13

$\log_{\sqrt{2}} a=4$에서 $a=(\sqrt{2})^4=2^2$

$\log_b 2=3$에서 $2=b^3$이므로

$a=2^2=(b^3)^2=b^6$

따라서 $\log_b a=\log_b b^6=6\log_b b=6$

📖 ②

14

밑의 조건에서

$x>0$, $x\neq 1$ $\qquad$ …… ㉠

진수 조건에서 $5-x>0$이므로

$x<5$ $\qquad$ …… ㉡

㉠, ㉡에서 $0<x<5$, $x\neq 1$

따라서 구하는 정수 x의 값은 2, 3, 4이므로 이들의 합은

$2+3+4=9$

📖 9

15

밑의 조건에서 $a-2>0$, $a-2\neq 1$이므로

$a>2$, $a\neq 3$ $\qquad$ …… ㉠

진수 조건에서 모든 실수 x에 대하여 $x^2+ax+2a>0$이려면

방정식 $x^2+ax+2a=0$의 판별식을 D라 할 때

$D=a^2-8a<0$, $a(a-8)<0$

즉, $0<a<8$ $\qquad$ …… ㉡

㉠, ㉡에서 $2<a<8$, $a\neq 3$

따라서 구하는 정수 a는 4, 5, 6, 7의 4개이다.

📖 ③

16 $\log_6 16^2 + \log_6 9^4 = \log_6 (2^4)^2 + \log_6 (3^2)^4$

$\qquad\qquad\qquad\qquad\quad = \log_6 2^8 + \log_6 3^8$

$\qquad\qquad\qquad\qquad\quad = \log_6 (2^8 \times 3^8)$

$\qquad\qquad\qquad\qquad\quad = \log_6 (2 \times 3)^8$

$\qquad\qquad\qquad\qquad\quad = \log_6 6^8 = 8\log_6 6 = 8$

답 ②

17 $\log_2 \dfrac{3}{4} + \log_2 \sqrt{8} - \dfrac{1}{2}\log_2 18$

$= \log_2 \dfrac{3}{4} + \log_2 \sqrt{8} - \log_2 \sqrt{18}$

$= \log_2 \dfrac{3}{4} + \log_2 2\sqrt{2} - \log_2 3\sqrt{2}$

$= \log_2 \left(\dfrac{3}{4} \times 2\sqrt{2} \times \dfrac{1}{3\sqrt{2}} \right)$

$= \log_2 \dfrac{1}{2}$

$= \log_2 2^{-1}$

$= -1$

답 ②

18 $\log_a \dfrac{\sqrt{b^3}}{a^2} = \log_a \sqrt{b^3} - \log_a a^2$

$\qquad\qquad\quad = \log_a b^{\frac{3}{2}} - \log_a a^2$

$\qquad\qquad\quad = \dfrac{3}{2}\log_a b - 2\log_a a$

$\qquad\qquad\quad = \dfrac{3}{2}\log_a b - 2$

따라서 $\dfrac{3}{2}\log_a b - 2 = 7$에서 $\dfrac{3}{2}\log_a b = 9$이므로

$\log_a b = 6$

답 ⑤

19 $\log_3 35 - \dfrac{1}{\log_7 3} = \log_3 35 - \log_3 7$

$\qquad\qquad\qquad\quad = \log_3 \dfrac{35}{7}$

$\qquad\qquad\qquad\quad = \log_3 5$

따라서

$\left(\log_3 35 - \dfrac{1}{\log_7 3} \right) \times \log_5 9 = \log_3 5 \times \log_5 9$

$\qquad\qquad\qquad\qquad\qquad\quad = \log_3 9 = \log_3 3^2 = 2$

답 ③

20 $\log_{100} 5 = \dfrac{\log_2 5}{\log_2 100}$

$\qquad\qquad = \dfrac{\log_2 10 - \log_2 2}{2\log_2 10}$

$\qquad\qquad = \dfrac{a-1}{2a}$

답 ③

21 $x^2 = \sqrt{y} = z^3 = k$ (k는 양의 실수)라 하면

$x = k^{\frac{1}{2}}$, $y = k^2$, $z = k^{\frac{1}{3}}$

따라서

$\log_x y + \log_y z + \log_z x = \log_{k^{\frac{1}{2}}} k^2 + \log_{k^2} k^{\frac{1}{3}} + \log_{k^{\frac{1}{3}}} k^{\frac{1}{2}}$

$\qquad\qquad\qquad\qquad\qquad = 4 + \dfrac{1}{6} + \dfrac{3}{2} = \dfrac{17}{3}$

답 ①

22 $\log 50 + \log 4000 - \log 0.002$

$= \log \dfrac{100}{2} + \log (4 \times 1000) - \log (2 \times 0.001)$

$= \log \dfrac{10^2}{2} + \log (2^2 \times 10^3) - \log (2 \times 10^{-3})$

$= 2 - \log 2 + 2\log 2 + 3 - \log 2 + 3 = 8$

답 ④

[다른풀이]

$\log 50 + \log 4000 - \log 0.002$

$= \log \dfrac{50 \times 4000}{0.002} = \log \dfrac{200000}{0.002}$

$= \log \dfrac{2 \times 10^5}{2 \times 10^{-3}} = \log 10^8 = 8$

23 $\log a = 2.716 = 2 + 0.716 = \log 10^2 + \log 5.2$

$\qquad\qquad\qquad = \log (5.2 \times 10^2) = \log 520$

이므로 $a = 520$

$-0.284 = -1 + 0.716 = \log 10^{-1} + \log 5.2$

$\qquad\qquad\qquad = \log (5.2 \times 10^{-1}) = \log 0.52$

이므로 $b = 0.52$

따라서 $a + 100b = 520 + 52 = 572$

답 572

24 $\log x - \log \dfrac{1}{x^2} = \log x - \log x^{-2}$

$\qquad\qquad\qquad\quad = \log x + 2\log x = 3\log x$

$1 \le \log x < 2$이므로

$3 \le 3\log x < 6$

$3\log x$가 정수이므로

$3\log x = 3$ 또는 $3\log x = 4$ 또는 $3\log x = 5$

즉, $\log x = 1$ 또는 $\log x = \dfrac{4}{3}$ 또는 $\log x = \dfrac{5}{3}$이므로

$x = 10$ 또는 $x = 10^{\frac{4}{3}}$ 또는 $x = 10^{\frac{5}{3}}$

따라서 모든 x의 값의 곱은

$10 \times 10^{\frac{4}{3}} \times 10^{\frac{5}{3}} = 10^4$

답 ④

서술형 **연습장** 본문 18쪽

01 $\dfrac{\sqrt{21}}{5}$　　**02** $\dfrac{ab+4}{b+2}$　　**03** 8

01 $(a^{\frac{1}{2}} + a^{-\frac{1}{2}})^2 = a + a^{-1} + 2 = 7$

$a + a^{-1} = 5$ ······ ❶

$(a - a^{-1})^2 = (a + a^{-1})^2 - 4 = 25 - 4 = 21$

$a > 1$이므로 $a - a^{-1} = a - \dfrac{1}{a} > 0$

$a - a^{-1} = \sqrt{21}$ ······ ❷

따라서 $\dfrac{a - a^{-1}}{a + a^{-1}} = \dfrac{\sqrt{21}}{5}$ ······ ❸

답 $\dfrac{\sqrt{21}}{5}$

단계	채점 기준	비율
❶	$a + a^{-1}$의 값을 구한 경우	30 %
❷	$a - a^{-1}$의 값을 구한 경우	50 %
❸	$\dfrac{a - a^{-1}}{a + a^{-1}}$의 값을 구한 경우	20 %

02 $\log_3 4 = b$에서 $\log_3 4$를 밑이 2인 로그로 변환하면

$\log_3 4 = \dfrac{\log_2 4}{\log_2 3} = \dfrac{2}{\log_2 3} = b$

$\log_2 3 = \dfrac{2}{b}$ ······ ❶

따라서 $\log_6 45 = \dfrac{\log_2 45}{\log_2 6}$

$\qquad\qquad\quad = \dfrac{2\log_2 3 + \log_2 5}{\log_2 2 + \log_2 3}$ ······ ❷

$\qquad\qquad\quad = \dfrac{\dfrac{4}{b} + a}{1 + \dfrac{2}{b}}$

$\qquad\qquad\quad = \dfrac{ab + 4}{b + 2}$ ······ ❸

답 $\dfrac{ab+4}{b+2}$

단계	채점 기준	비율
❶	$\log_2 3$의 값을 b로 나타낸 경우	30 %
❷	$\log_6 45$를 밑이 2인 로그로 변환한 경우	30 %
❸	$\log_6 45$를 a, b로 나타낸 경우	40 %

03 $\log_a \sqrt{b} = \log_{\sqrt{b}} a$에서

$\dfrac{1}{2}\log_a b = 2\log_b a$

$\dfrac{1}{2}\log_a b = \dfrac{2}{\log_a b}$ ······ ❶

$(\log_a b)^2 = 4$

$\log_a b = 2$ 또는 $\log_a b = -2$

즉, $b = a^2$ 또는 $b = a^{-2} = \dfrac{1}{a^2}$ ······ ❷

a, b는 1보다 큰 자연수이므로 $b = \dfrac{1}{a^2}$을 만족시키는 a, b의 값은 없다.

따라서 구하는 순서쌍 (a, b)는 $(2, 4)$, $(3, 9)$, $(4, 16)$, $\cdots$, $(9, 81)$의 8개이다. ······ ❸

답 8

단계	채점 기준	비율
❶	주어진 식을 밑이 a인 로그로 나타낸 경우	30 %
❷	a와 b의 관계식을 구한 경우	30 %
❸	순서쌍 (a, b)의 개수를 구한 경우	40 %

고난도 문항   본문 19쪽

01 ②   **02** ③   **03** ⑤

01 $a=6^l$(l은 자연수), $b=\sqrt[m]{12}$(m은 2 이상의 자연수)라 하면

$ab^6=6^l\times(\sqrt[m]{12})^6=(2\times3)^l\times(2^2\times3)^{\frac{6}{m}}=2^{l+\frac{12}{m}}\times3^{l+\frac{6}{m}}$

$81c=2^n\times3^4$

$l+\dfrac{6}{m}=4$에서 $(l,\ m)$은 $(1,\ 2),\ (2,\ 3),\ (3,\ 6)$이므로

$l+\dfrac{12}{m}$의 값은 $l=3,\ m=6$일 때 5로 최소이다.

따라서 n의 최솟값은 5이다.

답 ②

02 $a^{\log_2 9}=9^{\log_2 a}=3^{2\log_2 a}=3^{\log_2 a^2}$에서

$a^{\log_2 9}$의 값이 3의 거듭제곱이 되려면

$a^2=2^n(n=1,\ 2,\ \cdots)$의 꼴이어야 한다.

$a=2^{\frac{n}{2}}(n=1,\ 2,\ \cdots)$ ...... ㉠

따라서 ㉠을 만족시키는 10보다 작은 양수 a의 값을 차례대로 나열하면 $\sqrt{2},\ 2,\ 2\sqrt{2},\ 4,\ 4\sqrt{2},\ 8$이므로

모든 a의 값의 곱은

$2^{\frac{1}{2}+1+\frac{3}{2}+2+\frac{5}{2}+3}=2^{\frac{21}{2}}$

답 ③

03 규모가 6.2인 지진의 최대 진폭을 $x_1\ \mu$m, 규모가 3.7인 지진의 최대 진폭을 $x_2\ \mu$m라 하면

$6.2=\log x_1$ ...... ㉠

$3.7=\log x_2$ ...... ㉡

㉠$-$㉡에서 $6.2-3.7=\log x_1-\log x_2$

$2.5=\log \dfrac{x_1}{x_2}$

$\dfrac{x_1}{x_2}=10^{2.5}=100\sqrt{10}$

따라서 규모가 6.2인 지진의 최대 진폭은 규모가 3.7인 지진의 최대 진폭의 $100\sqrt{10}$배이다.

답 ⑤

I. 지수함수와 로그함수

02 지수함수와 로그함수

기본 유형 익히기   유제   본문 23~25쪽

1. ④   **2.** 8   **3.** ②   **4.** ⑤   **5.** ②

6. 4

1.

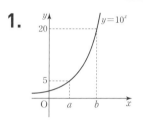

그래프에서 $10^a=5,\ 10^b=20$이므로

로그의 정의에서

$a=\log 5,\ b=\log 20$

따라서 $b-a=\log 20-\log 5$

$\qquad\qquad =\log \dfrac{20}{5}=\log 4=2\log 2$

답 ④

2. $y=9(3^{x-1}+1)$

$\quad =9\times3^{x-1}+9$

$\quad =3^2\times3^{x-1}+9$

$\quad =3^{x+1}+9$

이므로 이 그래프는 함수 $y=3^x$의 그래프를 x축의 방향으로 -1만큼, y축의 방향으로 9만큼 평행이동한 것이다.

따라서 $a=-1,\ b=9$이므로

$a+b=-1+9=8$

답 8

3. $\log_{1.3} A=10,\ \log_{1.3} B=6$이므로

$\log_{1.3} \dfrac{A}{B}=\log_{1.3} A-\log_{1.3} B=10-6=4$

그래프에서 $\log_{1.3} b=4$이므로

$\dfrac{A}{B}=b$

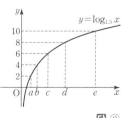

답 ②

4. $A=-\log_{\frac{1}{5}} 6=\log_{\frac{1}{5}} \frac{1}{6}$, $B=1=\log_{\frac{1}{5}} \frac{1}{5}$

$C=2\log_{\frac{1}{5}} \frac{1}{2}=\log_{\frac{1}{5}} \left(\frac{1}{2}\right)^2=\log_{\frac{1}{5}} \frac{1}{4}$

함수 $y=\log_{\frac{1}{5}} x$의 그래프는 x의 값이 증가하면 y의 값은 감소하므로

$\log_{\frac{1}{5}} \frac{1}{4}<\log_{\frac{1}{5}} \frac{1}{5}<\log_{\frac{1}{5}} \frac{1}{6}$

따라서 $C<B<A$

답 ⑤

5. $\left(\frac{1}{4}\right)^x>\left(\frac{1}{8}\right)^2$에서 $\left(\frac{1}{2}\right)^{2x}>\left(\frac{1}{2}\right)^6$

밑 $\frac{1}{2}$은 1보다 작은 수이므로 $2x<6$, $x<3$ ...... ㉠

$\frac{1}{9^{x+1}}<3$에서 $3^{-2x-2}<3$

밑 3은 1보다 큰 수이므로 $-2x-2<1$, $x>-\frac{3}{2}$ ...... ㉡

㉠, ㉡에서 구하는 x의 값의 범위는

$-\frac{3}{2}<x<3$

따라서 정수 x는 -1, 0, 1, 2의 4개이다.

답 ②

6. 진수가 양수이어야 하므로

$x>0$, $x-3>0$에서 $x>3$ ...... ㉠

주어진 방정식에서 $\log_2 x(x-3)=2$

$x(x-3)=2^2$, $x^2-3x-4=0$, $(x+1)(x-4)=0$

$x=-1$ 또는 $x=4$

㉠에서 $x>3$이므로 $x=4$

답 4

유형 확인 본문 26~29쪽

01 ④	02 ⑤	03 ③	04 ⑤	05 ③
06 ⑤	07 ②	08 ③	09 ③	10 15
11 ③	12 ③	13 ④	14 ②	15 ③
16 ③	17 ④	18 2	19 100	20 7
21 ②	22 ④	23 ①	24 1000	

---

01 ①, ②, ③은 $\frac{1}{a}$의 값이 0과 1 사이이므로 a의 값의 범위는 1보다 크다.

④, ⑤는 $\frac{1}{a}$의 값이 1보다 크므로 a의 값의 범위는 0과 1 사이이다.

④, ⑤에서 $\frac{1}{a}$의 값이 클수록 함수의 증가폭이 크므로 ④의 $\frac{1}{a}$의 값이 제일 크다.

따라서 a의 값이 가장 작은 것은 ④이다.

답 ④

02 $f(x)=a^x$에서

$f(2)=\frac{1}{4}$이므로 $a^2=\frac{1}{4}$

$a>0$이므로 $a=\frac{1}{2}$

따라서 $f(x)=\left(\frac{1}{2}\right)^x$이므로

$f(-3)=\left(\frac{1}{2}\right)^{-3}=8$

답 ⑤

03 $f(x)=2^{\frac{x}{2}}$이므로

$f(a)=m$에서 $2^{\frac{a}{2}}=m$, $f(b)=n$에서 $2^{\frac{b}{2}}=n$

$mn=2^{\frac{a}{2}} \times 2^{\frac{b}{2}}=2^{\frac{a+b}{2}}$

$a+b=6$이므로 $mn=2^3=8$

답 ③

04 $y=\left(\frac{1}{2}\right)^{x^2-2x-1}$ 은 밑이 1보다 작으므로 x^2-2x-1의 값이 최소일 때, y는 최댓값을 갖는다.

$x^2-2x-1=(x-1)^2-2$이므로 x^2-2x-1의 값은 $x=1$일 때, 최솟값 -2를 갖는다.

따라서 y의 최댓값은

$y=\left(\frac{1}{2}\right)^{-2}=4$

답 ⑤

05 $y=3^{x-1}+k$의 그래프가 점 $(3, 6)$을 지나므로

$6=3^{3-1}+k=9+k$에서 $k=-3$

따라서 $y=3^{x-1}-3$의 그래프의 점근선의 방정식은 $y=-3$이다.

답 ③

06 $y=a^x+1$ $(a>0,\ a\neq1)$의 그래프를 x축의 방향으로 -2만큼 평행이동한 그래프의 식은

$y=a^{x+2}+1$

이 그래프를 y축에 대하여 대칭이동한 그래프의 식은

$y=a^{-x+2}+1$

$a^0=1$이므로 $y=a^{-x+2}+1$의 그래프는 a의 값에 관계없이 항상 점 $(2,\ 2)$를 지난다. 따라서 $p=2$, $q=2$이므로

$p+q=4$

답 ⑤

07 $2^x=t\,(t>0)$라 하면

$y=t^2-4t+8=(t-2)^2+4$

정의역이 $x\leq2$이므로 $0<t\leq2^2=4$

오른쪽 그림과 같이 y는 $t=4$일 때

최댓값 $M=8$, $t=2$일 때 최솟값

$m=4$를 갖는다.

따라서 $M+m=8+4=12$

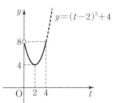

답 ②

08

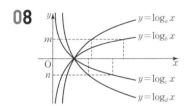

그림에서 $y=\log_a x$, $y=\log_b x$의 그래프는 x의 값이 증가하면 y의 값도 증가하므로 $a>1$, $b>1$이고, $m>0$일 때 $a^m<b^m$이므로 $a<b$

즉, $1<a<b$

$y=\log_c x$, $y=\log_d x$의 그래프는 x의 값이 증가하면 y의 값은 감소하므로

$0<c<1$, $0<d<1$이고,

$n<0$일 때 $d^n<c^n$이므로 $c<d$

즉, $0<c<d<1$

따라서 $0<c<d<1<a<b$이므로

$c<d<a<b$

답 ③

09

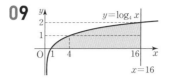

y좌표가 0인 점의 x좌표는 1, 2, 3, $\cdots$, 16의 16개

y좌표가 1인 점의 x좌표는 4, 5, 6, $\cdots$, 16의 13개

y좌표가 2인 점의 x좌표는 16의 1개

따라서 구하는 점의 개수는 $16+13+1=30$(개)

답 ③

10 점 A의 좌표를 $\left(\dfrac{1}{4},\ p\right)$라 하면

$p=\log_{\frac{1}{2}}\dfrac{1}{4}=\log_{\frac{1}{2}}\left(\dfrac{1}{2}\right)^2=2\log_{\frac{1}{2}}\dfrac{1}{2}=2$

점 D의 y좌표는 2이므로 점 D의 좌표를 $(q,\ 2)$라 하면

$2=\log_2 q$에서 $q=2^2=4$

함수 $y=\log_2 x$의 그래프는 함수 $y=\log_{\frac{1}{2}} x$의 그래프를 x축에 대하여 대칭이동한 것이므로 두 점 A, B는 x축에 대하여 서로 대칭이다.

따라서 직사각형 ABCD의 넓이는

$\overline{\mathrm{AB}}\times\overline{\mathrm{AD}}=(2\times2)\times\left(4-\dfrac{1}{4}\right)=4\times\dfrac{15}{4}=15$

답 15

11 함수 $y=\log_{2a-1} x$가 x의 값이 증가할 때, y의 값이 감소하려면 로그함수의 밑 $2a-1$의 값의 범위가 $0<2a-1<1$이어야 한다.

즉, $1<2a<2$에서 $\dfrac{1}{2}<a<1$

답 ③

12 진수가 양수이어야 하므로

$\sqrt{x}>0$, $16-x>0$에서 $0<x<16$ $\qquad\cdots\cdots$ ㉠

$f(x)=\log_2\sqrt{x}+\log_4(16-x)$

$\quad\ \ =\log_4 x+\log_4(16-x)$

$\quad\ \ =\log_4 x(16-x)$

밑 4는 1보다 크므로 진수 $x(16-x)$가 최대일 때, 함수 $f(x)$의 값도 최대이다.

$x(16-x)=-x^2+16x=-(x-8)^2+64$

따라서 $x=8$일 때 함수 $f(x)$는 최댓값 $\log_4 64=3$을 갖는다.

답 ③

13 함수 $y=\log_2 x$의 그래프를 x축의 방향으로 1만큼, y축의 방향으로 3만큼 평행이동하면
$y=\log_2(x-1)+3$
이 그래프가 점 $(p, 7)$을 지나므로
$7=\log_2(p-1)+3$, $\log_2(p-1)=4$
$p-1=2^4$
따라서 $p=2^4+1=17$

답 ④

14 함수 $y=\log_2 4x=\log_2 x+2$의 그래프는 함수 $y=\log_2 x$의 그래프를 y축의 방향으로 2만큼 평행이동한 것이고
$y=\log_2 4x$의 그래프는 점 $(1, 2)$를 지나고 $y=\log_2 x$의 그래프는 점 $(4, 2)$를 지나므로 구하는 넓이는 다음과 같다.

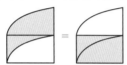

따라서 구하는 넓이는 직사각형의 넓이와 같으므로
$2\times 3=6$

답 ②

15 $\left(\dfrac{1}{8}\right)^x=16\sqrt{2}$, $(2^{-3})^x=2^4\times 2^{\frac{1}{2}}=2^{\frac{9}{2}}$
$2^{-3x}=2^{\frac{9}{2}}$에서 $-3x=\dfrac{9}{2}$
따라서 $x=-\dfrac{3}{2}$

답 ③

16 $25^{x^2-5}\leq 0.2^{5x-2}$, $(5^2)^{x^2-5}\leq\left(\dfrac{1}{5}\right)^{5x-2}$
$5^{2x^2-10}\leq 5^{-5x+2}$
밑 5가 1보다 크므로 $2x^2-10\leq -5x+2$
$2x^2+5x-12\leq 0$, $(x+4)(2x-3)\leq 0$
$-4\leq x\leq\dfrac{3}{2}$
따라서 주어진 부등식을 만족시키는 정수 x는 -4, -3, -2, -1, 0, 1의 6개이다.

답 ③

17 $\left(\dfrac{1}{3}\right)^x<9$에서 $\left(\dfrac{1}{3}\right)^x<\left(\dfrac{1}{3}\right)^{-2}$
밑이 1보다 작은 수이므로 $x>-2$
$4^x<2\sqrt{2}$에서 $2^{2x}<2^{\frac{3}{2}}$

밑이 1보다 큰 수이므로 $2x<\dfrac{3}{2}$
즉, $x<\dfrac{3}{4}$
$A=\{x\,|\,x>-2\}$, $B=\left\{x\,\Big|\,x<\dfrac{3}{4}\right\}$이므로
$A\cap B=\left\{x\,\Big|-2<x<\dfrac{3}{4}\right\}$
따라서 $\alpha=-2$, $\beta=\dfrac{3}{4}$이므로
$\alpha\beta=(-2)\times\dfrac{3}{4}=-\dfrac{3}{2}$

답 ④

18 $4^x=(2^2)^x=(2^x)^2$이고 $2^{x+1}=2\times 2^x$이므로
$2^x=t\,(t>0)$로 놓으면
주어진 방정식은 $t^2-2t-8=0$
$(t+2)(t-4)=0$, $t=-2$ 또는 $t=4$
$t=2^x>0$이므로 $t=4$
따라서 $2^x=4=2^2$에서 $x=2$

답 2

참고
항이 세 개 이상인 지수방정식에서 a^x으로 나타낼 수 있는 항이 반복되어 나오는 경우는 $a^x=t$로 치환하여 풀면 편리한 경우가 많다. t의 값이 양수임에 주의하여 먼저 t의 값을 구한 후 x의 값을 구하면 된다.

19 a분 후의 유산균의 수가 32000마리라 하면
$1000\times 2^{\frac{a}{20}}=32000$
$2^{\frac{a}{20}}=32$, $2^{\frac{a}{20}}=2^5$
따라서 $\dfrac{a}{20}=5$에서 $a=100$이므로 100분 후이다.

답 100

20 진수가 양수이어야 하므로
$x^2-3x-10>0$에서
$(x+2)(x-5)>0$
$x<-2$ 또는 $x>5$ $\qquad\cdots\cdots\text{㉠}$
$x-1>0$에서 $x>1$ $\qquad\cdots\cdots\text{㉡}$
㉠, ㉡을 동시에 만족해야하므로 $x>5$ $\qquad\cdots\cdots\text{㉢}$
$\log_3(x^2-3x-10)=\log_3(x-1)+1$에서
$\log_3(x^2-3x-10)=\log_3(x-1)+\log_3 3$

$\log_3 (x^2 - 3x - 10) = \log_3 3(x-1)$

즉, $x^2 - 3x - 10 = 3(x-1)$

$x^2 - 6x - 7 = 0$, $(x+1)(x-7) = 0$

$x = -1$ 또는 $x = 7$

ⓒ에서 $x > 5$이므로 $x = 7$

답 7

21 진수가 양수이어야 하므로 $x > 0$

$\log_2 x - 2 > 0$에서 $x > 4$ ...... ㉠

$\log_4 (\log_2 x - 2) \leq \dfrac{1}{2}$, $\log_2 x - 2 \leq 4^{\frac{1}{2}} = 2$

$\log_2 x \leq 4$에서 $x \leq 2^4 = 16$ ...... ㉡

따라서 ㉠, ㉡을 모두 만족시키는 x의 값의 범위는 $4 < x \leq 16$

이므로 구하는 정수의 개수는

$16 - 4 = 12$

답 ②

22 진수가 양수이어야 하므로

$x > 0$, $x - 15 > 0$에서 $x > 15$ ...... ㉠

$\log x + \log (x-15) \leq 2$

$\log x(x-15) \leq \log 10^2$

밑이 10으로 1보다 크므로

$x(x-15) \leq 100$, $x^2 - 15x - 100 \leq 0$

$(x+5)(x-20) \leq 0$

$-5 \leq x \leq 20$ ...... ㉡

㉠, ㉡을 모두 만족해야 하므로 구하는 부등식의 해는

$15 < x \leq 20$

따라서 정수 x는 16, 17, 18, 19, 20의 5개이다.

답 ④

23 $(\log_2 4x)(\log_2 8x) - 12 = 0$

$(2 + \log_2 x)(3 + \log_2 x) - 12 = 0$

$\log_2 x = t$로 놓으면

$(t+2)(t+3) - 12 = 0$

$t^2 + 5t - 6 = 0$, $(t-1)(t+6) = 0$

$t = 1$ 또는 $t = -6$

즉, $t = 1$일 때 $\log_2 x = 1$에서 $x = 2$

$t = -6$일 때 $\log_2 x = -6$에서 $x = 2^{-6}$

따라서 주어진 로그방정식의 두 근 α, β는 2, 2^{-6}이므로

$\alpha\beta = 2^{-5} = \dfrac{1}{32}$

답 ①

참고

$\log_a x$가 반복될 때는 $\log_a x = t$로 치환하여 풀면 편리한 경우가 많다. t에 관한 방정식을 풀어 먼저 t의 값을 구한 후 x의 값을 구하면 된다.

24 $90 = 10\left(12 + \log \dfrac{a}{1000^2}\right)$에서

$9 = 12 + \log \dfrac{a}{(10^3)^2}$, $\log \dfrac{a}{10^6} = -3$

$\dfrac{a}{10^6} = 10^{-3}$

따라서 $a = 10^6 \times 10^{-3} = 10^3 = 1000$

답 1000

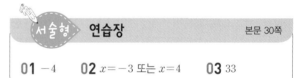

서술형 **연습장** 본문 30쪽

01 -4　　**02** $x = -3$ 또는 $x = 4$　　**03** 33

01 $y = \log_{\frac{1}{2}} (x^2 + 4x + 8)$에서 밑이 1보다 작으므로 진수가 커지면 y의 값은 작아진다.

즉, 진수가 최소일 때, y의 값은 최대가 된다. ...... ❶

$x^2 + 4x + 8 = (x+2)^2 + 4$에서

$x = -2$일 때 진수의 최솟값은 4이므로

y의 최댓값은 $\log_{\frac{1}{2}} 4 = \log_{2^{-1}} 2^2 = -2$

따라서 $a = -2$, $b = -2$이므로 ...... ❷

$a + b = -4$ ...... ❸

답 -4

단계	채점 기준	비율
❶	진수가 최소일 때, y의 값이 최대임을 나타낸 경우	30 %
❷	a, b의 값을 구한 경우	60 %
❸	$a + b$의 값을 구한 경우	10 %

02 $20^x=(4\times5)^x=4^x\times5^x=(2^2)^x\times5^x=2^{2x}\times5^x$이므로

$2^{2x}\times5^{x^2-12}=2^{2x}\times5^x$ ...... ❶

$2^{2x}>0$이므로 양변을 2^{2x}으로 나누면

$5^{x^2-12}=5^x$

$x^2-12=x$ ...... ❷

$x^2-x-12=0$, $(x+3)(x-4)=0$

따라서 $x=-3$ 또는 $x=4$ ...... ❸

답 $x=-3$ 또는 $x=4$

단계	채점 기준	비율
❶	주어진 식의 밑을 2와 5로 나타낸 경우	30 %
❷	x에 대한 방정식을 구한 경우	30 %
❸	x의 값을 구한 경우	40 %

03 함수 $y=f(x)$의 그래프와 함수 $y=\log_2(x-1)$의 그래프가 직선 $y=x$에 대하여 대칭이므로 점 P$(2, b)$를 직선 $y=x$에 대하여 대칭이동한 점 P$'(b, 2)$는 곡선 $y=\log_2(x-1)$ 위의 점이다. ...... ❶

$2=\log_2(b-1)$에서 $b-1=2^2=4$

$b=5$ ...... ❷

점 Q(a, b)는 곡선 $y=\log_2(x-1)$ 위의 점이므로

$5=\log_2(a-1)$에서 $a-1=2^5$

따라서 $a=2^5+1=33$ ...... ❸

답 33

단계	채점 기준	비율
❶	점 $(b, 2)$가 곡선 $y=\log_2(x-1)$ 위의 점임을 나타낸 경우	30 %
❷	b의 값을 구한 경우	30 %
❸	a의 값을 구한 경우	40 %

다른풀이

$y=\log_2(x-1)$에서 로그의 정의에 의하여

$2^y=x-1$, $x=2^y+1$

여기서 x와 y를 바꾸면 $y=2^x+1$

따라서 $f(x)=2^x+1$ ...... ❶

점 P$(2, b)$는 곡선 $y=f(x)$ 위의 점이므로

$b=2^2+1=5$ ...... ❷

점 Q(a, b)는 곡선 $y=\log_2(x-1)$ 위의 점이므로

$5=\log_2(a-1)$

$a-1=2^5$

따라서 $a=2^5+1=33$ ...... ❸

단계	채점 기준	비율
❶	함수 $f(x)$의 식을 구한 경우	30 %
❷	b의 값을 구한 경우	30 %
❸	a의 값을 구한 경우	40 %

내신 + 수능 Plus — 고난도 문항   본문 31쪽

01 2018   **02** ③   **03** 37

01 P$(4, 2)$이므로 P$_1(4, 0)$

$2^x=2$에서 $x=1$이므로 P$_2(1, 2)$, P$_3(1, 0)$

$a=2^n$일 때

Q$(2^n, n)$이므로 Q$_1(2^n, 0)$

$2^x=n$에서 $x=\log_2 n$이므로 Q$_2(\log_2 n, n)$, Q$_3(\log_2 n, 0)$

$S(2^n)=\overline{PP_1}\times\overline{P_1Q_3}=2\times(4-\log_2 n)=2$에서

$\log_2 n=3$이므로 $n=2^3=8$

따라서 $D(2^n)=D(2^8)=\square Q_1QQ_2Q_3-\square P_1PP_2P_3$

$\qquad\qquad=\overline{QQ_1}\times\overline{QQ_2}-\overline{PP_1}\times\overline{PP_2}$

$\qquad\qquad=8\times(2^8-\log_2 8)-2\times(4-1)$

$\qquad\qquad=8\times(256-3)-6$

$\qquad\qquad=2018$

답 2018

02 $\overline{AC}=\log_2 k$, $\overline{BC}=-\log_a k$이고

$\overline{AC}:\overline{BC}=2:5$이므로

$-2\log_a k=5\log_2 k=c$(c는 상수)

$-2\log_a k=c$에서 $\log_a k=-\dfrac{c}{2}$, $k=a^{-\frac{c}{2}}$ ...... ㉠

$5\log_2 k=c$에서 $\log_2 k=\dfrac{c}{5}$, $k=2^{\frac{c}{5}}$ ...... ㉡

㉠, ㉡에서 $a^{-\frac{c}{2}}=2^{\frac{c}{5}}$, $a=2^{-\frac{2}{5}}$

$a^n<\dfrac{1}{100}$에서 $(2^{-\frac{2}{5}})^n<10^{-2}$, $2^{-\frac{n}{5}}<10^{-1}$, $2^{\frac{n}{5}}>10$

양변에 상용로그를 취하면

$\dfrac{n}{5}\log 2>1$, $n>\dfrac{5}{\log 2}=\dfrac{5}{0.3010}=16.6\cdots$

따라서 주어진 부등식을 만족시키는 자연수 n의 최솟값은 17이다.

답 ③

03 정수 작업을 1회 할 때마다 $x\%$의 불순물을 제거할 수 있으므로 남아있는 불순물의 양은 $(100-x)\%$이다.

정수 작업 전 불순물의 양을 $A(A>0)$라 하면

1회 정수 작업을 한 후 남아있는 불순물의 양은

$$A-\frac{x}{100}A=\left(1-\frac{x}{100}\right)A=\left(\frac{100-x}{100}\right)A$$

2회 정수 작업을 한 후 남아있는 불순물의 양은

$$\left(\frac{100-x}{100}\right)A-\frac{x}{100}\left(\frac{100-x}{100}\right)A$$

$$=\left(1-\frac{x}{100}\right)\left(\frac{100-x}{100}\right)A=\left(\frac{100-x}{100}\right)^2 A$$

$$\vdots$$

5회 정수 작업을 한 후 남아있는 불순물의 양은 $\left(\frac{100-x}{100}\right)^5 A$

따라서

$$\left(\frac{100-x}{100}\right)^5 A\leq\frac{1}{10}A,\ \frac{(100-x)^5}{10^{10}}\leq\frac{1}{10},\ (100-x)^5\leq 10^9$$

양변에 상용로그를 취하면

$$5\log(100-x)\leq 9$$

$$\log(100-x)\leq 1.8=1+0.8$$

$$=\log 10+\log 6.31$$

$$=\log 63.1$$

따라서 $100-x\leq 63.1$에서 $x\geq 36.9$이므로 자연수 x의 최솟값은 37이다.

답 37

대단원 종합 문제

01 ③	**02** ①	**03** ④	**04** ④	**05** ③
06 4	**07** ③	**08** 3	**09** 39	**10** 13
11 ④	**12** ①	**13** 28	**14** ①	**15** 12
16 ④	**17** ③	**18** 99	**19** ②	**20** ③
21 ③	**22** 22	**23** 5	**24** 14	**25** 5

01 $\sqrt[3]{\sqrt{8}}=\sqrt[6]{8}=\sqrt{2}$

$\dfrac{\sqrt[4]{36}}{\sqrt{3}}=\dfrac{\sqrt[4]{6^2}}{\sqrt{3}}=\dfrac{\sqrt{6}}{\sqrt{3}}=\sqrt{\dfrac{6}{3}}=\sqrt{2}$

따라서 $\sqrt[3]{\sqrt{8}}+\dfrac{\sqrt[4]{36}}{\sqrt{3}}=\sqrt{2}+\sqrt{2}=2\sqrt{2}$

답 ③

02 $A=\sqrt{2}=\sqrt[2\times 6]{2^6}=\sqrt[12]{64}$

$B=\sqrt[3]{3}=\sqrt[3\times 4]{3^4}=\sqrt[12]{81}$

$C=\sqrt[4]{5}=\sqrt[4\times 3]{5^3}=\sqrt[12]{125}$

따라서 $A<B<C$

답 ①

참고

$\sqrt{2}$, $\sqrt[3]{3}$, $\sqrt[4]{5}$에서 2, 3, 4의 최소공배수는 12이므로 $\sqrt[n]{a^m}=\sqrt[np]{a^{mp}}$을 이용하여 A, B, C를 모두 $\sqrt[12]{a}$의 꼴로 고친다.

03 $\log_2 A=21$에서 $A=2^{21}$

$\log_4 B=6$에서 $B=4^6=(2^2)^6=2^{12}$

따라서 $\dfrac{A}{B}=\dfrac{2^{21}}{2^{12}}=2^{21-12}=2^9$이므로

$n=9$

답 ④

04 $\log_{\sqrt{a}}\sqrt[4]{8}=3$에서 $(\sqrt{a})^3=\sqrt[4]{8}$

$a^{\frac{3}{2}}=2^{\frac{3}{4}}$

따라서 $a=\left(2^{\frac{3}{4}}\right)^{\frac{2}{3}}=2^{\frac{1}{2}}=\sqrt{2}$

답 ④

다른풀이

$\log_{\sqrt{a}}\sqrt[4]{8}=\log_{a^{\frac{1}{2}}}2^{\frac{3}{4}}=\dfrac{3}{2}\log_a 2=3$

$\log_a 2=2$, $a^2=2$

이때 $a>0$이므로 $a=\sqrt{2}$

05 $\log_2 9\times\log_3\sqrt{8}=2\log_2 3\times\dfrac{\log_2\sqrt{8}}{\log_2 3}$

$$=2\log_2\sqrt{8}$$

$$=\log_2 8$$

$$=\log_2 2^3=3$$

답 ③

06 $y=2^{x-1}\times 3^{3-x}$

$$=2^x\times 2^{-1}\times 3^3\times 3^{-x}$$

$$=\dfrac{3^3\times 2^x}{2\times 3^x}$$

$$=\dfrac{27}{2}\left(\dfrac{2}{3}\right)^x$$

밑이 1보다 작으므로 x의 값이 증가하면 y의 값은 감소한다.

따라서 $-1\leq x\leq 3$에서 y의 최솟값은 $x=3$일 때이므로

$$\dfrac{27}{2}\left(\dfrac{2}{3}\right)^3=4$$

답 4

07 $3^{x-5}<\sqrt{27}<\left(\dfrac{1}{9}\right)^{-x-1}$ 에서

$3^{x-5}<3^{\frac{3}{2}}<3^{2x+2}$

밑이 1보다 큰 수이므로

$x-5<\dfrac{3}{2}<2x+2$

$x-5<\dfrac{3}{2}$ 에서 $x<\dfrac{13}{2}$ ...... ㉠

$\dfrac{3}{2}<2x+2$ 에서 $-\dfrac{1}{4}<x$ ...... ㉡

㉠, ㉡에서

$-\dfrac{1}{4}<x<\dfrac{13}{2}$

따라서 부등식을 만족시키는 정수는 0, 1, 2, 3, 4, 5, 6의 7개이다.

답 ③

08 진수가 양수이어야 하므로

$3x+7>0,\ x+1>0$

즉, $x>-\dfrac{7}{3},\ x>-1$ 이므로

$x>-1$ ...... ㉠

주어진 방정식에서

$\log_3(3x+7)=\log_3(x+1)^2$

$3x+7=(x+1)^2,\ x^2-x-6=0$

$(x+2)(x-3)=0,\ x=-2$ 또는 $x=3$

㉠에서 $x>-1$ 이므로 $x=3$

답 3

09 a가 3의 거듭제곱이므로 $a=3^n$ (n은 자연수)이라 놓으면

$18^4\times(2a)^{-3}\div24^{-2}=(2\times3^2)^4\times(2\times3^n)^{-3}\times(2^3\times3)^2$

$\qquad=2^{4-3+6}\times3^{8-3n+2}$

$\qquad=2^7\times3^{10-3n}$

따라서 $18^4\times(2a)^{-3}\div24^{-2}$의 값이 정수가 되려면 $10-3n\geq0$ 이어야 하므로

$n=1,\ 2,\ 3$

즉, a는 3, 3^2, 3^3이므로 그 합은

$3+9+27=39$

답 39

10 $\dfrac{a^{3x}-a^{-3x}}{a^x+a^{-x}}=\dfrac{(a^{3x}-a^{-3x})\times a^x}{(a^x+a^{-x})\times a^x}$

$\qquad=\dfrac{a^{3x+x}-a^{-3x+x}}{a^{x+x}+a^{-x+x}}$

$\qquad=\dfrac{a^{4x}-a^{-2x}}{a^{2x}+1}$

$\qquad=\dfrac{(a^{2x})^2-\dfrac{1}{a^{2x}}}{a^{2x}+1}$

$\qquad=\dfrac{2^2-\dfrac{1}{2}}{2+1}$

$\qquad=\dfrac{\dfrac{7}{2}}{3}=\dfrac{7}{6}$

따라서 $p=6,\ q=7$이므로 $p+q=6+7=13$

답 13

11 $\log_2\{\log_3(\log_4 x)\}=0$에서 $\log_3(\log_4 x)=1$

$\log_3(\log_4 x)=1$에서 $\log_4 x=3$

따라서 $x=4^3=(2^2)^3=2^6$이므로

$\log_{\sqrt{2}} x=\log_{2^{\frac{1}{2}}}2^6=\dfrac{6}{\dfrac{1}{2}}\log_2 2=12$

답 ④

12 $\dfrac{1}{\log_a c+\log_a d}+\dfrac{1}{\log_b c+\log_b d}$

$=\dfrac{1}{\log_a cd}+\dfrac{1}{\log_b cd}$

$=\log_{cd} a+\log_{cd} b$

$=\log_{cd} ab$

$=2$

이므로 $ab=(cd)^2$

따라서 $\dfrac{\log\sqrt{c}+\log\sqrt{d}}{\log a+\log b}=\dfrac{\dfrac{1}{2}\log c+\dfrac{1}{2}\log d}{\log a+\log b}$

$\qquad=\dfrac{\dfrac{1}{2}\log cd}{\log ab}$

$\qquad=\dfrac{\dfrac{1}{2}\log cd}{\log(cd)^2}$

$\qquad=\dfrac{\dfrac{1}{2}\log cd}{2\log cd}=\dfrac{1}{4}$

답 ①

13 $y=2^x-5$의 그래프는 $y=2^x$의 그래프를 y축의 방향으로 -5만큼 평행이동한 것이므로 오른쪽 그림과 같다.

$y=-3^x+10$의 그래프는 $y=3^x$의 그래프를 x축에 대하여 대칭이동하고 y축의 방향으로 10만큼 평행이동한 것이므로 오른쪽 그림과 같다.

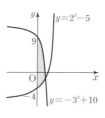

따라서 두 곡선 $y=2^x-5$, $y=-3^x+10$과 y축으로 둘러싸인 부분은 그림의 어두운 부분이다.

$f(x)=2^x-5$, $g(x)=-3^x+10$이라 하고

$x=k(k=0,\ 1,\ 2,\ \cdots)$일 때, $f(k) \leq y \leq g(k)$를 만족시키는 정수 y의 개수를 a_k라 하면

$x=0$일 때, $g(0)-f(0)=9-(-4)=13$에서 $a_0=14$

$x=1$일 때, $g(1)-f(1)=7-(-3)=10$에서 $a_1=11$

$x=2$일 때, $g(2)-f(2)=1-(-1)=2$에서 $a_2=3$

$x=3$일 때, $g(3)<f(3)$이므로 $a_3=0$

$a_4=a_5=a_6=\cdots=0$

따라서 구하는 순서쌍 $(x,\ y)$의 개수는

$a_0+a_1+a_2=14+11+3=28$

답 28

14 $y=\log_a x$와 $y=\log_b x$는 모두 감소함수이므로

$0<a<1$, $0<b<1$

즉, $0<a^b<1$

$0<x<1$일 때 $\log_b x>\log_a x$이므로 $a<b$이다.

즉, $\dfrac{b}{a}>1$

따라서 함수 $y=\left(\dfrac{b}{a}\right)^x-a^b$의 그래프의 개형은 오른쪽 그림과 같다.

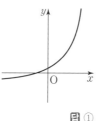

답 ①

15 $y=\log_2(x-5)+8$의 정의역은 $x>5$이므로 역함수 $y=f(x)$의 치역은 $y>5$이다.

$y=\log_{\frac{1}{3}}(3-x)+2$의 정의역은 $x<3$이므로 역함수 $y=g(x)$의 치역은 $y<3$이다.

따라서 모든 실수 x에 대하여 $g(x)<n<f(x)$를 만족시키는 정수 n은 3, 4, 5이고 그 합은 12이다.

답 12

다른풀이

$y=\log_2(x-5)+8$에서 $x-5=2^{y-8}$, $x=2^{y-8}+5$

즉, $f(x)=2^{x-8}+5$

$y=\log_{\frac{1}{3}}(3-x)+2$에서 $3-x=\left(\dfrac{1}{3}\right)^{y-2}$, $x=-\left(\dfrac{1}{3}\right)^{y-2}+3$

즉, $g(x)=-\left(\dfrac{1}{3}\right)^{x-2}+3$

따라서 $f(x)>5$, $g(x)<3$이므로 $g(x)<n<f(x)$를 만족시키는 정수 n은 3, 4, 5이고 그 합은 12이다.

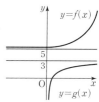

16 $4^x-3\times2^{x+1}+k+5=0$에서

$4^x=(2^x)^2$이고 $2^{x+1}=2\times2^x$이므로

$2^x=t(t>0)$로 놓으면

$t^2-6t+k+5=0$ ⋯⋯ ㉠

따라서 방정식 ㉠이 $t>0$에서 서로 다른 두 실근을 가지려면 다음 세 조건을 만족해야 한다.

(i) $\dfrac{D}{4}>0$에서 $\dfrac{D}{4}=9-(k+5)>0$

　　$k<4$ ⋯⋯ ㉡

(ii) (두 근의 합)$=6>0$

(iii) (두 근의 곱)$=k+5>0$, $k>-5$ ⋯⋯ ㉢

㉡, ㉢에서 $-5<k<4$

따라서 정수 k는 -4, -3, -2, -1, 0, 1, 2, 3의 8개이다.

답 ④

17 2019년도 가격을 a원이라 하면

1년 후의 가격은 $(1+0.08)a$

2년 후의 가격은 $(1+0.08)^2a$

　　　　　⋮

n년 후의 가격은 $(1+0.08)^na$가 되므로

$1.08^na\geq2a$에서 $1.08^n\geq2$

양변에 상용로그를 취하면 $n\log1.08\geq\log2$

$n\log\dfrac{108}{100}\geq\log2$

$n\log(3^3\times2^2\times10^{-2})\geq\log2$

$n(3\log3+2\log2-2)\geq\log2$

$n(3\times0.4771+2\times0.3010-2)\geq0.3010$

$n\geq\dfrac{0.3010}{0.0333}=9.03\cdots$

따라서 최소 10년 후인 2029년부터 놀이공원 입장료의 가격이 2배 이상이 된다.

답 ③

18 $\sqrt{\dfrac{\sqrt[3]{n^4}}{\sqrt[4]{n}}} \times \sqrt[4]{\dfrac{\sqrt{n}}{\sqrt[3]{n^4}}} = \left(\dfrac{n^{\frac{4}{3}}}{n^{\frac{1}{4}}}\right)^{\frac{1}{2}} \times \left(\dfrac{n^{\frac{1}{2}}}{n^{\frac{4}{3}}}\right)^{\frac{1}{4}}$

$$= \left(n^{\frac{4}{3}-\frac{1}{4}}\right)^{\frac{1}{2}} \times \left(n^{\frac{1}{2}-\frac{4}{3}}\right)^{\frac{1}{4}}$$

$$= n^{\frac{13}{12}\times\frac{1}{2}-\frac{5}{6}\times\frac{1}{4}}$$

$$= n^{\frac{1}{3}}$$

즉, $n=k^{3l}$ (k, l은 자연수)의 꼴을 만족해야 한다.

따라서 n은 2 이상 100 이하의 자연수이므로 $n=2^3$, $2^6(=4^3)$, 3^3이고, 그 합은

$8+64+27=99$

답 99

19 $2^{x+1}+2^y=a$ ······ ㉠

$2^x-2^{y+1}=1$ ······ ㉡

㉠ $\times 2+$㉡에서 $2^{x+2}+2^x=2a+1$, $5\times2^x=2a+1$ ······ ㉢

㉠ $-$㉡ $\times 2$에서 $2^y+2^{y+2}=a-2$, $5\times2^y=a-2$ ······ ㉣

㉢ $\times$㉣에서 $25\times2^{x+y}=(2a+1)(a-2)$

위 식에 $x+y=2$를 대입하면 $100=2a^2-3a-2$

따라서 $2a^2-3a=102$

답 ②

20 ㄱ. $2^3=8\times10^0$이므로 $f(3)=0$

$2^4=16=1.6\times10^1$이므로 $f(4)=1$

따라서 $f(3)<f(4)$ (참)

ㄴ. $2^6=64=6.4\times10^1$이므로 $g(6)=\log 6.4$

$2^7=128=1.28\times10^2$이므로 $g(7)=\log 1.28$

$\log 6.4>\log 1.28$이므로 $g(6)>g(7)$ (거짓)

ㄷ. 모든 자연수 n에 대하여

$\log 2^n=\log (b\times10^a)=a+\log b=f(n)+g(n)$

$\log 2^{n+1}=\log (b'\times10^{a'})=a'+\log b'$

$\qquad\qquad =f(n+1)+g(n+1)$

$\log 2^{n+1}>\log 2^n$이므로

$f(n+1)+g(n+1)>f(n)+g(n)$

따라서 $f(n+1)-f(n)>g(n)-g(n+1)$ (참)

그러므로 옳은 것은 ㄱ, ㄷ이다.

답 ③

21 ㄱ. $1<a<b$에서 $\log_b a<1$, $1<\log_a b$

따라서 $\log_b a<\log_a b$ (참)

ㄴ. $0<a-1<b-1<1$에서

$0<\log_{(a-1)}(b-1)<1$ (거짓)

ㄷ. $0<a-1<b-1<1$이므로 $y=\log_{(a-1)}x$, $y=\log_{(b-1)}x$의 그래프는 오른쪽과 같다.

$\log_{(a-1)}a>\log_{(b-1)}b$

(참)

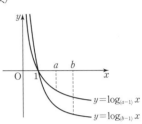

따라서 옳은 것은 ㄱ, ㄷ이다.

답 ③

22 함수 $y=\log_{\frac{1}{2}}2\left(x-\dfrac{p}{2}\right)$의 그래프의 점근선은 직선 $x=\dfrac{p}{2}$이므로 이 점근선이 직선 $x=4$보다 왼쪽에 있을 때 함수 $y=\log_{\frac{1}{2}}(2x-p)$의 그래프와 직선 $x=4$가 한 점에서 만난다.

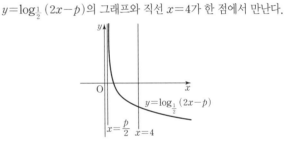

즉, $\dfrac{p}{2}<4$에서 $p<8$ ······ ㉠

$p>0$일 때 함수 $y=|2^{-x}-p|$의 그래프의 점근선은 직선 $y=p$이므로 이 점근선이 직선 $y=3$보다 위쪽에 있을 때, 함수 $y=|2^{-x}-p|$의 그래프와 직선 $y=3$이 두 점에서 만난다.

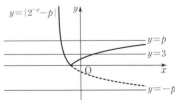

즉, $p>3$ ······ ㉡

㉠, ㉡에서 p의 값의 범위는 $3<p<8$

따라서 정수 p의 값은 4, 5, 6, 7이므로 그 합은

$4+5+6+7=22$

답 22

23 조건 (가), (나)에 의하여 함수 $y=f(x)$의 그래프는 실수 전체의 집합에서 다음 그림과 같다.

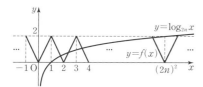

$y=\log_{2n} x$의 그래프는 두 점 $(1, 0)$, $((2n)^2, 2)$를 지나므로 $y=f(x)$의 그래프와 $\{(2n)^2-1\}$개의 점에서 만난다.
$(2n)^2-1=99$, $(2n)^2=100$, $2n=10$, $n=5$

답 5

24 $\sqrt[m]{\sqrt{4}}\times\sqrt[n]{\sqrt[3]{2}}=(2^2)^{\frac{1}{2m}}\times 2^{\frac{1}{3n}}=2^{\frac{1}{m}+\frac{1}{3n}}=2^{\frac{1}{4}}$

$\dfrac{1}{m}+\dfrac{1}{3n}=\dfrac{1}{4}$ ...... ❶

$12n+4m=3mn$, $(m-4)(3n-4)=16$ ...... ㉠

m, n은 2 이상의 자연수이므로
등식 ㉠을 만족시키는 m, n의 값은
$m=6$, $n=4$ 또는 $m=12$, $n=2$ ...... ❷

따라서 $m+n$의 최댓값은 $m=12$, $n=2$일 때
$m+n=12+2=14$ ...... ❸

답 14

단계	채점 기준	비율
❶	지수법칙을 이용하여 등식을 구한 경우	40 %
❷	m, n의 값을 구한 경우	40 %
❸	$m+n$의 최댓값을 구한 경우	20 %

25 $y=\log_3(x+1)$에서 $3^y=x+1$, $x=3^y-1$
x와 y를 서로 바꾸면 $y=3^x-1$
따라서 $f(x)=3^x-1$ ...... ㉠ ...... ❶
$f(2x)+f(x+1)-52=0$
$3^{2x}-1+3^{x+1}-1-52=0$
$(3^x)^2+3\times3^x-54=0$, $(3^x-6)(3^x+9)=0$
$3^x>0$이므로 $3^x=6$, 즉 $\alpha=\log_3 6$ ...... ❷
이것을 ㉠에 대입하면
$f(\alpha)=3^\alpha-1=3^{\log_3 6}-1=6-1=5$ ...... ❸

답 5

단계	채점 기준	비율
❶	$f(x)$를 구한 경우	30 %
❷	α의 값을 구한 경우	50 %
❸	$f(\alpha)$의 값을 구한 경우	20 %

03 삼각함수의 뜻과 그래프

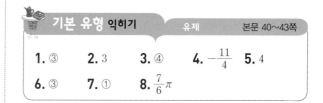

기본 유형 익히기   유제   본문 40~43쪽

1. ③   **2.** 3   **3.** ④   **4.** $-\dfrac{11}{4}$ **5.** 4

6. ③   **7.** ①   **8.** $\dfrac{7}{6}\pi$

1. θ를 나타내는 동경과 3θ를 나타내는 동경이 y축에 대하여
대칭이므로 $\theta+3\theta=2n\pi+\pi$ (n은 정수)에서

$\theta=\dfrac{2n+1}{4}\pi$

$0<\theta<\pi$이므로

$n=0$일 때 $\theta=\dfrac{\pi}{4}$

$n=1$일 때 $\theta=\dfrac{3}{4}\pi$

따라서 θ의 값을 모두 합하면

$\dfrac{\pi}{4}+\dfrac{3}{4}\pi=\pi$

답 ③

2. 원뿔의 밑면의 반지름의 길이를 r라 하면 원뿔의 밑면의
둘레의 길이는 $2\pi r$
옆면의 전개도인 부채꼴의 반지름의 길이는 원뿔의 모선의 길
이인 10이고 중심각의 크기가 $\dfrac{3}{5}\pi$이므로

부채꼴의 호의 길이는 $10\times\dfrac{3}{5}\pi=6\pi$

원뿔의 밑면의 둘레의 길이는 옆면의 전개도인 부채꼴의 호의
길이와 같으므로
$2\pi r=6\pi$에서 $r=3$

답 3

3. $\sin\theta\cos\theta<0$을 만족시키려면
$\sin\theta>0$, $\cos\theta<0$ 또는 $\sin\theta<0$, $\cos\theta>0$
$\sin\theta>0$, $\cos\theta<0$인 각 θ는 제2사분면의 각이고,
$\sin\theta<0$, $\cos\theta>0$인 각 θ는 제4사분면의 각이다.
따라서 $\sin\theta\cos\theta<0$인 각 θ는 제2사분면 또는 제4분면의 각
이다.

답 ④

4. $x^2-x+k=0$의 두 근이 $\sin\theta+2\cos\theta$,
$\sin\theta-2\cos\theta$이므로 이차방정식의 근과 계수의 관계에서
(두 근의 합)$=2\sin\theta=1$, $\sin\theta=\dfrac{1}{2}$
(두 근의 곱)$=\sin^2\theta-4\cos^2\theta=k$
따라서
$k=\sin^2\theta-4(1-\sin^2\theta)=5\sin^2\theta-4$
$\quad=5\times\left(\dfrac{1}{2}\right)^2-4=-\dfrac{11}{4}$

目 $-\dfrac{11}{4}$

5. $f(x)=2\cos(4x-3)$이라 하면
$f(x)=2\cos(4x-3)=2\cos(4x-3+2\pi)$
$\quad=2\cos\left\{4\left(x+\dfrac{\pi}{2}\right)-3\right\}=f\left(x+\dfrac{\pi}{2}\right)$
이므로 함수 $y=2\cos(4x-3)$의 주기는 $\dfrac{\pi}{2}$이다. 즉, $a=\dfrac{1}{2}$
$g(x)=\tan\dfrac{x}{2}+2$라 하면
$g(x)=\tan\dfrac{x}{2}+2=\tan\left(\dfrac{x}{2}+\pi\right)+2$
$\quad=\tan\dfrac{1}{2}(x+2\pi)+2=g(x+2\pi)$
이므로 함수 $y=\tan\dfrac{x}{2}+2$의 주기는 2π이다. 즉, $b=2$
따라서 $\dfrac{b}{a}=\dfrac{2}{\frac{1}{2}}=4$

目 4

6. $\sin330°=\sin(360°-30°)=\sin(-30°)$
$\qquad\qquad=-\sin30°=-\dfrac{1}{2}$
$\cos120°=\cos(90°+30°)=-\sin30°=-\dfrac{1}{2}$
$\tan225°=\tan(180°+45°)=\tan45°=1$
따라서
$\sin330°+\cos120°+\tan225°=-\dfrac{1}{2}+\left(-\dfrac{1}{2}\right)+1=0$

目 ③

참고
$\sin330°=\sin(180°+150°)=-\sin150°$
$\qquad\qquad=-\sin(90°+60°)=-\cos60°=-\dfrac{1}{2}$

7. 방정식 $2\cos x+\sqrt{3}=0$에서 $\cos x=-\dfrac{\sqrt{3}}{2}$이므로
주어진 방정식의 해는 그림과 같이 함수 $y=\cos x$의 그래프와
직선 $y=-\dfrac{\sqrt{3}}{2}$과의 교점의 x좌표와 같다.

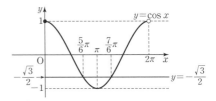

즉, 구하는 방정식의 해는 $x=\dfrac{5}{6}\pi$ 또는 $x=\dfrac{7}{6}\pi$
$\alpha<\beta$이므로 $\alpha=\dfrac{5}{6}\pi$, $\beta=\dfrac{7}{6}\pi$
따라서 $\beta-\alpha=\dfrac{7}{6}\pi-\dfrac{5}{6}\pi=\dfrac{\pi}{3}$

目 ①

8. 부등식 $2\sin x-1<0$에서 $\sin x<\dfrac{1}{2}$이므로
주어진 부등식의 해는 함수 $y=\sin x$의 그래프가 직선 $y=\dfrac{1}{2}$
보다 아래에 있는 x의 값의 범위와 같다.

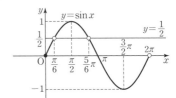

즉, 구하는 부등식의 해는 $0\le x<\dfrac{\pi}{6}$ 또는 $\dfrac{5}{6}\pi<x<2\pi$
따라서 $\alpha=\dfrac{\pi}{6}$, $\beta=\dfrac{5}{6}\pi$이므로
$2\alpha+\beta=2\times\dfrac{\pi}{6}+\dfrac{5}{6}\pi=\dfrac{7}{6}\pi$

目 $\dfrac{7}{6}\pi$

유형 확인				본문 44~47쪽
01 ④	**02** ③	**03** ⑤	**04** ②	**05** ②
06 ④	**07** ②	**08** ⑤	**09** ⑤	**10** ②
11 ②	**12** ④	**13** ③	**14** ⑤	**15** ③
16 ②	**17** ③	**18** ③	**19** ③	**20** ⑤
21 ④	**22** ④	**23** ③	**24** ①	

01 ① $-1000° = 360° \times (-3) + 80°$

② $-500° = 360° \times (-2) + 220°$

③ $500° = 360° \times 1 + 140°$

④ $1000° = 360° \times 2 + 280°$

⑤ $2000° = 360° \times 5 + 200°$

따라서 α의 값이 가장 큰 것은 ④이다.

답 ④

02 $-460° = 360° \times (-2) + 260°$

이므로 $-460°$는 제3사분면의 각이다.

ㄱ. $\dfrac{4}{3}\pi = \dfrac{4}{3}\pi \times \dfrac{180°}{\pi} = 240°$이므로

$\dfrac{4}{3}\pi$는 제3사분면의 각이다.

ㄴ. $\dfrac{7}{4}\pi = \dfrac{7}{4}\pi \times \dfrac{180°}{\pi} = 315°$이므로

$\dfrac{7}{4}\pi$는 제4사분면의 각이다.

ㄷ. $-\dfrac{9}{5}\pi = -2\pi + \dfrac{\pi}{5}$이고 $\dfrac{\pi}{5} = \dfrac{\pi}{5} \times \dfrac{180°}{\pi} = 36°$이므로

$-\dfrac{9}{5}\pi$는 제1사분면의 각이다.

ㄹ. $-\dfrac{29}{6}\pi = -6\pi + \dfrac{7}{6}\pi$이고 $\dfrac{7}{6}\pi = \dfrac{7}{6}\pi \times \dfrac{180°}{\pi} = 210°$

이므로 $-\dfrac{29}{6}\pi$는 제3사분면의 각이다.

따라서 $-460°$와 같은 사분면에 속하는 각은 ㄱ, ㄹ이다.

답 ③

03 θ가 제4사분면의 각이므로

$2n\pi + \dfrac{3\pi}{2} < \theta < 2n\pi + 2\pi$ (n은 정수)에서

$\dfrac{2n\pi}{3} + \dfrac{\pi}{2} < \dfrac{\theta}{3} < \dfrac{2n\pi}{3} + \dfrac{2\pi}{3}$

정수 k에 대하여 $\dfrac{\theta}{3}$의 동경이 존재하는 사분면은 다음과 같다.

(i) $n = 3k$이면

$2k\pi + \dfrac{\pi}{2} < \dfrac{\theta}{3} < 2k\pi + \dfrac{2\pi}{3}$

이므로 $\dfrac{\theta}{3}$는 제2사분면의 각이다.

(ii) $n = 3k+1$이면

$2k\pi + \dfrac{7\pi}{6} < \dfrac{\theta}{3} < 2k\pi + \dfrac{4\pi}{3}$

이므로 $\dfrac{\theta}{3}$는 제3사분면의 각이다.

(iii) $n = 3k+2$이면

$2k\pi + \dfrac{11\pi}{6} < \dfrac{\theta}{3} < 2k\pi + 2\pi$

이므로 $\dfrac{\theta}{3}$는 제4사분면의 각이다.

(i), (ii), (iii)에서 $\dfrac{\theta}{3}$의 동경이 존재할 수 있는 사분면은 제2, 3, 4사분면이다.

답 ⑤

04 부채꼴의 호의 길이가 π, 넓이가 $\dfrac{3}{2}\pi$이므로

$r\theta = \pi$, $\dfrac{1}{2}r^2\theta = \dfrac{3}{2}\pi$

두 식을 변끼리 나누면 $\dfrac{1}{2}r = \dfrac{3}{2}$에서 $r = 3$

$3\theta = \pi$에서 $\theta = \dfrac{\pi}{3}$

따라서 $\dfrac{r\pi}{\theta} = \dfrac{3\pi}{\frac{\pi}{3}} = 9$

답 ②

05 반지름의 길이를 r, 호의 길이를 l이라 하면

$2r + l = 20$ ...... ㉠

$S = \dfrac{1}{2}rl$ ...... ㉡

㉠에서 $l = 20 - 2r$ $(0 < r < 10)$을 ㉡에 대입하면

$S = \dfrac{1}{2}r(20 - 2r) = -r^2 + 10r = -(r-5)^2 + 25$

따라서 넓이가 최대일 때의 반지름의 길이는 5이다.

답 ②

06 삼각형 OAB는 이등변삼각형이므로 선분 AB의 중점을 M이라 하면

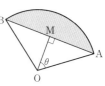

$\overline{OM} \perp \overline{AB}$, $\overline{AM} = \overline{BM}$

$\angle AOM = \theta$라 하면

$\sin\theta = \dfrac{\overline{AM}}{\overline{OA}} = \dfrac{2\sqrt{3}}{4} = \dfrac{\sqrt{3}}{2}$이고, $0 < \theta < \dfrac{\pi}{2}$이므로 $\theta = \dfrac{\pi}{3}$

부채꼴 OAB의 넓이를 S_1이라 하면

$S_1 = \dfrac{1}{2} \times 4^2 \times \dfrac{2}{3}\pi = \dfrac{16}{3}\pi$

삼각형 OAB의 넓이를 S_2라 하면

$S_2 = \dfrac{1}{2} \times 4\sqrt{3} \times 4\cos\dfrac{\pi}{3} = 4\sqrt{3}$

따라서 구하는 넓이는

$$S_1-S_2=\frac{16}{3}\pi-4\sqrt{3}=\frac{16\pi-12\sqrt{3}}{3}$$

답 ④

07 $\overline{\mathrm{OP}}=\sqrt{(-12)^2+5^2}=13$이므로

$$\sin\theta=\frac{5}{13},\ \cos\theta=-\frac{12}{13}$$

따라서 $\sin\theta+\cos\theta=\frac{5}{13}-\frac{12}{13}=-\frac{7}{13}$

답 ②

08 $\sin\theta=-\frac{4}{5}<0$, $\cos\theta<0$이므로 θ는 제3사분면의 각이다.

각 θ를 나타내는 동경이 반지름의 길이가 5인 원과 만나는 점을 $\mathrm{P}(a,\ -4)$라 하면 $a<0$이다.

$\sqrt{a^2+(-4)^2}=5$에서 $a^2=9$, $a=-3$

따라서 $\cos\theta=-\frac{3}{5}$, $\tan\theta=\frac{-4}{-3}=\frac{4}{3}$이므로

$5\cos\theta+9\tan\theta=5\times\left(-\frac{3}{5}\right)+9\times\frac{4}{3}=-3+12=9$

답 ⑤

다른풀이

$\sin^2\theta+\cos^2\theta=1$이므로

$\cos^2\theta=1-\sin^2\theta=1-\left(-\frac{4}{5}\right)^2=\frac{9}{25}$

그런데 $\cos\theta<0$이므로 $\cos\theta=-\frac{3}{5}$

$\tan\theta=\frac{\sin\theta}{\cos\theta}$이므로 $\tan\theta=\frac{-\frac{4}{5}}{-\frac{3}{5}}=\frac{4}{3}$

따라서 $5\cos\theta+9\tan\theta=5\times\left(-\frac{3}{5}\right)+9\times\frac{4}{3}$
$$=-3+12=9$$

09 (i) $\sin\theta\tan\theta<0$이면

$\sin\theta>0$, $\tan\theta<0$ 또는 $\sin\theta<0$, $\tan\theta>0$

$\sin\theta>0$, $\tan\theta<0$인 각 θ는 제2사분면의 각이고,

$\sin\theta<0$, $\tan\theta>0$인 각 θ는 제3사분면의 각이다.

따라서 $\sin\theta\tan\theta<0$인 각 θ는 제2사분면 또는 제3사분면의 각이다.

(ii) $\cos\theta\tan\theta>0$이면

$\cos\theta>0$, $\tan\theta>0$ 또는 $\cos\theta<0$, $\tan\theta<0$

$\cos\theta>0$, $\tan\theta>0$인 각 θ는 제1사분면의 각이고,

$\cos\theta<0$, $\tan\theta<0$인 각 θ는 제2사분면의 각이다.

따라서 $\cos\theta\tan\theta<0$인 각 θ는 제1사분면 또는 제2사분면의 각이다.

(i), (ii)에서 각 θ는 제2사분면의 각이다.

ㄱ. $\sin\theta>0$, $\cos\theta<0$이므로

$\sin\theta+\cos\theta>0$ 또는 $\sin\theta+\cos\theta=0$ 또는 $\sin\theta+\cos\theta<0$이다. (거짓)

ㄴ. $\sin\theta>0$, $\tan\theta<0$이므로 $\sin\theta-\tan\theta>0$이다. (참)

ㄷ. $\cos\theta<0$, $\tan\theta<0$이므로 $\cos\theta+\tan\theta<0$이다. (참)

따라서 옳은 것은 ㄴ, ㄷ이다.

답 ⑤

참고

$\cos\theta\tan\theta=\cos\theta\times\frac{\sin\theta}{\cos\theta}=\sin\theta$이므로

$\cos\theta\tan\theta>0$인 각 θ는 제1사분면 또는 제2사분면의 각이다.

10 $\sin\theta+\cos\theta=\frac{1}{2}$에서 양변을 제곱하면

$\sin^2\theta+2\sin\theta\cos\theta+\cos^2\theta=\frac{1}{4}$

$\sin^2\theta+\cos^2\theta=1$이므로 $1+2\sin\theta\cos\theta=\frac{1}{4}$

따라서 $\sin\theta\cos\theta=-\frac{3}{8}$이므로

$\tan\theta+\frac{1}{\tan\theta}=\frac{\sin\theta}{\cos\theta}+\frac{\cos\theta}{\sin\theta}=\frac{\sin^2\theta+\cos^2\theta}{\sin\theta\cos\theta}$
$$=\frac{1}{\sin\theta\cos\theta}=-\frac{8}{3}$$

답 ②

11 $\frac{\tan\theta}{1-\cos\theta}-\frac{\tan\theta}{1+\cos\theta}$

$=\tan\theta\left(\frac{1}{1-\cos\theta}-\frac{1}{1+\cos\theta}\right)$

$=\tan\theta\left\{\frac{1+\cos\theta-(1-\cos\theta)}{1-\cos^2\theta}\right\}$

$=\tan\theta\times\frac{2\cos\theta}{\sin^2\theta}$

$=\frac{\sin\theta}{\cos\theta}\times\frac{2\cos\theta}{\sin^2\theta}$

$=\frac{2}{\sin\theta}$

따라서 $a=2$

답 ②

12 $(\sin\theta+\cos\theta)^2+(\sin\theta-\cos\theta)^2$

$=\sin^2\theta+2\sin\theta\cos\theta+\cos^2\theta$
$$+\sin^2\theta-2\sin\theta\cos\theta+\cos^2\theta$$
$=2(\sin^2\theta+\cos^2\theta)=2$

이므로 $a=2$

$\cos^2\theta(1+\tan\theta)^2-2\sin\theta\cos\theta$

$=\cos^2\theta\left(1+\dfrac{\sin\theta}{\cos\theta}\right)^2-2\sin\theta\cos\theta$

$=\cos^2\theta\left(\dfrac{\cos\theta+\sin\theta}{\cos\theta}\right)^2-2\sin\theta\cos\theta$

$=(\cos\theta+\sin\theta)^2-2\sin\theta\cos\theta$

$=1+2\sin\theta\cos\theta-2\sin\theta\cos\theta=1$

이므로 $b=1$

따라서 $a+b=2+1=3$

달 ④

13 $f(x)=\sin\left(2x-\dfrac{\pi}{3}\right)$라 하면

$f(x)=\sin\left(2x-\dfrac{\pi}{3}\right)=\sin\left(2x-\dfrac{\pi}{3}+2\pi\right)$

$=\sin\left\{2(x+\pi)-\dfrac{\pi}{3}\right\}=f(x+\pi)$

이므로 함수 $y=\sin\left(2x-\dfrac{\pi}{3}\right)$의 주기는 π이다. 즉, $a=1$

$y=|\sin x|$의 그래프는 다음과 같으므로 주기는 π이다.
$b=1$

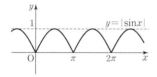

따라서 $a+b=1+1=2$

달 ③

14 함수 $y=2\cos\left(x+\dfrac{\pi}{2}\right)-1$의 그래프는

$y=2\cos\left(x+\dfrac{\pi}{2}\right)$의 그래프를 y축의 방향으로 -1만큼 평행

이동한 것이므로

최댓값은 $M=2-1=1$, 최솟값은 $m=-2-1=-3$

따라서 $M-2m=1-2\times(-3)=7$

달 ⑤

15 $a>0$이므로 함수 $y=a\sin(\pi x+1)+b$의 최댓값은

$a+b$, 최솟값은 $-a+b$이다.

$f(x)=a\sin(\pi x+1)+b$라 하면

$f(x)=a\sin(\pi x+1)+b=a\sin(\pi x+1+2\pi)+b$

$\qquad=a\sin\{\pi(x+2)+1\}+b=f(x+2)$

이므로 함수 $y=a\sin(\pi x+1)+b$의 주기는 2이다. 즉, $p=2$

따라서 $a+b=10$, $-a+b\geq2$이므로 순서쌍 (a,b)는

$(1,9)$, $(2,8)$, $(3,7)$, $(4,6)$의 4개이다.

달 ③

16 $\cos\dfrac{7}{6}\pi=\cos\left(\pi+\dfrac{\pi}{6}\right)=-\cos\dfrac{\pi}{6}=-\dfrac{\sqrt{3}}{2}$

$\sin\dfrac{4}{3}\pi=\sin\left(\pi+\dfrac{\pi}{3}\right)=-\sin\dfrac{\pi}{3}=-\dfrac{\sqrt{3}}{2}$

$\cos\left(-\dfrac{4}{3}\pi\right)=\cos\dfrac{4}{3}\pi=\cos\left(\pi+\dfrac{\pi}{3}\right)=-\cos\dfrac{\pi}{3}=-\dfrac{1}{2}$

따라서

$\cos\dfrac{7}{6}\pi\sin\dfrac{4}{3}\pi+\cos\left(-\dfrac{4}{3}\pi\right)$

$=-\dfrac{\sqrt{3}}{2}\times\left(-\dfrac{\sqrt{3}}{2}\right)+\left(-\dfrac{1}{2}\right)=\dfrac{1}{4}$

달 ②

17 $\sin\theta+\sin2\theta+\sin3\theta+\cdots+\sin20\theta$

$=(\sin\theta+\sin11\theta)+(\sin2\theta+\sin12\theta)+$
$$\cdots+(\sin10\theta+\sin20\theta)$$
$=\{\sin\theta+\sin(\pi+\theta)\}+\{\sin2\theta+\sin(\pi+2\theta)\}+$
$$\cdots+\{\sin10\theta+\sin(\pi+10\theta)\}$$
$=(\sin\theta-\sin\theta)+(\sin2\theta-\sin2\theta)+$
$$\cdots+(\sin10\theta-\sin10\theta)$$
$=0$

달 ③

18 $\sin^2\theta+\sin^2\left(\dfrac{\pi}{2}+\theta\right)+\sin^2(\pi+\theta)+\cos^2(\pi-\theta)$

$=\sin^2\theta+\cos^2\theta+(-\sin\theta)^2+\{-\cos(-\theta)\}^2$

$=\sin^2\theta+\cos^2\theta+\sin^2\theta+\cos^2\theta$

$=1+1=2$

달 ③

19 방정식 $2\sin x+\sqrt{2}=0$에서 $\sin x=-\dfrac{\sqrt{2}}{2}$이므로

주어진 방정식의 해는 그림과 같이 함수 $y=\sin x$의 그래프와

직선 $y=-\dfrac{\sqrt{2}}{2}$와의 교점의 x좌표와 같다.

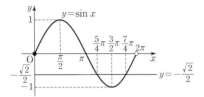

즉, 구하는 방정식의 해는 $x=\dfrac{5}{4}\pi$ 또는 $x=\dfrac{7}{4}\pi$

$\alpha<\beta$이므로 $\alpha=\dfrac{5}{4}\pi$, $\beta=\dfrac{7}{4}\pi$

따라서 $\beta-\alpha=\dfrac{7}{4}\pi-\dfrac{5}{4}\pi=\dfrac{\pi}{2}$

답 ③

20 방정식 $4\cos^2 x-3=0$에서 $\cos^2 x=\dfrac{3}{4}$이므로

$\cos x=\dfrac{\sqrt{3}}{2}$ 또는 $\cos x=-\dfrac{\sqrt{3}}{2}$

방정식 $\cos x=\dfrac{\sqrt{3}}{2}$의 해는 함수 $y=\cos x$의 그래프와

직선 $y=\dfrac{\sqrt{3}}{2}$과의 교점의 x좌표와 같고 방정식 $\cos x=-\dfrac{\sqrt{3}}{2}$

의 해는 함수 $y=\cos x$의 그래프와 직선 $y=-\dfrac{\sqrt{3}}{2}$과의 교점

의 x좌표와 같다.

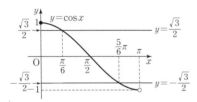

즉, 구하는 방정식의 해는 $x=\dfrac{\pi}{6}$ 또는 $x=\dfrac{5}{6}\pi$

$\alpha<\beta$이므로 $\alpha=\dfrac{\pi}{6}$, $\beta=\dfrac{5}{6}\pi$

따라서 $\alpha+2\beta=\dfrac{\pi}{6}+2\times\dfrac{5}{6}\pi=\dfrac{11}{6}\pi$

답 ⑤

21 $2\sin^2 x-3\cos x=0$에서

$2(1-\cos^2 x)-3\cos x=0$, $2\cos^2 x+3\cos x-2=0$

$(\cos x+2)(2\cos x-1)=0$

$-1\leq\cos x\leq1$이므로 $\cos x=\dfrac{1}{2}$

그림과 같이 방정식 $\cos x=\dfrac{1}{2}$의 해는 함수 $y=\cos x$의 그래

프와 직선 $y=\dfrac{1}{2}$과의 교점의 x좌표와 같다.

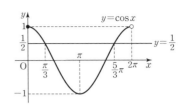

즉, 구하는 방정식의 해는

$x=\dfrac{\pi}{3}$ 또는 $x=\dfrac{5}{3}\pi$

$\alpha<\beta$이므로 $\alpha=\dfrac{\pi}{3}$, $\beta=\dfrac{5}{3}\pi$

따라서 $\beta-\alpha=\dfrac{5}{3}\pi-\dfrac{\pi}{3}=\dfrac{4}{3}\pi$

답 ④

22 부등식 $\tan x>-\sqrt{3}$의 해는 함수 $y=\tan x$의 그래프가

직선 $y=-\sqrt{3}$보다 위에 있는 x의 값의 범위와 같다.

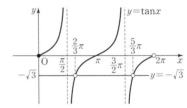

즉, 구하는 부등식의 해는

$0\leq x<\dfrac{\pi}{2}$ 또는 $\dfrac{2}{3}\pi<x<\dfrac{3}{2}\pi$ 또는 $\dfrac{5}{3}\pi<x<2\pi$

따라서 $\alpha=\dfrac{\pi}{2}$, $\beta=\dfrac{2}{3}\pi$, $\gamma=\dfrac{5}{3}\pi$이므로

$\alpha+\beta+\gamma=\dfrac{\pi}{2}+\dfrac{2}{3}\pi+\dfrac{5}{3}\pi=\dfrac{17}{6}\pi$

답 ④

23 부등식 $-\dfrac{1}{2}<\cos x<\dfrac{\sqrt{2}}{2}$의 해는

함수 $y=\cos x$의 그래프가 직선 $y=-\dfrac{1}{2}$보다 위에,

직선 $y=\dfrac{\sqrt{2}}{2}$보다 아래에 있는 x의 값의 범위와 같다.

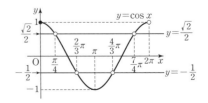

즉, 구하는 부등식의 해는

$\dfrac{\pi}{4}<x<\dfrac{2}{3}\pi$ 또는 $\dfrac{4}{3}\pi<x<\dfrac{7}{4}\pi$

따라서

$(\beta-\alpha)+(\delta-\gamma)=\left(\dfrac{2}{3}\pi-\dfrac{\pi}{4}\right)+\left(\dfrac{7}{4}\pi-\dfrac{4}{3}\pi\right)=\dfrac{5}{6}\pi$

답 ③

24 $2x=t$로 놓으면 $0\le x<\pi$이므로 $0\le t<2\pi$

함수 $y=\sin t$의 그래프가 직선 $y=-\dfrac{\sqrt{3}}{2}$보다 아래에 있는 t의

값의 범위를 구하면

$\dfrac{4}{3}\pi<t<\dfrac{5}{3}\pi$

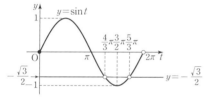

따라서 부등식의 해는 $\dfrac{2}{3}\pi<x<\dfrac{5}{6}\pi$이고

$\alpha=\dfrac{2}{3}\pi$, $\beta=\dfrac{5}{6}\pi$이므로

$\beta-\alpha=\dfrac{5}{6}\pi-\dfrac{2}{3}\pi=\dfrac{\pi}{6}$

답 ①

서술형 **연습장** 본문 48쪽

01 $\dfrac{\sqrt{5}}{5}$ **02** $-\dfrac{1}{5}$ **03** $0\le\theta<\dfrac{\pi}{2}$ 또는 $\dfrac{3\pi}{2}<\theta<2\pi$

---

01 $\sin\theta+\cos\theta=\dfrac{3\sqrt{5}}{5}$에서 양변을 제곱하면

$\sin^2\theta+2\sin\theta\cos\theta+\cos^2\theta=\dfrac{9}{5}$

$\sin^2\theta+\cos^2\theta=1$이므로

$1+2\sin\theta\cos\theta=\dfrac{9}{5}$, $\sin\theta\cos\theta=\dfrac{2}{5}$ ...... ❶

$(\sin\theta-\cos\theta)^2=(\sin\theta+\cos\theta)^2-4\sin\theta\cos\theta$

$=\dfrac{9}{5}-4\times\dfrac{2}{5}$

$=\dfrac{1}{5}$ ...... ❷

$\dfrac{\pi}{4}<\theta<\dfrac{\pi}{2}$이므로 $\sin\theta-\cos\theta>0$

따라서 $\sin\theta-\cos\theta=\dfrac{1}{\sqrt{5}}=\dfrac{\sqrt{5}}{5}$ ...... ❸

답 $\dfrac{\sqrt{5}}{5}$

단계	채점 기준	비율
❶	$\sin\theta\cos\theta$의 값을 구한 경우	40 %
❷	$(\sin\theta-\cos\theta)^2$의 값을 구한 경우	30 %
❸	$\sin\theta-\cos\theta$의 값을 구한 경우	30 %

02 $\overline{\text{OP}}=\sqrt{(-3)^2+4^2}=5$이므로

$\sin\theta=\dfrac{4}{5}$, $\cos\theta=-\dfrac{3}{5}$ ...... ❶

따라서

$\sin(-\theta)+\cos(\pi+\theta)=-\sin\theta-\cos\theta$ ...... ❷

$=-\dfrac{4}{5}+\dfrac{3}{5}=-\dfrac{1}{5}$ ...... ❸

답 $-\dfrac{1}{5}$

단계	채점 기준	비율
❶	$\sin\theta$, $\cos\theta$의 값을 각각 구한 경우	40 %
❷	$\sin(-\theta)$, $\cos(\pi+\theta)$를 각각 $\sin\theta$, $\cos\theta$로 나타낸 경우	40 %
❸	$\sin(-\theta)+\cos(\pi+\theta)$의 값을 구한 경우	20 %

03 모든 실수 x에 대하여

$x^2-2x\cos\theta+2\cos\theta>0$

이 성립하므로 이차방정식 $x^2-2x\cos\theta+2\cos\theta=0$은 실근을 갖지 않는다.

이 이차방정식의 판별식을 D라 하면

$\dfrac{D}{4}=\cos^2\theta-2\cos\theta<0$ ...... ❶

$\cos\theta(\cos\theta-2)<0$

$\cos\theta-2<0$이므로 $\cos\theta>0$ ...... ❷

$0\le\theta<2\pi$이므로 $0\le\theta<\dfrac{\pi}{2}$ 또는 $\dfrac{3\pi}{2}<\theta<2\pi$ ...... ❸

답 $0\le\theta<\dfrac{\pi}{2}$ 또는 $\dfrac{3\pi}{2}<\theta<2\pi$

단계	채점 기준	비율
❶	이차방정식의 판별식을 이용하여 부등식을 구한 경우	40 %
❷	부등식을 풀어 $\cos\theta$의 범위를 구한 경우	30 %
❸	θ의 값의 범위를 구한 경우	30 %

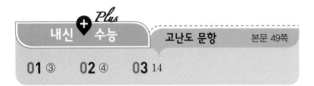

내신 Plus 수능 **고난도 문항** 본문 49쪽

01 ③ **02** ④ **03** 14

01 함수 $y=a\sin(bx-c)$의 최댓값이 3이고 $a>0$이므로
$a=3$
$f(x)=a\sin(bx-c)$라 하면
$f(x)=a\sin(bx-c)=a\sin(bx-c+2\pi)$
$\qquad =a\sin\left\{b\left(x+\dfrac{2\pi}{b}\right)-c\right\}=f\left(x+\dfrac{2\pi}{b}\right)$

이므로 함수 $y=a\sin(bx-c)$의 주기는 $\dfrac{2\pi}{b}$이다.

그래프에서 $2\times\left(\dfrac{2}{3}\pi-\dfrac{\pi}{6}\right)=2\times\dfrac{\pi}{2}=\pi$, $\dfrac{2\pi}{b}=\pi$에서 $b=2$

주어진 함수는 $y=3\sin(2x-c)$
$y=3\sin(2x-c)=3\sin\left\{2\left(x-\dfrac{c}{2}\right)\right\}$

이므로 함수 $y=3\sin(2x-c)$의 그래프는 함수 $y=3\sin 2x$의

그래프를 x축의 양의 방향으로 $\dfrac{c}{2}$만큼 평행이동한 것과 같다.

함수 $y=3\sin 2x$의 그래프는 다음과 같다.

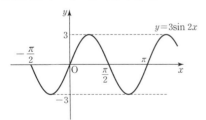

즉, 함수 $y=3\sin(2x-c)$의 그래프는 함수 $y=3\sin 2x$의

그래프를 x축의 방향으로 $\dfrac{\pi}{6}+n\pi$(n은 정수)만큼 평행이동한

것과 같다.

따라서 양수 $\dfrac{c}{2}$의 최솟값은 $\dfrac{\pi}{6}$이므로 c의 최솟값은 $\dfrac{\pi}{3}$이다.

그러므로 $\dfrac{abc}{\pi}$의 최솟값은 $\dfrac{3\times2\times\dfrac{\pi}{3}}{\pi}=2$

답 ③

02 $f(x)=\sin\dfrac{k}{2}x$라 하면

$f(x)=\sin\dfrac{k}{2}x=\sin\left(\dfrac{k}{2}x+2\pi\right)$
$\qquad =\sin\dfrac{k}{2}\left(x+\dfrac{4\pi}{k}\right)=f\left(x+\dfrac{4\pi}{k}\right)$

이므로 함수 $y=\sin\dfrac{k}{2}x$의 주기는 $\dfrac{4\pi}{k}$이다.

$\alpha+\beta=\alpha+\left(\dfrac{2\pi}{k}-\alpha\right)=\dfrac{2\pi}{k}$

$\gamma+\delta=\left(\dfrac{2\pi}{k}+\alpha\right)+\left(\dfrac{4\pi}{k}-\alpha\right)=\dfrac{6\pi}{k}$

$\alpha+\beta+\gamma+\delta=\dfrac{8\pi}{k}$

$\cos(\alpha+\beta+\gamma+\delta)=\dfrac{1}{2}$에서

$\dfrac{8\pi}{k}=\dfrac{\pi}{3}$ 또는 $\dfrac{8\pi}{k}=\dfrac{5\pi}{3}$ 또는 $\dfrac{8\pi}{k}=\dfrac{7\pi}{3}$ 또는 $\cdots$

따라서 $\dfrac{8\pi}{k}=\dfrac{\pi}{3}$일 때 $k=24$로 최대이다.

답 ④

03 t월의 월평균 기온이 영하이려면

$6+12\cos\dfrac{\pi}{6}(t-1)\leq0$에서 $\cos\dfrac{\pi}{6}(t-1)\leq-\dfrac{1}{2}$

이 부등식의 해는 함수 $y=\cos\dfrac{\pi}{6}(t-1)$의 그래프가 직선

$y=-\dfrac{1}{2}$보다 아래쪽에 있는 t의 값의 범위와 같다.

함수 $y=\cos\dfrac{\pi}{6}(t-1)$의 그래프는 함수 $y=\cos\dfrac{\pi}{6}t$의 그래

프를 t축의 방향으로 1만큼 평행이동한 것과 같다.

$f(x)=\cos\dfrac{\pi}{6}t$라 하면

$f(t)=\cos\dfrac{\pi}{6}t=\cos\left(\dfrac{\pi}{6}t+2\pi\right)=\cos\dfrac{\pi}{6}(t+12)=f(t+12)$

이므로 함수 $y=\cos\dfrac{\pi}{6}t$의 주기는 12이다.

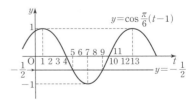

따라서 월평균 기온이 영하인 달은 5월부터 9월까지이다.

$m=5$, $M=9$이므로 $m+M=5+9=14$

답 14

04 삼각함수의 활용

기본 유형 익히기　　유제　　본문 52~54쪽

1. 3　　**2.** ②　　**3.** ③　　**4.** ④　　**5.** $\dfrac{\sqrt{3}}{2}$

6. $6\sqrt{6}$

1. 삼각형 ABC의 외접원의 반지름의 길이를 R라 하면 사인법칙에 의하여

$\dfrac{a}{\sin A}=2R$에서

$R=\dfrac{a}{2\sin A}=\dfrac{a}{2\times\dfrac{a}{6}}=3$

답 3

2. $\overline{BC}:\overline{AC}:\overline{AB}=\sin A:\sin B:\sin C$이므로

$\overline{AC}:\overline{AB}=\sin B:\sin C$

$=\sin 60°:\sin 45°$

$=\dfrac{\sqrt{3}}{2}:\dfrac{\sqrt{2}}{2}$

$=\sqrt{3}:\sqrt{2}$

답 ②

3. $\cos A=\sqrt{1-\sin^2 A}=\sqrt{1-\left(\dfrac{\sqrt{14}}{4}\right)^2}=\dfrac{\sqrt{2}}{4}$

코사인법칙에서

$\overline{BC}^2=\overline{AB}^2+\overline{AC}^2-2\times\overline{AB}\times\overline{AC}\times\cos A$

$=1^2+(\sqrt{2})^2-2\times1\times\sqrt{2}\times\dfrac{\sqrt{2}}{4}=2$

따라서 $\overline{BC}=\sqrt{2}$

답 ③

4. $\overline{AI}=\sqrt{2^2+1^2}=\sqrt{5}$, $\overline{IG}=\sqrt{1^2+2^2}=\sqrt{5}$

직각삼각형 ACG에서

$\overline{AG}=\sqrt{\overline{AC}^2+\overline{CG}^2}=\sqrt{(2\sqrt{2})^2+2^2}=2\sqrt{3}$

따라서 삼각형 AIG에서

$\cos(\angle AIG)=\dfrac{(\sqrt{5})^2+(\sqrt{5})^2-(2\sqrt{3})^2}{2\times\sqrt{5}\times\sqrt{5}}$

$=\dfrac{5+5-12}{2\times\sqrt{5}\times\sqrt{5}}=-\dfrac{1}{5}$

답 ④

5. $S=\dfrac{1}{2}\times\overline{AB}\times\overline{AC}\times\sin A=\dfrac{1}{2}\times8\sqrt{3}\times\sin 30°=2\sqrt{3}$

이므로

$S=\dfrac{1}{2}\times\overline{AB}\times\overline{BC}\times\sin B=\dfrac{1}{2}\times8\times\sin B=2\sqrt{3}$에서

$\sin B=\dfrac{\sqrt{3}}{2}$

답 $\dfrac{\sqrt{3}}{2}$

6. 코사인법칙의 변형에서

$\cos A=\dfrac{\overline{AC}^2+\overline{AB}^2-\overline{BC}^2}{2\times\overline{AC}\times\overline{AB}}$

$=\dfrac{6^2+7^2-5^2}{2\times6\times7}=\dfrac{5}{7}$

$\sin A>0$이므로

$\sin A=\sqrt{1-\cos^2 A}=\sqrt{1-\dfrac{25}{49}}=\dfrac{2\sqrt{6}}{7}$

따라서 삼각형 ABC의 넓이는

$\dfrac{1}{2}\times\overline{AB}\times\overline{AC}\times\sin A=\dfrac{1}{2}\times7\times6\times\dfrac{2\sqrt{6}}{7}=6\sqrt{6}$

답 $6\sqrt{6}$

유형 확인　　본문 55~57쪽

01 ⑤　**02** ②　**03** ①　**04** ③　**05** ④

06 ②　**07** ⑤　**08** ④　**09** ③　**10** ⑤

11 ②　**12** ③　**13** ②　**14** ②　**15** ⑤

16 ③　**17** ②　**18** ②

01 삼각형 ABC의 외접원의 반지름의 길이를 R라 하면

$\pi R^2=50\pi$에서 $R=5\sqrt{2}$

사인법칙에서 $\dfrac{a}{\sin A}=2R$이므로

$\dfrac{a}{\sin\dfrac{\pi}{4}}=10\sqrt{2}$

$a=10\sqrt{2}\times\sin\dfrac{\pi}{4}=10\sqrt{2}\times\dfrac{1}{\sqrt{2}}=10$

답 ⑤

02 사인법칙에서 $\dfrac{\overline{AC}}{\sin B}=\dfrac{\overline{AB}}{\sin C}$이므로

$\dfrac{\overline{AC}}{\sin \frac{\pi}{3}}=\dfrac{4}{\frac{1}{\sqrt 3}}$에서 $\overline{AC}=\dfrac{4 \sin \frac{\pi}{3}}{\frac{1}{\sqrt 3}}=6$

$\cos C=\sqrt{1-\sin^2 C}=\sqrt{1-\dfrac{1}{3}}=\dfrac{\sqrt 6}{3}$이고

직각삼각형 AHC에서

$\cos C=\dfrac{\overline{CH}}{\overline{AC}}$이므로

$\overline{CH}=\overline{AC}\times \cos C=6\times \dfrac{\sqrt 6}{3}=2\sqrt 6$

답 ②

03 $\cos(B+C)=\cos(\pi-A)=-\cos A$이므로

$4\cos(B+C)\cos A=-1$에서

$-4\cos^2 A=-1$, 즉 $\cos^2 A=\dfrac{1}{4}$

$\sin^2 A=1-\cos^2 A=\dfrac{3}{4}$에서 $\sin A>0$이므로 $\sin A=\dfrac{\sqrt 3}{2}$

사인법칙에 의하여

$\dfrac{\overline{BC}}{\sin A}=2R$이므로 $2R=\dfrac{2\sqrt 3}{\frac{\sqrt 3}{2}}=4$

따라서 $R=2$이므로 삼각형 ABC의 외접원의 넓이는

$\pi \times 2^2=4\pi$

답 ①

04 삼각형 ABC의 세 변을 a, b, c, 외접원의 반지름을 R라 하면 사인법칙에 의하여

$\sin A=\dfrac{a}{2R}$, $\sin B=\dfrac{b}{2R}$, $\sin C=\dfrac{c}{2R}$

$\sin A+\sin B+\sin C=\dfrac{a}{2R}+\dfrac{b}{2R}+\dfrac{c}{2R}$

$\qquad\qquad\qquad\qquad =\dfrac{a+b+c}{2R}$ ...... ㉠

삼각형 ABC가 지름의 길이가 $4\sqrt 2$인 원에 내접하므로

㉠에서 $\dfrac{a+b+c}{4\sqrt 2}=\sqrt 2+1$

$a+b+c=4\sqrt 2(\sqrt 2+1)=8+4\sqrt 2$

따라서 $m+n=8+4=12$

답 ③

05 외접원의 반지름의 길이를 R라 하면 사인법칙에서

$a=2R\sin A$, $b=2R\sin B$, $c=2R\sin C$이므로

$\dfrac{a^3+b^3+c^3}{\sin^3 A+\sin^3 B+\sin^3 C}$

$=\dfrac{(2R\sin A)^3+(2R\sin B)^3+(2R\sin C)^3}{\sin^3 A+\sin^3 B+\sin^3 C}$

$=8R^3=64$

에서 $(2R)^3=4^3$, $2R=4$

답 ④

06 $a:b:c=\sin A:\sin B:\sin C=3:6:8$이므로

$\dfrac{\sin A}{3}=\dfrac{\sin B}{6}=\dfrac{\sin C}{8}=k$ (단, k는 상수)라 하면

$\sin A=3k$, $\sin B=6k$, $\sin C=8k$

$\sin A+\sin B+\sin C=a$에서

$17k=a$, 즉 $k=\dfrac{a}{17}$이므로

$\sin A=3k=\dfrac{3}{17}a$, $\sin B=6k=\dfrac{6}{17}a$, $\sin C=8k=\dfrac{8}{17}a$

따라서

$2\sin C-\sin A-\sin B=\dfrac{16-3-6}{17}a=\dfrac{7}{17}a$

답 ②

07 $\angle A=\pi-2\theta$이므로 코사인법칙에 의하여

$4^2=(\sqrt{10})^2+(\sqrt{10})^2-2\times \sqrt{10}\times \sqrt{10}\times \cos(\pi-2\theta)$

$16=20+20\cos 2\theta$

따라서 $\cos 2\theta=-\dfrac{1}{5}$

답 ⑤

08 중심각을 θ라 하면 호 PQ의 길이는 5θ이므로

$\dfrac{5}{4}\pi=5\theta$, 즉 $\theta=\dfrac{\pi}{4}$

코사인법칙에서

$\overline{PR}^2=5^2+(\sqrt 2)^2-2\times 5\times \sqrt 2\times \cos \dfrac{\pi}{4}=17$

따라서 $\overline{PR}=\sqrt{17}$

답 ④

09 $\overline{AC}=k$라 하면 코사인법칙에서

$(\sqrt 5)^2=3^2+k^2-2\times 3\times k\times \cos 45°$이므로

$k^2-3\sqrt 2 k+4=0$

k에 대한 이차방정식의 근의 공식에서

$$k = \frac{3\sqrt{2} \pm \sqrt{(-3\sqrt{2})^2 - 4 \times 1 \times 4}}{2}$$

즉, $k = 2\sqrt{2}$ 또는 $k = \sqrt{2}$

$\overline{AB} > \overline{AC}$이므로 $k = \sqrt{2}$

사인법칙에서 $\dfrac{\sqrt{2}}{\sin B} = \dfrac{\sqrt{5}}{\sin 45°}$

$\sin B = \dfrac{\sqrt{2}}{\sqrt{5}} \sin 45° = \dfrac{\sqrt{2}}{\sqrt{5}} \times \dfrac{1}{\sqrt{2}} = \dfrac{\sqrt{5}}{5}$

🔲 ③

10 ∠B = ∠C에서 삼각형 ABC는
$\overline{AB} = \overline{AC}$인 이등변삼각형이므로
$\overline{AB} + \overline{AC} = 8$에서 $\overline{AB} = \overline{AC} = 4$이다.
코사인법칙의 변형에서
$\cos A = \dfrac{4^2 + 4^2 - 3^2}{2 \times 4 \times 4} = \dfrac{23}{32}$

🔲 ⑤

11 코사인법칙에서
$$\overline{BC}^2 = 8^2 + 7^2 - 2 \times 8 \times 7 \times \left(-\dfrac{1}{2}\right)$$
$$= 169$$

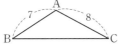

이므로 $\overline{BC} = 13$
코사인법칙의 변형에서
$\cos B = \dfrac{7^2 + 13^2 - 8^2}{2 \times 7 \times 13} = \dfrac{11}{13}$

$\cos C = \dfrac{13^2 + 8^2 - 7^2}{2 \times 13 \times 8} = \dfrac{23}{26}$

$\cos B + \cos C = \dfrac{45}{26}$

따라서 $k = 45$

🔲 ②

12 가장 긴 변의 길이는 $m^2 + m + 1$이므로 이 변에 대하여
마주보는 각의 크기를 θ라 하면
$$\cos \theta = \frac{(m^2 - 1)^2 + (2m + 1)^2 - (m^2 + m + 1)^2}{2(m^2 - 1)(2m + 1)}$$
$$= \frac{-2m^3 - m^2 + 2m + 1}{2(m^2 - 1)(2m + 1)}$$
$$= \frac{-(2m + 1)(m^2 - 1)}{2(m^2 - 1)(2m + 1)} = -\frac{1}{2}$$

따라서 $\theta = \dfrac{2}{3}\pi$

🔲 ③

13 삼각형 ABC의 넓이가 5이므로
$\dfrac{1}{2} \times \overline{AB} \times \overline{AC} \times \sin A = 5$에서

$\dfrac{1}{2} \times 5 \times 4 \times \sin A = 5$

$10 \sin A = 5$이므로 $\sin A = \dfrac{1}{2}$

따라서 $A = \dfrac{\pi}{6}$

🔲 ②

14 그림에서 ∠AOB = $\theta (0 < \theta < \pi)$라 하면
삼각형 OAB의 넓이는

$\dfrac{1}{2} \times r^2 \times \sin \theta = 12$, 즉 $r^2 \sin \theta = 24$

$\sin \theta = 1$일 때 넓이가 최대이므로 $r^2 = 24$
따라서 $r = 2\sqrt{6}$

🔲 ②

15 $\overline{OA} : \overline{AC} = 3 : 1$이므로 $\overline{OA} = \dfrac{3}{4}\overline{OC}$

$\overline{OB} : \overline{BD} = 2 : 1$이므로 $\overline{OB} = \dfrac{2}{3}\overline{OD}$

∠AOB = θ라 하면 삼각형 OBA의 넓이는

$\dfrac{1}{2} \times \overline{OA} \times \overline{OB} \times \sin \theta$

$= \dfrac{1}{2} \times \dfrac{3}{4}\overline{OC} \times \dfrac{2}{3}\overline{OD} \times \sin \theta$

$= \dfrac{1}{2} \times \dfrac{1}{2} \times \overline{OC} \times \overline{OD} \times \sin \theta$

$= \dfrac{1}{2} \times S_2$

그러므로 사각형 ABDC의 넓이

$S_1 = S_2 - \dfrac{1}{2}S_2 = \dfrac{1}{2}S_2$

따라서 $S_2 = 2S_1$이므로 $k = 2$

🔲 ⑤

16 $\overline{AB} = c$, $\overline{AC} = b$, $\overline{BC} = a$, 외접원의 반지름의 길이를 R
라 하면 삼각형의 넓이의 변형에서

$S = \dfrac{abc}{4R}$이므로

$\dfrac{9\sqrt{3}}{2} = \dfrac{18\sqrt{21}}{4R}$

따라서 $R = \sqrt{7}$

🔲 ③

17

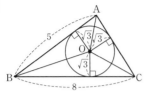

그림에서 점 O는 내접원의 중심이고 삼각형 ABC에 내접하는 원의 반지름의 길이가 $\sqrt{3}$이므로 삼각형 ABC의 넓이는

$$\frac{1}{2} \times 8 \times \sqrt{3} + \frac{1}{2} \times \overline{AC} \times \sqrt{3} + \frac{1}{2} \times 5 \times \sqrt{3}$$

$$= \frac{\sqrt{3}(\overline{AC} + 13)}{2} = 10\sqrt{3}$$

에서 $\overline{AC} + 13 = 20$

따라서 $\overline{AC} = 7$

답 ②

18 $\overline{BD} = x$라 하면

$$x^2 = 3^2 + 5^2 - 2 \times 3 \times 5 \times \cos 120°$$

$$= 9 + 25 + 15 = 49$$

에서 $x = 7$

따라서 삼각형 BCD의 내접원의 반지름의 길이를 r라 하면 삼각형 BCD의 넓이 S는

$$S = \frac{1}{2} \times r \times (3 + 5 + 7) = \frac{1}{2} \times 3 \times 5 \times \sin 120°$$

에서 $r = \sin 120° = \frac{\sqrt{3}}{2}$

따라서 삼각형 BCD에 내접하는 원의 넓이는

$$\pi \times \left(\frac{\sqrt{3}}{2}\right)^2 = \frac{3}{4}\pi$$

답 ②

서술형 연습장

본문 58쪽

01 $\frac{\sqrt{6}+\sqrt{2}}{4}$　　**02** $\frac{15\sqrt{3}}{14}$　　**03** $1 : 2$

01 $\angle A + \angle B + \angle C = 180°$이고,

$A : B : C = 5 : 3 : 4$이므로

$\angle A = 75°$, $\angle B = 45°$, $\angle C = 60°$ ……❶

꼭짓점 A에서 변 BC에 내린 수선의 발을 H라 하면

$\overline{BH} = 2\sqrt{3} \cos 45° = \sqrt{6}$

$\overline{CH} = 2\sqrt{2} \cos 60° = \sqrt{2}$

이므로 $\overline{BC} = \overline{BH} + \overline{CH} = \sqrt{6} + \sqrt{2}$ ……❷

사인법칙에서

$$\frac{\overline{BC}}{\sin A} = \frac{\overline{AC}}{\sin B}, \ \ 즉 \ \frac{\sqrt{6}+\sqrt{2}}{\sin A} = \frac{2\sqrt{2}}{\sin 45°}$$

따라서 $\sin A = \frac{1}{2\sqrt{2}} \times (\sqrt{6}+\sqrt{2}) \times \frac{1}{\sqrt{2}}$

$$= \frac{\sqrt{6}+\sqrt{2}}{4} \qquad\qquad ……❸$$

답 $\dfrac{\sqrt{6}+\sqrt{2}}{4}$

단계	채점 기준	비율
❶	삼각형의 세 각의 크기를 구한 경우	40 %
❷	$\overline{BC}$의 길이를 구한 경우	40 %
❸	$\sin A$의 값을 구한 경우	20 %

02 삼각형 ABC의 넓이 S는

$$S = \frac{1}{2} \times 3 \times 5 \times \sin 120°$$

$$= \frac{1}{2} \times 3 \times 5 \times \frac{\sqrt{3}}{2} = \frac{15\sqrt{3}}{4} \qquad ……❶$$

코사인법칙에서

$\overline{BC}^2 = 3^2 + 5^2 - 2 \times 3 \times 5 \times \cos 120° = 49$

이므로 $\overline{BC} = 7$ ……❷

삼각형 ABC의 넓이 S는 $S = \frac{1}{2} \times 7 \times \overline{AH}$이므로

$$\frac{1}{2} \times 7 \times \overline{AH} = \frac{15\sqrt{3}}{4}$$에서

$$\overline{AH} = \frac{15\sqrt{3}}{14} \qquad\qquad ……❸$$

답 $\dfrac{15\sqrt{3}}{14}$

단계	채점 기준	비율
❶	삼각형의 넓이를 구한 경우	30 %
❷	$\overline{BC}$의 길이를 구한 경우	40 %
❸	$\overline{AH}$의 길이를 구한 경우	30 %

03 정삼각형의 한 변의 길이를 a라 하면 삼각형의 넓이 S는

$$S = \frac{1}{2} \times a^2 \times \sin 60° = \frac{\sqrt{3}}{4}a^2$$

내접원의 반지름의 길이가 r이므로

$$S = \frac{1}{2}(a+a+a) \times r = \frac{3}{2}ar$$

즉, $\frac{\sqrt{3}}{4}a^2 = \frac{3}{2}ar$이므로 $r = \frac{\sqrt{3}}{6}a$ ····· ❶

사인법칙에서 $2R = \dfrac{a}{\sin 60°} = \dfrac{a}{\dfrac{\sqrt{3}}{2}}$

$$R = \frac{a}{\sqrt{3}} = \frac{\sqrt{3}}{3}a \qquad ····· ❷$$

따라서 $r : R = \dfrac{\sqrt{3}}{6}a : \dfrac{\sqrt{3}}{3}a = 1 : 2$ ····· ❸

🔲 $1 : 2$

단계	채점 기준	비율
❶	삼각형의 넓이를 이용하여 r를 a로 나타낸 경우	40 %
❷	사인법칙을 이용하여 R를 a로 나타낸 경우	40 %
❸	$r : R$를 구한 경우	20 %

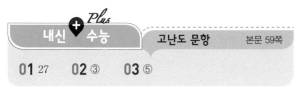

본문 59쪽

01 27 **02** ③ **03** ⑤

01 원의 성질에 의하여 지름에 대한 원주각의 크기는 $90°$이므로 점 D는 $\overline{BC}$를 지름으로 하는 원 위의 점이다.
그림의 삼각형 ABD에서 $\angle BDA = 90°$이므로 $\angle ABD = 60°$
지름의 길이가 6인 원은 삼각형 BDE의 외접원이므로
사인법칙에 의하여 $\dfrac{\overline{DE}}{\sin 60°} = 6$
따라서 $\overline{DE} = 6 \sin 60° = 3\sqrt{3}$이므로
$\overline{DE}^2 = 27$

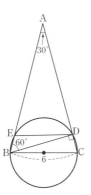

🔲 27

02 ㄱ. $a = 3$이므로 사인법칙에서
$\dfrac{3}{\sin 60°} = \dfrac{c}{\sin C}$이므로 $\dfrac{3}{\dfrac{\sqrt{3}}{2}} = \dfrac{c}{\sin C}$, 즉
$2\sqrt{3} = \dfrac{c}{\sin C}$에서 $c = 2\sqrt{3} \sin C$ (참)

ㄴ. 삼각형 ABC에서 $\angle A = 60°$이므로
코사인법칙에 의하여
$a^2 = b^2 + c^2 - 2bc \cos 60° = b^2 + c^2 - bc$ ····· (i)
$b^2 = c^2 + a^2 - 2ca \cos B$ ····· (ii)
$c^2 = a^2 + b^2 - 2ab \cos C$ ····· (iii)
(i), (ii), (iii)을 변끼리 더하면
$a^2 + b^2 + c^2$
$= 2(a^2 + b^2 + c^2) - (2ab \cos C + bc + 2ca \cos B)$
$a^2 + b^2 + c^2 = 2ab \cos C + bc + 2ca \cos B$ (참)

ㄷ. $a^2 = b^2 + c^2 - bc$이므로
$$\frac{c}{a+b} + \frac{b}{a+c} = \frac{c(a+c) + b(a+b)}{(a+b)(a+c)}$$
$$= \frac{ab + ac + b^2 + c^2}{a^2 + ab + ac + bc}$$
$$= \frac{ab + ac + b^2 + c^2}{b^2 + c^2 + ab + ac}$$
$$= 1 \text{ (거짓)}$$

따라서 옳은 것은 ㄱ, ㄴ이다.

🔲 ③

03 사각형 ABCD가 원에 내접하므로
$\angle B = \theta$이면 $\angle D = \pi - \theta$이고
변 AD가 원의 지름이므로 $\angle ACD = 90°$
직각삼각형 ACD에서
$\overline{AC} = \sqrt{4^2 - 3^2} = \sqrt{7}$
$\sin(\pi - \theta) = \dfrac{\sqrt{7}}{4}$이므로
$\sin \theta = \dfrac{\sqrt{7}}{4}$
삼각형 ABC의 넓이는
$\dfrac{1}{2} \times \sqrt{2} \times \sqrt{2} \times \sin \theta = \dfrac{1}{2} \times \sqrt{2} \times \sqrt{2} \times \dfrac{\sqrt{7}}{4} = \dfrac{\sqrt{7}}{4}$ ····· ㉠
직각삼각형 ACD의 넓이는
$\dfrac{1}{2} \times 3 \times \sqrt{7} = \dfrac{3\sqrt{7}}{2}$ ····· ㉡
따라서 사각형 ABCD의 넓이는 두 삼각형 ABC와 ACD의 넓이의 합이므로
㉠과 ㉡에서
$\dfrac{\sqrt{7}}{4} + \dfrac{3\sqrt{7}}{2} = \dfrac{7\sqrt{7}}{4}$

🔲 ⑤

01 ④	02 ②	03 ⑤	04 3	05 ④
06 ⑤	07 ③	08 3	09 ②	10 $\frac{11}{9}$
11 3	12 ②	13 ④	14 ④	15 8
16 ④	17 ④	18 4	19 ②	20 6
21 ⑤	22 ③	23 $\frac{10}{3}$	24 $\frac{1}{4}$	

01 $1500° = 360° \times 4 + 60° = 8\pi + \frac{\pi}{3}$

이므로 $\alpha = \frac{\pi}{3}$

답 ④

02 $S = \frac{1}{2}r^2\theta$에서 $\theta = \frac{\pi}{6}$, $S = \frac{\pi}{2}$이므로

$\frac{\pi}{2} = \frac{1}{2}r^2 \times \frac{\pi}{6}$, 즉 $r^2 = 6$

$r > 0$이므로 $r = \sqrt{6}$

답 ②

03 $\overline{\mathrm{OP}} = \sqrt{2^2 + (-\sqrt{5})^2} = 3$이므로

$\sin\theta = -\frac{\sqrt{5}}{3}$, $\cos\theta = \frac{2}{3}$, $\tan\theta = -\frac{\sqrt{5}}{2}$

따라서 $\cos\theta + \sin\theta\tan\theta = \frac{2}{3} + \left(-\frac{\sqrt{5}}{3}\right) \times \left(-\frac{\sqrt{5}}{2}\right) = \frac{3}{2}$

답 ⑤

[다른풀이]

$\cos\theta + \sin\theta\tan\theta = \cos\theta + \sin\theta \times \frac{\sin\theta}{\cos\theta}$

$= \frac{\cos^2\theta + \sin^2\theta}{\cos\theta}$

$= \frac{1}{\cos\theta} = \frac{3}{2}$

04 $\frac{3^{\sin\theta}}{3^{\cos\theta}} = 9^{\cos\theta}$에서

$3^{\sin\theta - \cos\theta} = 3^{2\cos\theta}$, 즉 $\sin\theta - \cos\theta = 2\cos\theta$

$3\cos\theta = \sin\theta$에서 $\frac{\sin\theta}{\cos\theta} = 3$

따라서 $\tan\theta = 3$

답 3

05 $f(x) = \sin\frac{3}{2}x$

$= \sin\left(\frac{3}{2}x + 2\pi\right)$

$= \sin\frac{3}{2}\left(x + \frac{4}{3}\pi\right)$

에서 $f(x)$의 주기는 $\frac{4}{3}\pi$이다.

$f\left(x + \frac{4}{3}\pi\right) = f(x)$

따라서 $f(x+a) = f(x)$를 성립시키는 최소의 양수는 $\frac{4}{3}\pi$이므로

$a = \frac{4}{3}\pi$

답 ④

06 $2(1 - \sin^2 x) - \sin x - 1 = 0$

$2\sin^2 x + \sin x - 1 = 0$, $(\sin x + 1)(2\sin x - 1) = 0$

$\sin x = -1$ 또는 $\sin x = \frac{1}{2}$

따라서 방정식을 만족시키는 근은 $\frac{\pi}{6}$, $\frac{5}{6}\pi$, $\frac{3}{2}\pi$이므로 그 합은

$\frac{\pi}{6} + \frac{5}{6}\pi + \frac{3}{2}\pi = \frac{5}{2}\pi$

답 ⑤

07 삼각형 ABC에서 사인법칙에 의하여

$\frac{5}{\sin 30°} = \frac{\overline{\mathrm{AC}}}{\sin 45°}$이므로

$\overline{\mathrm{AC}} = \frac{5}{\sin 30°} \times \sin 45° = \frac{5}{\frac{1}{2}} \times \frac{\sqrt{2}}{2} = 5\sqrt{2}$

답 ③

08 삼각형의 세 내각의 크기의 합은 $180°$이므로 $\angle\mathrm{A} = 30°$

따라서 삼각형 ABC의 넓이는

$\frac{1}{2} \times \overline{\mathrm{AB}} \times \overline{\mathrm{AC}} \times \sin 30° = \frac{1}{2} \times 4 \times 3 \times \frac{1}{2} = 3$

답 3

09

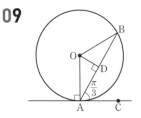

원의 중심 O에서 선분 AB에 내린 수선의 발을 D라 하면

$\overline{AD}=3$, $\angle OAD=\dfrac{\pi}{6}$이므로

$\angle AOD=\dfrac{\pi}{3}$이고 $\angle AOB=\dfrac{2}{3}\pi$

직각삼각형 ADO에서

$\cos\dfrac{\pi}{6}=\dfrac{\overline{AD}}{\overline{OA}}=\dfrac{3}{\overline{OA}}$이므로 원의 반지름은

$\overline{OA}=\dfrac{3}{\dfrac{\sqrt{3}}{2}}=2\sqrt{3}$

따라서 부채꼴 OAB의 넓이는

$\dfrac{1}{2}\times(2\sqrt{3})^2\times\dfrac{2}{3}\pi=4\pi$

目 ②

10 $\sin(\pi+\theta)=-\sin\theta=-\dfrac{b}{\overline{OA}}=\dfrac{1}{3}$ ······ ㉠

$\overline{OA}=1$이므로 $b=-\dfrac{1}{3}$

$\sin\left(\dfrac{\pi}{2}+\theta\right)=\cos\theta>0$이고

㉠에서 $\sin\theta=-\dfrac{1}{3}$이므로

$\cos\theta=\sqrt{1-\sin^2\theta}=\sqrt{1-\left(-\dfrac{1}{3}\right)^2}=\dfrac{2\sqrt{2}}{3}$

그런데 $\cos\theta=\dfrac{a}{\overline{OA}}=\dfrac{2\sqrt{2}}{3}$이고 $\overline{OA}=1$이므로

$a=\dfrac{2\sqrt{2}}{3}$

따라서 $a^2-b=\dfrac{8}{9}-\left(-\dfrac{1}{3}\right)=\dfrac{11}{9}$

目 $\dfrac{11}{9}$

11 $\beta=\dfrac{\pi}{2}+\alpha$, $\gamma=\pi+\alpha$, $\delta=\dfrac{3}{2}\pi+\alpha$이므로

$\cos\beta=\cos\left(\dfrac{\pi}{2}+\alpha\right)=-\sin\alpha$

$\cos\left(\dfrac{\pi}{2}+\gamma\right)=\cos\left(\dfrac{\pi}{2}+\pi+\alpha\right)=-\cos\left(\dfrac{\pi}{2}+\alpha\right)$

$=-(-\sin\alpha)=\sin\alpha$

$\sin\left(\dfrac{\pi}{2}+\delta\right)=\sin\left(\dfrac{\pi}{2}+\dfrac{3}{2}\pi+\alpha\right)=\sin(2\pi+\alpha)=\sin\alpha$

$2\sin\alpha\times4\cos\beta+2\cos\left(\dfrac{\pi}{2}+\gamma\right)\times\sin\left(\dfrac{\pi}{2}+\delta\right)$

$=2\sin\alpha\times4(-\sin\alpha)+2\sin\alpha\times\sin\alpha$

$=-8\sin^2\alpha+2\sin^2\alpha$

$=-6\sin^2\alpha=-4$

에서 $\sin^2\alpha=\dfrac{2}{3}$

따라서 $\cos^2\alpha=1-\sin^2\alpha=\dfrac{1}{3}$이므로

$9\cos^2\alpha=9\times\dfrac{1}{3}=3$

目 3

12 $f(x)=\cos\pi x=\cos(\pi x+2\pi)$

$=\cos\pi(x+2)=f(x+2)$에서

함수 $y=\cos\pi x$의 그래프의 주기는 2이므로

$y=\cos\pi x$의 그래프는 $x=n$ (n은 정수)에 대하여 대칭이다.

그러므로

$\dfrac{a+4b}{2}=1$에서 $a+4b=2$ ······ ㉠

$\dfrac{4b+5b}{2}=2$에서 $9b=4$ ······ ㉡

㉠과 ㉡에서 $a=\dfrac{2}{9}$, $b=\dfrac{4}{9}$

$y=\tan(a+b)\pi x+3=\tan\dfrac{2}{3}\pi x+3$

$g(x)=\tan\dfrac{2}{3}\pi x+3=\tan\left(\dfrac{2}{3}\pi x+\pi\right)+3$

$=\tan\dfrac{2}{3}\pi\left(x+\dfrac{3}{2}\right)+3=g\left(x+\dfrac{3}{2}\right)$

따라서 구하는 주기는 $\dfrac{3}{2}$이다.

目 ②

13 $1+2a=(\sin^2\theta+\cos^2\theta)+2\sin\theta\cos\theta$

$=(\sin\theta+\cos\theta)^2$

$1-2a=(\sin^2\theta+\cos^2\theta)-2\sin\theta\cos\theta$

$=(\sin\theta-\cos\theta)^2$

$\dfrac{\pi}{4}<\theta<\dfrac{\pi}{2}$에서 $\sin\theta>\cos\theta>0$

$\sqrt{1+2a}+\sqrt{1-2a}=\sqrt{(\sin\theta+\cos\theta)^2}+\sqrt{(\sin\theta-\cos\theta)^2}$

$=(\sin\theta+\cos\theta)+(\sin\theta-\cos\theta)$

$=2\sin\theta$

따라서 $k=2$

目 ④

14 $9^{\cos^2 x} \times \left(\dfrac{1}{3}\right)^{\sin x} - 3 < 0$에서

$3^{2\cos^2 x - \sin x} < 3^1$이므로

$2\cos^2 - \sin x < 1$,

$2\cos^2 - \sin x - 1 < 0$,

$2(1 - \sin^2 x) - \sin x - 1 < 0$,

$2\sin^2 x + \sin x - 1 > 0$,

$(2\sin x - 1)(\sin x + 1) > 0$

$0 \le x < 2\pi$에서 $\sin x + 1 \ge 0$이므로

$2\sin x - 1 > 0$, $\sin x + 1 \neq 0$, 즉 $\sin > \dfrac{1}{2}$

따라서 $\dfrac{\pi}{6} < x < \dfrac{5}{6}\pi$이므로

$a + b = \pi$

目 ④

15 $\sin A = \sqrt{2}\sin B = 2\sqrt{2}\sin C = k\,(k \neq 0)$라 하면

$\sin B = \dfrac{k}{\sqrt{2}}$, $\sin C = \dfrac{k}{2\sqrt{2}}$이므로

$\sin A : \sin B : \sin C = 1 : \dfrac{1}{\sqrt{2}} : \dfrac{1}{2\sqrt{2}}$

$= 2\sqrt{2} : 2 : 1$

사인법칙의 변형에 의하여 $a : b : c = 2\sqrt{2} : 2 : 1$이므로

가장 긴 변의 길이는 a, 가장 짧은 변의 길이는 c이고,

$a = 2\sqrt{2}l$, $c = l\,(l$은 양의 실수$)$로 놓을 수 있다.

따라서 $\left(\dfrac{m}{n}\right)^2 = \left(\dfrac{2\sqrt{2}l}{l}\right)^2 = 8$

目 8

16

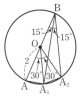

그림에서 $\angle ABA_1 = 15°$이므로

중심각 $\angle AOA_1 = 30°$

마찬가지로 $\angle A_1OA_2 = 30°$

$\overline{AA_1} = \overline{A_1A_2}$이고 삼각형 OAA_1에서 코사인법칙에 의하여

$\overline{AA_1}^2 = 2^2 + 2^2 - 2 \times 2 \times 2 \times \cos 30°$

$= 4(2 - \sqrt{3})$

따라서 $\overline{AA_1}^2 + \overline{A_1A_2}^2 = 8(2 - \sqrt{3})$

目 ④

17 내접원의 반지름의 길이를 r, 삼각형의 각 변의 길이를 각각 a, b, c라 하고 삼각형의 넓이를 S라 하면

위의 그림에서

$S = \dfrac{(a+b+c)r}{2}$이므로

$6 = 12 \times \dfrac{r}{2}$

$r = 1$이므로 삼각형 ABC의 내접원의 반지름, 즉 삼각형 DEF의 외접원의 반지름의 길이는 1이다.

사인법칙에 의하여

$\dfrac{d}{\sin D} + \dfrac{e}{\sin E} + \dfrac{\sin F}{f} = 2r + 2r + \dfrac{1}{2r}$

$= 2 + 2 + \dfrac{1}{2} = \dfrac{9}{2}$

目 ④

18 $\overline{BH} = \sqrt{6}$이므로 $\sin \dfrac{\pi}{3} = \dfrac{\overline{BH}}{\overline{OB}}$에서

$\overline{OB} = \dfrac{\overline{BH}}{\sin \dfrac{\pi}{3}} = \dfrac{\sqrt{6}}{\dfrac{\sqrt{3}}{2}} = 2\sqrt{2}$

그러므로 부채꼴 OAB의 호의 길이는

$2\sqrt{2} \times \dfrac{\pi}{3} = \dfrac{2\sqrt{2}}{3}\pi$

한편 직각삼각형 OBH에서

$\overline{OH} = \sqrt{(2\sqrt{2})^2 - (\sqrt{6})^2} = \sqrt{2}$이고 $\overline{OB} = \overline{OA}$이므로

$\overline{AH} = \overline{OA} - \overline{OH}$

$= \overline{OB} - \overline{OH}$

$= 2\sqrt{2} - \sqrt{2} = \sqrt{2}$

따라서 구하는 둘레의 길이는 $\sqrt{6} + \sqrt{2} + \dfrac{2\sqrt{2}}{3}\pi$이므로

$a + b = 2 + 2 = 4$

目 4

19 $12\sin \theta_1 + 14\sin \theta_2 - 16\cos \theta_3 - 26\cos \theta_4$

$= 12\sin \theta_1 + 14\sin(\pi + \theta_1) - 16\cos\left(\dfrac{\pi}{2} + \theta_1\right)$

$- 26\cos\left(\dfrac{3}{2}\pi - \theta_1\right)$

$$= 12 \sin \theta_1 - 14 \sin \theta_1 + 16 \sin \theta_1 + 26 \sin \theta_1$$
$$= 40 \sin \theta_1 = 8$$

에서 $\sin \theta_1 = \dfrac{1}{5} = 0.2$이므로 $\theta_1 = d$

한편 $\angle P_2OP_4 = \dfrac{\pi}{2} - 2d$이므로

구하는 부채꼴 OP_2P_4의 넓이는

$$\dfrac{1}{2} \times 1^2 \times \left(\dfrac{\pi}{2} - 2d \right) = \dfrac{\pi}{4} - d$$

답 ②

참고

$$\cos\left(\dfrac{3}{2}\pi - \theta_1 \right) = \cos\left\{ \pi + \left(\dfrac{\pi}{2} - \theta_1 \right) \right\}$$
$$= -\cos\left(\dfrac{\pi}{2} - \theta_1 \right)$$
$$= -\sin \theta_1$$

20 이차방정식 $5x^2 - \sqrt{5}x - k = 0$의 두 근이 $\sin \theta$, $\cos \theta$이므로 근과 계수의 관계에 의하여

$\sin \theta + \cos \theta = \dfrac{\sqrt{5}}{5}$, $\sin \theta \cos \theta = -\dfrac{k}{5}$ ...... ㉠

이차방정식 $5x^2 - 3\sqrt{5}x + k = 0$의 두 근이

$\sin \theta$, $|\cos \theta|$이므로 근과 계수의 관계에서

$\sin \theta + |\cos \theta| = \dfrac{3\sqrt{5}}{5}$, $\sin \theta |\cos \theta| = \dfrac{k}{5}$ ...... ㉡

㉠에서 $\sin \theta \cos \theta = -\dfrac{k}{5}$이므로

$$(\sin \theta + \cos \theta)^2 = \sin^2 \theta + 2 \sin \theta \cos \theta + \cos^2 \theta$$
$$= 1 + 2 \times \left(-\dfrac{k}{5} \right) = \dfrac{1}{5}$$

에서 $k = 2$

㉠과 ㉡에서

$\sin \theta + \cos \theta = \dfrac{\sqrt{5}}{5}$이고 $\sin \theta + |\cos \theta| = \dfrac{3\sqrt{5}}{5}$이므로

$\cos \theta < 0$이어야 한다. 즉,

$\sin \theta + |\cos \theta| = \sin \theta - \cos \theta = \dfrac{3\sqrt{5}}{5}$ ...... ㉢

㉠과 ㉢에서 $2 \sin \theta = \dfrac{4\sqrt{5}}{5}$, 즉 $\sin \theta = \dfrac{2\sqrt{5}}{5}$

㉠에서 $\cos \theta = -\dfrac{\sqrt{5}}{5}$

$$k(2 \sin \theta + \cos \theta) = 2 \left(2 \times \dfrac{2\sqrt{5}}{5} - \dfrac{\sqrt{5}}{5} \right) = \dfrac{6\sqrt{5}}{5}$$

따라서 $a = 6$

답 6

21 ㄱ. 삼각형 ABC의 외접원의 반지름의 길이를 R라 하면

사인법칙에 의하여 $\dfrac{4}{\sin 120°} = 2R$에서

$$2R = \dfrac{4}{\sin 60°} = \dfrac{4}{\dfrac{\sqrt{3}}{2}} = \dfrac{8\sqrt{3}}{3} \ (참)$$

ㄴ. $\overline{CP} = 1$일 때, 삼각형 BCP에서 코사인법칙에 의하여

$$\overline{BP}^2 = 4^2 + 1^2 - 2 \times 4 \times 1 \times \cos 30°$$
$$= 17 - 4\sqrt{3} \ (참)$$

ㄷ. $\overline{CP} = x$라 하면

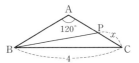

삼각형 BCP에서

$$\overline{BP}^2 + \overline{CP}^2 = (4^2 + x^2 - 2 \times 4 \times x \times \cos 30°) + x^2$$
$$= 2x^2 - 4\sqrt{3}x + 16$$
$$= 2(x - \sqrt{3})^2 + 10$$

그러므로 $x = \sqrt{3}$일 때, 최솟값은 10이다. (참)

따라서 옳은 것은 ㄱ, ㄴ, ㄷ이다.

답 ⑤

22 $\overline{AI} = \overline{AJ} = \sqrt{2^2 + 1^2} = \sqrt{5}$

$\overline{IJ} = \overline{CF} = \sqrt{\overline{CG}^2 + \overline{FG}^2} = \sqrt{2^2 + 2^2} = \sqrt{8}$

삼각형 AJI에서 코사인법칙에 의하여

$$\cos \theta = \dfrac{\overline{AI}^2 + \overline{AJ}^2 - \overline{IJ}^2}{2 \times \overline{AI} \times \overline{AJ}} = \dfrac{\sqrt{5}^2 + \sqrt{5}^2 - \sqrt{8}^2}{2 \times \sqrt{5} \times \sqrt{5}} = \dfrac{1}{5}$$

$\sin^2 \theta = 1 - \cos^2 \theta$이므로

$$\sin^2 \theta = 1 - \left(\dfrac{1}{5} \right)^2 = \dfrac{24}{25}$$

이때 $0 < \theta < \pi$에서 $\sin \theta > 0$이므로

$$\sin \theta = \dfrac{2\sqrt{6}}{5}$$

따라서 삼각형 AIJ의 넓이는

$$\dfrac{1}{2} \times \overline{AI} \times \overline{AJ} \times \sin \theta = \dfrac{1}{2} \times \sqrt{5} \times \sqrt{5} \times \dfrac{2\sqrt{6}}{5} = \sqrt{6}$$

답 ③

23 $\dfrac{\cos\theta}{1+\sin\theta}+\dfrac{\sin\left(\dfrac{\pi}{2}+\theta\right)}{1-\cos\left(\dfrac{\pi}{2}-\theta\right)}$

$=\dfrac{\cos\theta}{1+\sin\theta}+\dfrac{\cos\theta}{1-\sin\theta}$ ...... ❶

$=\dfrac{2\cos\theta}{(1+\sin\theta)(1-\sin\theta)}$

$=\dfrac{2\cos\theta}{1-\sin^2\theta}$

$=\dfrac{2\cos\theta}{\cos^2\theta}=\dfrac{2}{\cos\theta}$ ...... ❷

$\sin\theta=\dfrac{4}{5}$이고 $0<\theta<\dfrac{\pi}{2}$이므로

$\cos\theta=\sqrt{1-\sin^2\theta}=\sqrt{1-\left(\dfrac{4}{5}\right)^2}=\dfrac{3}{5}$

따라서 $\dfrac{2}{\cos\theta}=\dfrac{2}{\dfrac{3}{5}}=\dfrac{10}{3}$ ...... ❸

답 $\dfrac{10}{3}$

단계	채점 기준	비율
❶	주어진 식을 θ를 이용하여 나타낸 경우	30 %
❷	주어진 식을 $\cos\theta$를 이용하여 나타낸 경우	30 %
❸	주어진 식의 값을 구한 경우	40 %

24 $y=(\sin^2 x+\cos^2 x)^3-3\sin^2 x\cos^2 x(\sin^2 x+\cos^2 x)$

$\qquad=1-3\sin^2 x(1-\sin^2 x)$

$\qquad=3\sin^4 x-3\sin^2 x+1$ ...... ❶

$\sin^2 x=t$로 놓으면 $0\le x\le\dfrac{\pi}{2}$이므로 $0\le\sin x\le 1$, 즉

$0\le t\le 1$이고

$f(t)=3t^2-3t+1=3\left(t-\dfrac{1}{2}\right)^2+\dfrac{1}{4}$ ...... ❷

따라서 최솟값은 $t=\dfrac{1}{2}$일 때 $\dfrac{1}{4}$이다. ...... ❸

답 $\dfrac{1}{4}$

단계	채점 기준	비율
❶	식을 정리하여 $\sin^2 x$를 이용하여 나타낸 경우	30 %
❷	$\sin^2 x=t$로 치환하여 나타낸 경우	30 %
❸	최솟값을 구한 경우	40 %

05 등차수열과 등비수열

기본 유형 익히기   유제   본문 67~69쪽

1. ②   **2.** ④   **3.** ④   **4.** ③   **5.** 10
6. ④

1. 등차수열 $\{a_n\}$의 첫째항을 a, 공차를 d라 하면
$a_{20}-a_{15}=(a+19d)-(a+14d)=5d=-10$이므로
$d=-2$
따라서 $a_{10}-a_1=(a_1+9d)-a_1=9d=-18$

답 ②

2. 세 실수 a, $2+\sqrt{3}$, $2-\sqrt{3}$이 이 순서대로 등차수열을 이루므로
$2+\sqrt{3}=\dfrac{a+2-\sqrt{3}}{2}$
$a+2-\sqrt{3}=2(2+\sqrt{3})=4+2\sqrt{3}$
따라서 $a=2+3\sqrt{3}$

답 ④

3. 등차수열 $\{a_n\}$의 첫째항을 a, 첫째항부터 제10항까지의
합을 S_{10}이라 하면
$S_{10}=\dfrac{10(2a+9\times 2)}{2}=5(2a+18)=100$
$2a+18=20$이므로 $a=1$
따라서 $a_1+a_2=1+(1+2)=4$

답 ④

4. $a_3=2$, $a_8 r=4$에서 $ar^2=2$, $ar^8=4$이므로
$\dfrac{ar^8}{ar^2}=\dfrac{4}{2}$에서 $r^6=2$, 즉 $r=\sqrt[6]{2}$
따라서 $\dfrac{a_5}{a}=\dfrac{ar^4}{a}=r^4=(\sqrt[6]{2})^4=\sqrt[6]{2^4}=\sqrt[3]{2^2}=\sqrt[3]{4}$

답 ③

5. 세 수 x, 4, y가 이 순서대로 등비수열을 이루므로
$xy=4^2=16$
x, y는 서로 다른 두 자연수이므로
$x=1$, $y=16$ 또는 $x=16$, $y=1$ 또는

$x=2, y=8$ 또는 $x=8, y=2$
따라서 $x+y$의 최솟값은 $2+8=10$

$\qquad\qquad\qquad\qquad\qquad\qquad$ 답 10

6. 등비수열 $\{a_n\}$의 공비를 r라 하면 $r>0$
$a_7=4$에서 $2r^6=4$이므로 $r^6=2$에서
$r^3=\sqrt{2},\ r=\sqrt[6]{2}$
첫째항부터 제9항까지의 합을 S_9라 하면
$$S_9=\frac{2(r^9-1)}{\sqrt[6]{2}-1}=\frac{2\{(r^3)^3-1\}}{\sqrt[6]{2}-1}$$
$$=\frac{2\{(\sqrt{2})^3-1\}}{\sqrt[6]{2}-1}=\frac{2(2\sqrt{2}-1)}{\sqrt[6]{2}-1}$$
따라서 $k=2(2\sqrt{2}-1)$

$\qquad\qquad\qquad\qquad\qquad\qquad$ 답 ④

유형 확인 본문 70~73쪽

01 ②	**02** ②	**03** ⑤	**04** ①	**05** ⑤
06 ②	**07** ③	**08** ⑤	**09** ②	**10** ⑤
11 ②	**12** ③	**13** ②	**14** ⑤	**15** ③
16 ②	**17** ③	**18** ⑤	**19** 5	**20** ②
21 ④	**22** ③	**23** ③	**24** ②	

01 등차수열 $\{a_n\}$의 첫째항을 a, 공차를 d라 하면
$a_{10}-a_4=(a+9d)-(a+3d)=6d=-18$
에서 $d=-3$
$a_4-2a_2=(a+3d)-2(a+d)$
$\qquad\quad=-a+d=-6$ $\qquad\qquad\qquad$ …… ㉠
$d=-3$을 ㉠에 대입하면 $a=3$
따라서 $a_5=a+4d=3+4\times(-3)=-9$

$\qquad\qquad\qquad\qquad\qquad\qquad$ 답 ②

02 등차수열 $\{a_n\}$의 첫째항을 a라 하면
$a_5=12$에서 $a+4d=12$
$a_9+a_{11}=(a+8d)+(a+10d)$
$\qquad\qquad=2a+18d$
$\qquad\qquad=2(a+4d)+10d$
$\qquad\qquad=24+10d$
따라서 $k=24$

$\qquad\qquad\qquad\qquad\qquad\qquad$ 답 ②

03 두 등차수열 $\{a_n\}$, $\{b_n\}$의 공차를 각각 d_1, d_2라 하면
$a_5-a_2=3d_1=6$에서 $d_1=2$
$b_3-b_5=-2d_2=6$에서 $d_2=-3$이므로
$a_n=-10+(n-1)\times2=2n-12$,
$b_n=25+(n-1)\times(-3)=-3n+28$
$a_nb_n>0$에서 $(2n-12)(-3n+28)>0$, 즉
$2(n-6)(3n-28)<0$에서
$6<n<\dfrac{28}{3}$
따라서 자연수 n의 최댓값은 9이다.

$\qquad\qquad\qquad\qquad\qquad\qquad$ 답 ⑤

04 주어진 수열에서 로그의 성질을 이용하여 정리하면
$\log_7\sqrt{3},\ \log_7 x^2,\ \log_7 y^3,\ \log_7\sqrt{12},\ \cdots$
등차수열이므로
$\log_7 x^2-\log_7\sqrt{3}=\log_7\sqrt{12}-\log_7 y^3$
$\log_7\dfrac{x^2}{\sqrt{3}}=\log_7\dfrac{\sqrt{12}}{y^3}$ 이므로
$\dfrac{x^2}{\sqrt{3}}=\dfrac{\sqrt{12}}{y^3}$
따라서 $x^2y^3=\sqrt{36}=6$

$\qquad\qquad\qquad\qquad\qquad\qquad$ 답 ①

05 등차수열 $\{a_n\}$의 공차를 d라 하면
조건 (가)에서 $a_6=2a_3$이므로
$a_1+5d=2(a_1+2d)$, 즉 $a_1=d$ $\qquad$ …… ㉠
조건 (나)의
$a_2+a_4+a_6+\cdots+a_{12}=a_1+a_3+a_5+\cdots+a_{11}+24$에서
$(a_2-a_1)+(a_4-a_3)+(a_6-a_5)+\cdots+(a_{12}-a_{11})=24$
이므로 $6d=24$, 즉 $d=4$
㉠에서 $a_1=4$
따라서 $a_{10}=4+9\times4=40$

$\qquad\qquad\qquad\qquad\qquad\qquad$ 답 ⑤

06 등차수열 $\{a_n\}$은 공차가 p이므로
$a_{15}-a_3=12p$에서
$a_{15}=a_3+12p=(p-4)+12p=13p-4$
$a_{15}=p+12$이므로
$13p-4=p+12$, 즉 $p=\dfrac{4}{3}$에서

$a_k = 6p + \dfrac{4}{3} = 6 \times \dfrac{4}{3} + \dfrac{4}{3} = \dfrac{28}{3}$

$a_k = a_3 + (k-3)p$

$\quad = \left(\dfrac{4}{3} - 4\right) + (k-3) \times \dfrac{4}{3}$

$\quad = -\dfrac{8}{3} + \dfrac{4}{3}(k-3) = \dfrac{4}{3}k - \dfrac{20}{3}$

따라서 $\dfrac{4}{3}k - \dfrac{20}{3} = \dfrac{28}{3}$에서

$k = 12$

답 ②

07 a, b, 4, d, e가 이 순서대로 등차수열을 이루므로

$\dfrac{b+d}{2} = 4$에서 $b+d = 8$

$\dfrac{a+e}{2} = 4$에서 $a+e = 8$

따라서 $\dfrac{b+d}{2} + \dfrac{a+e}{3} = \dfrac{8}{2} + \dfrac{8}{3} = \dfrac{20}{3}$

답 ③

08 $\sqrt{2}$, a, b, c, d, e, 4가 이 순서대로 등차수열을 이루므로

$\sqrt{2} + 4 = 2c$, $a+e = 2c$, $b+d = 2c$에서

$\sqrt{2} + 4 = a+e = b+d = 2c$

따라서

$2a + 3b + 4c + 3d + 2e = 2(a+e) + 3(b+d) + 2 \times 2c$

$\qquad\qquad\qquad\qquad = 2 \times 2c + 3 \times 2c + 2 \times 2c$

$\qquad\qquad\qquad\qquad = 7 \times 2c$

$\qquad\qquad\qquad\qquad = 7(\sqrt{2} + 4)$

$\qquad\qquad\qquad\qquad = 28 + 7\sqrt{2}$

답 ⑤

09 등차수열 $\{a_n\}$의 공차를 d라 하면

$a_n = 2n+3$에서 $a_1 = 5$, $a_2 = 7$이고

$d = a_2 - a_1 = 7 - 5 = 2$

수열 $\{a_n\}$의 첫째항부터 제n항까지의 합을 S_n이라 하면

$a_3 + a_4 + a_5 + \cdots + a_{20} = S_{20} - (a_1 + a_2)$

$\qquad\qquad\qquad\qquad\quad = \dfrac{20(10 + 19 \times 2)}{2} - (5+7)$

$\qquad\qquad\qquad\qquad\quad = 480 - 12$

$\qquad\qquad\qquad\qquad\quad = 468$

답 ②

다른풀이

$a_n = 2n+3$에서

$a_3 = 9$, $a_{20} = 43$이므로

$a_3 + a_4 + a_5 + \cdots + a_{20} = \dfrac{18(9+43)}{2} = 468$

10 $a_{10} = 50$, $a_{11} = 45$이므로

수열 $\{a_n\}$의 공차 $d = a_{11} - a_{10} = -5$

$a_{10} = a_1 + 9d = a_1 + 9 \times (-5) = 50$에서 $a_1 = 95$

$a_1 + a_2 + \cdots + a_n = \dfrac{n\{190 + (n-1) \times (-5)\}}{2}$

$\qquad\qquad\qquad\qquad = \dfrac{n(195 - 5n)}{2} = 0$

따라서 $n = \dfrac{195}{5} = 39$

답 ⑤

11 등차수열 $\{a_n\}$의 공차를 d라 하면

$d = a_{n+1} - a_n = 3(n+1) + k - (3n+k) = 3$

수열 $\{a_n\}$의 첫째항부터 제n항까지의 합을 S_n이라 하면

$a_6 + a_7 + a_8 + \cdots + a_{15}$

$= S_{15} - S_5$

$= \dfrac{15(2a_1 + 14 \times 3)}{2} - \dfrac{5(2a_1 + 4 \times 3)}{2}$

$= 10a_1 + 285 = 255$

에서 $a_1 = -3$이므로

$a_n = -3 + (n-1) \times 3 = 3n - 6$

$3n - 6 > 150$, 즉 $n > \dfrac{156}{3} = 52$

따라서 자연수 n의 최솟값은 53이다.

답 ②

12 $S_n = n^2 + kn$이므로

$a_{24} + a_{25} + a_{26} + a_{27} = S_{27} - S_{23}$

$\qquad\qquad\qquad\qquad = 27^2 + 27k - (23^2 + 23k)$

$\qquad\qquad\qquad\qquad = 200 + 4k$

$200 + 4k = 80$, $k = -30$

따라서 $S_n = n^2 - 30n$이므로

$S_{30} = 0$

답 ③

다른풀이

등차수열 a_1, a_2, a_3, $\cdots$, a_{50}에서

$a_1+a_{50}=a_2+a_{49}=\cdots=a_{24}+a_{27}=a_{25}+a_{26}$이므로

$2(a_{25}+a_{26})=80$에서 $a_{25}+a_{26}=40$

$S_{50}=\dfrac{50(a_1+a_{50})}{2}$

$\quad=\dfrac{50(a_{25}+a_{26})}{2}$

$\quad=\dfrac{50\times40}{2}=1000$ ······ ㉠

$S_n=n^2+kn$ (k는 상수)에서

$S_{50}=50^2+k\times50$ ······ ㉡

㉠, ㉡에서 $50^2+50k=1000$, 즉 $k=-30$

따라서 $S_n=n^2-30n$

$S_{30}=0$

13 주어진 등비수열의 첫째항을 a, 공비를 r라 하면

$a_3\div a_6\times a_7=ar^2\div ar^5\times ar^6$

$\qquad\qquad\quad=ar^3=a_4=12$

답 ②

다른풀이

등비수열 $\{a_n\}$의 공비를 r라 하면

$a_3\div a_6\times a_7=a_3\times\dfrac{a_7}{a_6}=a_3\times r=a_4=12$

14 주어진 등비수열의 첫째항을 a, 공비를 r라 하면

$\log_2 a_8-\log_2 a_5=\log_2\dfrac{ar^7}{ar^4}$

$\qquad\qquad\qquad=\log_2 r^3$

$\qquad\qquad\qquad=3\log_2 r=6$

에서 $\log_2 r=2$

$\log_2 a_{20}-\log_2 a_{11}=\log_2\dfrac{a_{20}}{a_{11}}$

$\qquad\qquad\qquad\;=\log_2\dfrac{ar^{19}}{ar^{10}}$

$\qquad\qquad\qquad\;=\log_2 r^9$

$\qquad\qquad\qquad\;=9\log_2 r=18$

답 ⑤

다른풀이

수열 $\{a_n\}$이 등비수열이면 수열 $\{\log_2 a_n\}$은 등차수열이다.

수열 $\{\log_2 a_n\}$의 공차를 d라 하면

$\log_2 a_8-\log_2 a_5=3d=6$이므로 $d=2$

$\log_2 a_{20}-\log_2 a_{11}=9d=9\times2=18$

15 등비수열 $\{a_n\}$의 첫째항을 a, 공비를 r라 하면

$a_3+a_4=ar^2+ar^3=3$

$a_5+a_6=ar^4+ar^5=r^2(ar^2+ar^3)=4$이므로

$3r^2=4$에서 $r^2=\dfrac{4}{3}$

따라서

$a_7+a_8=ar^6+ar^7=r^4(ar^2+ar^3)$

$\qquad\quad=3r^4=3\times\left(\dfrac{4}{3}\right)^2=\dfrac{16}{3}$

답 ③

다른풀이

등비수열 $\{a_n\}$의 첫째항을 a, 공비를 r라 하면

$a_3+a_4=ar^2+ar^3=ar^2(1+r)=3$ ······ ㉠

$a_5+a_6=ar^4+ar^5=ar^4(1+r)=4$ ······ ㉡

㉡÷㉠에서 $r^2=\dfrac{4}{3}$

㉠에서 $a(1+r)=\dfrac{9}{4}$

따라서

$a_7+a_8=ar^6+ar^7=ar^6(1+r)=a(1+r)r^6$

$\qquad\quad=\dfrac{9}{4}\times\left(\dfrac{4}{3}\right)^3=\dfrac{16}{3}$

16 등비수열 $\{a_n\}$의 첫째항을 a, 공비를 r라 하면

$a_4=ar^3=4$ ······ ㉠

$a_6-a_3=ar^5-ar^2$이고 $\dfrac{a_4}{a_2}=\dfrac{ar^3}{ar}=r^2$

$a_6-a_3=\dfrac{a_4}{a_2}$에서

$ar^5-ar^2=r^2$, 즉 $ar^5-(a+1)r^2=0$

$r^2\{ar^3-(a+1)\}=0$

$r^2\neq0$이므로 $ar^3-(a+1)=0$ ······ ㉡

㉠을 ㉡에 대입하면 $a=3$

㉠에서 $r^3=\dfrac{4}{3}$

따라서 $a_7=ar^6=3\times\left(\dfrac{4}{3}\right)^2=\dfrac{16}{3}$

답 ②

17 등차수열 $\{\log a_n\}$의 첫째항이 1이고 공차가 d이므로

$\log a_n=1+29d$, 즉 $a_n=10^{1+29d}$

$29d+1$이 자연수가 되어야 하므로

$$d=\frac{k}{29}\,(k=0,\ 1,\ 2,\ 3,\ \cdots)$$

따라서 1보다 작은 공차 d의 값 중 최댓값은 $\dfrac{28}{29}$이다.

답 ③

참고 등차수열 $\{\log a_n\}$의 첫째항은 1이므로
$\log a_1=1$에서 $a_1=10$
등차수열 $\{\log a_n\}$의 공차가 d이므로

$\log a_2-\log a_1=d$, 즉 $\log\dfrac{a_2}{a_1}=d$

$\log a_3-\log a_2=d$, 즉 $\log\dfrac{a_3}{a_2}=d$

$\log a_4-\log a_3=d$, 즉 $\log\dfrac{a_4}{a_3}=d$

$$\vdots$$

즉, $\dfrac{a_2}{a_1}=10^d$, $\dfrac{a_3}{a_2}=10^d$, $\dfrac{a_4}{a_3}=10^d$, $\cdots$에서

$a_2=10^d\times a_1$, $a_3=10^d\times a_2$, $a_4=10^d\times a_3$, $\cdots$
10^d은 일정한 상수이므로 수열 $\{a_n\}$은 등비수열이다.
그러므로 $a_{30}=10\times(10^d)^{29}=10^{29d+1}$
$29d+1$이 자연수가 되어야 하므로
$29d+1=m$이라 하면 m은 1보다 크거나 같은 자연수이어야
한다. $29d=k$라 하면 k는 0보다 크거나 같은 정수이므로
$d=\dfrac{k}{29}$에서 $k=0,\ 1,\ 2,\ 3,\ \cdots$

18 조건 (가)의

$\dfrac{a_2}{a_1}=\dfrac{a_4}{a_3}=\dfrac{a_6}{a_5}=\dfrac{a_8}{a_7}=\dfrac{a_{10}}{a_9}=4$에서

$a_2=4a_1$, $a_4=4a_3$, $a_6=4a_5$, $a_8=4a_7$, $a_{10}=4a_9$ $\cdots\cdots$ ㉠
조건 (나)의
$a_{2n-1}=3n-1\,(n=1,\ 2,\ 3,\ 4,\ 5)$에서
$a_1=2$, $a_3=5$, $a_5=8$, $a_7=11$, $a_9=14$이므로

$$
\begin{aligned}
S_{10}&=a_1+a_2+a_3+\cdots+a_9+a_{10}\\
&=(a_1+a_3+a_5+a_7+a_9)+(a_2+a_4+a_6+a_8+a_{10})\\
&=(2+5+8+11+14)+4(2+5+8+11+14)\\
&=5(2+5+8+11+14)\\
&=5\times\frac{5(2+14)}{2}\\
&=200
\end{aligned}
$$

답 ⑤

19 3^x, 9, 9^y이 이 순서대로 등비수열을 이루므로
$9^2=3^x\times9^y=3^x\times3^{2y}=3^{x+2y}$
즉, $3^4=3^{x+2y}$에서 $x+2y=4$
x, y는 자연수이므로
$x=2$, $y=1$
따라서 $x^2+y=2^2+1=5$

답 5

20 등비수열 3, a, b, c, 27의 공비를 $r\,(r>0)$라 하면
27은 첫째항이 3, 공비가 r인 등비수열의 5번째 항이므로
$27=3r^4$, $r^4=9$, $r=\sqrt3$
5개의 수 a, p, b, q, c가 이 순서대로 등비수열을 이루므로
$p^2=ab$, $q^2=bc$

따라서 $\dfrac{q^2}{p^2}=\dfrac{bc}{ab}=\dfrac{c}{a}=r^2=3$

답 ②

21 등비수열 $\{a_n\}$의 첫째항을 a, 공비를 $r\,(r\neq1)$라 하면

$a_1+a_2=\dfrac{a(r^2-1)}{r-1}=5$ $\cdots\cdots$ ㉠

$a_1+a_2+a_3+a_4=\dfrac{a(r^4-1)}{r-1}=20$ $\cdots\cdots$ ㉡

㉡에서

$\dfrac{a(r^2-1)(r^2+1)}{r-1}=5(r^2+1)=20$

$r^2+1=4$, $r^2=3$
$r^2=3$을 ㉠에 대입하면

$\dfrac{2a}{r-1}=5$이므로 $\dfrac{a}{r-1}=\dfrac{5}{2}$

따라서

$$
\begin{aligned}
a_1+a_2+a_3+\cdots+a_6&=\frac{a(r^6-1)}{r-1}\\
&=\frac{a}{r-1}\times\{(r^2)^3-1\}\\
&=\frac{5}{2}(3^3-1)\\
&=65
\end{aligned}
$$

답 ④

22 등비수열 $\{a_n\}$의 공비를 r라 하면
$a_{10}=6$에서 $2r^9=6$이므로
$r^9=3$, 즉 $r=\sqrt[9]{3}$

$$a_2 = a_1 r = 2\sqrt[9]{3}$$

$$a_2 + a_4 + a_6 + \cdots + a_{16} + a_{18} = \frac{2\sqrt[9]{3}\{(r^2)^9 - 1\}}{r^2 - 1}$$

$$= \frac{2\sqrt[9]{3}\{(r^9)^2 - 1\}}{r^2 - 1}$$

$$= \frac{2\sqrt[9]{3}(3^2 - 1)}{(\sqrt[9]{3})^2 - 1} = \frac{16\sqrt[9]{3}}{\sqrt[9]{9} - 1}$$

따라서 $k = 16$

답 ③

23 등비수열 $\{a_n\}$의 첫째항을 a라 하면

$$A_n = \frac{a(r^n - 1)}{r - 1}$$

$$B_n = \frac{2a\left(1 - \dfrac{1}{r^n}\right)}{1 - \dfrac{1}{r}}$$

$$= \frac{2a \times \dfrac{r^n - 1}{r^n}}{\dfrac{r - 1}{r}}$$

$$= \frac{2ar(r^n - 1)}{r^n(r - 1)}$$

$$= \frac{2a(r^n - 1)}{r - 1} \times \frac{r}{r^n}$$

$$= \frac{2A_n}{r^{n-1}}$$

따라서 $\dfrac{A_n}{B_n} = \dfrac{r^{n-1}}{2}$이므로 $\dfrac{A_{10}}{B_{10}} = \dfrac{r^9}{2}$

답 ③

24 네 양수 a, b, c, d가 이 순서대로 등비수열을 이루므로 공비를 r라 하면 네 양수 a, b, c, d는 a, ar, ar^2, ar^3으로 나타낼 수 있다.

조건 (가)에서 $\log_2 a - \log_2 d = -3$이므로

$$\log_2 \frac{a}{d} = \log_2 \frac{a}{ar^3} = \log_2 \frac{1}{r^3} = -3$$에서

$$\frac{1}{r^3} = 2^{-3} = \frac{1}{8}, \text{ 즉 } r = 2$$

조건 (나)에서 $2^a \times 2^b \times 2^c \times 2^d = 32$이므로

$2^{a+b+c+d} = 2^5$에서 $a + b + c + d = 5$

$$a + ar + ar^2 + ar^3 = \frac{a(r^4 - 1)}{r - 1}$$

$$= \frac{a(2^4 - 1)}{2 - 1} = 5$$

이므로 $a = \dfrac{1}{3}$

따라서

$$abcd = a \times ar \times ar^2 \times ar^3 = a^4 r^6 = \left(\frac{1}{3}\right)^4 \times 2^6 = \frac{64}{81}$$

답 ②

서술형 **연습장** 본문 74쪽

01 1891   **02** 25   **03** 80

01 수열 $\{a_n\}$은 $a_1 = 5^{30}$이고, 공비가 $\dfrac{1}{\sqrt[4]{5}}$인 등비수열이므로

$$a_n = 5^{30} \times \left(\frac{1}{\sqrt[4]{5}}\right)^{n-1} = 5^{30} \times 5^{\frac{1-n}{4}} = 5^{\frac{121-n}{4}}$$ ······ ❶

a_n이 정수가 되려면 $\dfrac{121-n}{4}$이 0 또는 양의 정수가 되어야 하므로 $n = 1, 5, 9, \cdots, 121$ ······ ❷

그러므로 만족하는 n의 값은 첫째항이 1이고 공차가 4인 등차수열이다.

항의 수를 k라 하면

$1 + (k-1) \times 4 = 4k - 3$에서

$4k - 3 = 121$, $k = 31$

따라서 n의 값의 합은 첫째항이 1이고 제31항이 121인 등차수열의 합이므로

$$\frac{31\{1 + 121\}}{2} = 1891$$ ······ ❸

답 1891

단계	채점 기준	비율
❶	a_n을 구한 경우	20 %
❷	n의 값을 구한 경우	30 %
❸	n의 값의 합을 구한 경우	50 %

02 등비수열 $\{a_n\}$의 공비를 r라 하면

$$a_1 a_2 a_3 = a_1 \times a_1 r \times a_1 r^2$$

$$= (a_1 r)^3 = 5$$ ······ ㉠ ······ ❶

$\dfrac{a_3}{a_1 a_2} = 1$에서

$$\frac{a_3}{a_1 a_2} = \frac{a_1 r^2}{a_1 \times a_1 r} = \frac{r}{a_1} = 1$$

이므로 $a_1=r$ ...... ㉡

㉡을 ㉠에 대입하면 $r^6=5$ ...... ❷

따라서 $\dfrac{a_{13}}{a_1}=\dfrac{a_1 r^{12}}{a_1}=r^{12}=(r^6)^2=25$ ...... ❸

답 25

단계	채점 기준	비율
❶	$(a_1 r)^3$의 값을 구한 경우	30 %
❷	r^6의 값을 구한 경우	50 %
❸	$\dfrac{a_{13}}{a_1}$의 값을 구한 경우	20 %

03 등비수열 $\{a_n\}$의 공비를 r라 하면

$a_5+a_6+a_7+a_8=a_3 r^2+a_4 r^2+a_3 r^4+a_4 r^4$

$\qquad\qquad = r^2(a_3+a_4)+r^4(a_3+a_4)$

$\qquad\qquad = r^2(1+r^2)(a_3+a_4)$

$\qquad\qquad = 10r^2(1+r^2)=60$

에서 $r^2(1+r^2)=6$ ...... ❶

$(r^2)^2+r^2-6=(r^2+3)(r^2-2)=0$에서

$r^2=2$ ...... ❷

따라서

$a_9+a_{10}=a_3 r^6+a_4 r^6$

$\qquad\quad =(a_3+a_4)r^6$

$\qquad\quad =10\times 2^3=80$ ...... ❸

답 80

단계	채점 기준	비율
❶	$r^2(1+r^2)=6$의 식을 구한 경우	50 %
❷	r^2의 값을 구한 경우	20 %
❸	a_9+a_{10}의 값을 구한 경우	30 %

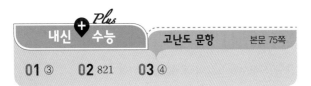

내신 Plus 수능   고난도 문항   본문 75쪽

01 ③   **02** 821   **03** ④

01 a, $2b$, $3c$가 이 순서대로 등차수열을 이루므로

$4b=a+3c$에서 $b=\dfrac{3c+a}{4}=\dfrac{3c+a}{3+1}$

점 B는 선분 AC를 $3:1$로 내분하는 점이다. ...... ㉠

$p=3$

$2b$, $3c$, $4d$가 차례로 등차수열을 이루므로

$6c=2b+4d$에서 $c=\dfrac{b+2d}{3}=\dfrac{2d+b}{2+1}$

점 C는 선분 BD를 $2:1$로 내분하는 점이다. ...... ㉡

$q=2$

㉠, ㉡에서 점 D는 선분 AB를 $3:1$로 외분하는 점이다.

$r=3$

따라서 $p+q+r=3+2+3=8$

답 ③

참고 수직선 위의 선분의 내분점, 외분점

수직선 위의 두 점 $A(x_1)$, $B(x_2)$에 대하여

⑴ 선분 AB를 $m:n(m>0,\ n>0)$으로 내분하는 점 P의 좌

$\quad$ 표는 $\left(\dfrac{mx_2+nx_1}{m+n}\right)$

$\qquad\qquad$ A —m— P —n— B
$\qquad\qquad$ x_1 $\qquad$ x_2

⑵ 선분 AB를 $m:n(m>0,\ n>0)$으로 외분하는 점 Q의 좌

$\quad$ 표는 $\left(\dfrac{mx_2-nx_1}{m-n}\right)$ $(m\neq n)$

$\qquad\qquad$ A $\quad$ B —n— Q $\qquad$ ($m>n$일 때)
$\qquad\qquad$ x_1 $\quad$ x_2 —m—

$\qquad\qquad$ Q —m— A $\quad$ B $\qquad$ ($m<n$일 때)
$\qquad\qquad$ x_1 $\quad$ x_2
$\qquad\qquad$ —n—

02 등차수열 $\{a_n\}$의 첫째항을 a, 공차를 d라 할 때,

$a_1+a_2=a_5$에서 $a+(a+d)=a+4d$이므로

$a=3d$ ...... ㉠

$a_1+a_2+a_3+\cdots+a_{21}=\dfrac{21(2a+20d)}{2}$

$\qquad\qquad\qquad\qquad\quad =21(a+10d)$

$\qquad\qquad\qquad\qquad\quad =21(3d+10d)$

$\qquad\qquad\qquad\qquad\quad =273d$

한편 8^{a_1}, 8^{a_2}, 8^{a_3}, $\cdots$, $8^{a_{21}}$의 곱이 2이므로

$8^{a_1+a_2+a_3+\cdots+a_{21}}=8^{273d}=2^{819d}=2$에서

$819d=1$, 즉 $d=\dfrac{1}{819}$

㉠에서 $a=\dfrac{1}{273}$

$\dfrac{S_{820}}{820}=\dfrac{820\left(2\times\dfrac{1}{273}+819\times\dfrac{1}{819}\right)}{820\times 2}=\dfrac{275}{546}$이므로

$p=546$, $q=275$

따라서 $p+q=546+275=821$

답 821

03 $l_1=\dfrac{3}{2}l$, $l_2=\dfrac{3}{2}l_1=\left(\dfrac{3}{2}\right)^2l$, $\cdots$

$l_7=\left(\dfrac{3}{2}\right)^7l$에서

$l_1+l_2+\cdots+l_7=\dfrac{3}{2}l+\left(\dfrac{3}{2}\right)^2l+\cdots+\left(\dfrac{3}{2}\right)^7l$

$=\dfrac{\dfrac{3}{2}l\left\{\left(\dfrac{3}{2}\right)^7-1\right\}}{\dfrac{3}{2}-1}$

$=3l\left\{\left(\dfrac{3}{2}\right)^7-1\right\}$

$l_1+l_2+\cdots+l_7=kl_7$에서

$k=\dfrac{l_1+l_2+\cdots+l_7}{l_7}$

$=\dfrac{3l\left\{\left(\dfrac{3}{2}\right)^7-1\right\}}{\left(\dfrac{3}{2}\right)^7l}$

$=3\left\{\left(\dfrac{3}{2}\right)^7-1\right\}\times\left(\dfrac{2}{3}\right)^7$

$=3\left\{\left(\dfrac{3}{2}\right)^7\times\left(\dfrac{2}{3}\right)^7-\left(\dfrac{2}{3}\right)^7\right\}$

$=3\left\{1-\left(\dfrac{2}{3}\right)^7\right\}$

답 ④

참고 버튼을 한 번 누를 때마다 글자의 크기는 이전 글자 크기의 1.5배, 즉 $\dfrac{3}{2}$배가 확대되므로

$l_1=\dfrac{3}{2}l$, $l_2=\dfrac{3}{2}l_1=\left(\dfrac{3}{2}\right)^2l$, $\cdots$이 성립한다.

06 수열의 합

기본 유형 익히기　　　유제　　본문 78~79쪽

1. ②　　**2.** ③　　**3.** 485　　**4.** ④

1. $\displaystyle\sum_{k=1}^{9}\dfrac{k+1}{k}-\sum_{n=1}^{9}\dfrac{n+2}{n+1}$

$=\left(\dfrac{2}{1}+\dfrac{3}{2}+\dfrac{4}{3}+\cdots+\dfrac{10}{9}\right)-\left(\dfrac{3}{2}+\dfrac{4}{3}+\cdots+\dfrac{10}{9}+\dfrac{11}{10}\right)$

$=2-\dfrac{11}{10}=\dfrac{9}{10}$

답 ②

2. $\displaystyle\sum_{k=1}^{10}2a_k=2\sum_{k=1}^{10}a_k=10$에서 $\displaystyle\sum_{k=1}^{10}a_k=5$

$\displaystyle\sum_{k=1}^{10}(a_k+b_k)=\sum_{k=1}^{10}a_k+\sum_{k=1}^{10}b_k$

$=5+\displaystyle\sum_{k=1}^{10}b_k=-20$

이므로 $\displaystyle\sum_{k=1}^{10}b_k=-25$

$\displaystyle\sum_{k=1}^{10}(a_k-b_k)=\sum_{k=1}^{10}a_k-\sum_{k=1}^{10}b_k$

$=5-(-25)=30$

답 ③

3. $\displaystyle\sum_{k=1}^{10}(2k^2+3k-2)-\sum_{k=1}^{10}(k^2+k-1)$

$=\displaystyle\sum_{k=1}^{10}\{(2k^2+3k-2)-(k^2+k-1)\}$

$=\displaystyle\sum_{k=1}^{10}(k^2+2k-1)$

$=\displaystyle\sum_{k=1}^{10}k^2+2\sum_{k=1}^{10}k-\sum_{k=1}^{10}1$

$=\dfrac{10\times11\times21}{6}+2\times\dfrac{10\times11}{2}-10$

$=485$

답 485

4. $\displaystyle\sum_{k=1}^{18}\dfrac{1}{\sqrt{k+1}+\sqrt{k+2}}$

$=\displaystyle\sum_{k=1}^{18}\dfrac{\sqrt{k+1}-\sqrt{k+2}}{(\sqrt{k+1}+\sqrt{k+2})(\sqrt{k+1}-\sqrt{k+2})}$

$$=-\sum_{k=1}^{18}(\sqrt{k+1}-\sqrt{k+2})$$
$$=-\{(\sqrt{2}-\sqrt{3})+(\sqrt{3}-\sqrt{4})+(\sqrt{4}-\sqrt{5})+$$
$$\cdots+(\sqrt{19}-\sqrt{20})\}$$
$$=\sqrt{20}-\sqrt{2}$$
$$=2\sqrt{5}-\sqrt{2}$$

답 ④

유형 확인

본문 80~83쪽

01 ②	**02** ②	**03** ⑤	**04** ④	**05** ⑤
06 ⑤	**07** ③	**08** ③	**09** ⑤	**10** ②
11 ⑤	**12** ②	**13** ②	**14** ④	**15** ④
16 ①	**17** 385	**18** ③	**19** ④	**20** ③
21 ④	**22** ③	**23** ①		

01 $\sum_{n=1}^{9}(a_n+a_{n+1})(a_n-a_{n+1})$
$$=\sum_{n=1}^{9}(a_n^{2}-a_{n+1}^{2})$$
$$=(a_1^{2}-a_2^{2})+(a_2^{2}-a_3^{2})+(a_3^{2}-a_4^{2})+\cdots+(a_9^{2}-a_{10}^{2})$$
$$=a_1^{2}-a_{10}^{2}$$
$$=25^{2}-2^{2}=621$$

답 ②

02 $\sum_{k=1}^{10}kn+\sum_{l=11}^{20}ln-\sum_{m=1}^{12}mn$
$$=(1+2+3+\cdots+10)n+(11+12+13+\cdots+20)n$$
$$-(1+2+3+\cdots+12)n$$
$$=(13+14+15+\cdots+20)n$$
$$=\frac{8(13+20)}{2}\times n$$
$$=132n=660$$
이므로 $n=5$

답 ②

03 $\sum_{k=1}^{100}k(a_k-a_{k+1})$
$$=(a_1-a_2)+2(a_2-a_3)+3(a_3-a_4)+\cdots+100(a_{100}-a_{101})$$
$$=a_1+(-a_2+2a_2)+(-2a_3+3a_3)+$$
$$\cdots+(-99a_{100}+100a_{100})-100a_{101}$$
$$=(a_1+a_2+a_3+\cdots+a_{100})-100a_{101}$$
$$=\sum_{k=1}^{100}a_k-20=50$$

이므로 $\sum_{k=1}^{100}a_k=50+20=70$

답 ⑤

04 공차를 d라 하면 $d=2$
$$\sum_{k=1}^{10}a_{2k-1}-10a_1$$
$$=(a_1+a_3+a_5+\cdots+a_{17}+a_{19})-10a_1$$
$$=(a_1-a_1)+(a_3-a_1)+(a_5-a_1)+$$
$$\cdots+(a_{17}-a_1)+(a_{19}-a_1)$$
$$=0+2d+4d+\cdots+16d+18d$$
$$=(2+4+\cdots+16+18)d$$
$$=\frac{9(2+18)}{2}\times2=180$$

답 ④

05 $\sum_{k=1}^{11}a_{2k-2}-\sum_{k=1}^{10}a_{2k-1}$
$$=\sum_{k=1}^{10}(a_{2k-2}-a_{2k-1})+a_{20}$$
$$=(a_0-a_1)+(a_2-a_3)+(a_4-a_5)+\cdots+(a_{18}-a_{19})+a_{20}$$
$$=\sum_{k=1}^{21}(-1)^{k-1}a_{k-1}$$
등식 $(2x-3)^{20}=\sum_{k=1}^{21}a_{k-1}x^{k-1}$에 $x=-1$을 대입하면
$$\sum_{k=1}^{21}(-1)^{k-1}a_{k-1}=(-2-3)^{20}=5^{20}$$이므로
$$\sum_{k=1}^{11}a_{2k-2}-\sum_{k=1}^{10}a_{2k-1}=5^{20}$$

답 ⑤

06 $\sum_{k=1}^{10}(k^{2}+k+1)-\sum_{k=3}^{10}(k^{2}+k)$
$$=\sum_{k=1}^{10}k^{2}+\sum_{k=1}^{10}k+\sum_{k=1}^{10}1-\sum_{k=3}^{10}k^{2}-\sum_{k=3}^{10}k$$
$$=\left(\sum_{k=1}^{10}k^{2}-\sum_{k=3}^{10}k^{2}\right)+\left(\sum_{k=1}^{10}k-\sum_{k=3}^{10}k\right)+\sum_{k=1}^{10}1$$
$$=(1^{2}+2^{2})+(1+2)+10=18$$

답 ⑤

07 등차수열 $\{a_n\}$이 첫째항이 1이고 공차가 3이므로
$$a_n=1+(n-1)\times3=3n-2$$
$$\sum_{k=1}^{8}\left(\frac{a_{k+1}}{a_k}-\frac{a_{k+2}}{a_{k+1}}\right)$$
$$=\sum_{k=1}^{8}\frac{a_{k+1}}{a_k}-\sum_{k=1}^{8}\frac{a_{k+2}}{a_{k+1}}$$

$$=\left(\frac{a_2}{a_1}+\frac{a_3}{a_2}+\frac{a_4}{a_3}+\cdots+\frac{a_9}{a_8}\right)-\left(\frac{a_3}{a_2}+\frac{a_4}{a_3}+\cdots+\frac{a_9}{a_8}+\frac{a_{10}}{a_9}\right)$$

$$=\frac{a_2}{a_1}-\frac{a_{10}}{a_9}$$

$$=\frac{4}{1}-\frac{28}{25}=\frac{72}{25}$$

답 ③

08 $\sum\limits_{n=1}^{20}(2a_n+3b_n)+3\sum\limits_{n=1}^{20}(b_n-4c_n)=15+3\times(-3)=6$

$\sum\limits_{n=1}^{20}(2a_n+6b_n-12c_n)=6$, $2\sum\limits_{n=1}^{20}(a_n+3b_n-6c_n)=6$

따라서 $\sum\limits_{n=1}^{20}(a_n+3b_n-6c_n)=3$

답 ③

09 $\sum\limits_{k=1}^{10}(3a_k^2+4a_k)-\sum\limits_{k=1}^{10}a_k=3\sum\limits_{k=1}^{10}(a_k^2+a_k)$이므로

$120-6=3\sum\limits_{k=1}^{10}(a_k^2+a_k)$에서

$\sum\limits_{k=1}^{10}(a_k^2+a_k)=38$

따라서

$$\sum\limits_{k=1}^{10}(a_k-1)^2+\sum\limits_{k=1}^{10}(3a_k+1)=\sum\limits_{k=1}^{10}\{(a_k-1)^2+(3a_k+1)\}$$

$$=\sum\limits_{k=1}^{10}(a_k^2+a_k+2)$$

$$=\sum\limits_{k=1}^{10}(a_k^2+a_k)+\sum\limits_{k=1}^{10}2$$

$$=38+2\times10=58$$

답 ⑤

10 $\sum\limits_{k=1}^{10}a_k=\sum\limits_{k=1}^{10}2^{(-1)^k}$

$$=2^{-1}+2+2^{-1}+2+2^{-1}+\cdots+2$$

$$=\frac{1}{2}\times5+2\times5$$

$$=\frac{5}{2}+10=\frac{25}{2}$$

$\sum\limits_{k=11}^{20}a_k=\sum\limits_{k=11}^{20}(1+a_{k-10})=\sum\limits_{k=1}^{10}(1+a_k)$

$$=1\times10+\frac{25}{2}=\frac{45}{2}$$

$\sum\limits_{k=21}^{30}a_k=\sum\limits_{k=21}^{30}(1+a_{k-10})$

$$=\sum\limits_{k=11}^{20}(1+a_k)$$

$$=1\times10+\frac{45}{2}=\frac{65}{2}$$

따라서

$$\sum\limits_{k=1}^{30}a_k=\sum\limits_{k=1}^{10}a_k+\sum\limits_{k=11}^{20}a_k+\sum\limits_{k=21}^{30}a_k$$

$$=\frac{25+45+65}{2}$$

$$=\frac{135}{2}$$

답 ②

11 $\sum\limits_{k=1}^{100}\left(k^3+\frac{1}{25}\right)-\sum\limits_{k=8}^{100}k^3=\sum\limits_{k=1}^{100}k^3+\sum\limits_{k=1}^{100}\frac{1}{25}-\sum\limits_{k=8}^{100}k^3$

$$=\left(\sum\limits_{k=1}^{100}k^3-\sum\limits_{k=8}^{100}k^3\right)+\sum\limits_{k=1}^{100}\frac{1}{25}$$

$$=\sum\limits_{k=1}^{7}k^3+100\times\frac{1}{25}$$

$$=\left(\frac{7\times8}{2}\right)^2+4$$

$$=788$$

답 ⑤

12 $\sum\limits_{k=1}^{n}(k+1)^2-\sum\limits_{k=1}^{n}(k^2+4)$

$$=\sum\limits_{k=1}^{n}\{(k^2+2k+1)-(k^2+4)\}$$

$$=\sum\limits_{k=1}^{n}(2k-3)$$

$$=2\times\frac{n(n+1)}{2}-3n$$

$$=n^2-2n$$

$n^2-2n=80$에서

$n^2-2n-80=0$, $(n-10)(n+8)=0$이므로

$n=10$

답 ②

13 $(1^2+1)+(2^2+3)+(3^2+5)+\cdots+(10^2+19)$

$=(1^2+2^2+3^2+\cdots+10^2)+(1+3+5+\cdots+19)$

$$=\sum\limits_{k=1}^{10}k^2+(1+3+5+\cdots+19)$$

$$=\frac{10\times11\times21}{6}+\frac{10(1+19)}{2}$$

$=385+100=485$

답 ②

14 $\sum\limits_{k=1}^{12}\log_2 a_{2k-1}+\sum\limits_{k=1}^{12}\log_2 a_{2k}=\sum\limits_{k=1}^{24}\log_2 a_k$이므로

$\sum\limits_{k=1}^{24}\log_2 a_k=\sum\limits_{k=1}^{8}\log_2 a_{3k-2}+\sum\limits_{k=1}^{8}\log_2 a_{3k-1}+\sum\limits_{k=1}^{8}\log_2 a_{3k}$

$\qquad=\sum\limits_{k=1}^{8}(\log_2 a_{3k-2}+\log_2 a_{3k-1}+\log_2 a_{3k})$

$\qquad=\sum\limits_{k=1}^{8}\log_2 (a_{3k-2}\times a_{3k-1}\times a_{3k})$

$\qquad=\sum\limits_{k=1}^{8}\log_2 \left(\dfrac{1}{2^k}\times 4^k\times 16^k\right)$

$\qquad=\sum\limits_{k=1}^{8}\log_2 2^{5k}$

$\qquad=\sum\limits_{k=1}^{8}5k$

$\qquad=5\times\dfrac{8\times 9}{2}$

$\qquad=180$

달 ④

15 구하는 합을 S라 하면

$(1+2+3+\cdots+10)^2=1^2+2^2+3^2+\cdots+10^2+2S$이므로

$2S=\left(\sum\limits_{k=1}^{10}k\right)^2-\sum\limits_{k=1}^{10}k^2$

$\left(\sum\limits_{k=1}^{10}k\right)^2=\left(\dfrac{10\times 11}{2}\right)^2=55^2=3025,$

$\sum\limits_{k=1}^{10}k^2=\dfrac{10\times 11\times 21}{6}=385$이므로

$2S=3025-385=2640$에서

$S=1320$

달 ④

16 한 변의 길이가 n일 때, 만들어지는 정사각형의 개수는 $(10-n)^2$이므로 만들 수 있는 한 변의 길이가 4 이상인 모든 정사각형의 개수는

$\sum\limits_{n=4}^{9}(10-n)^2=6^2+5^2+4^2+3^2+2^2+1^2$

$\qquad=\sum\limits_{n=1}^{6}k^2$

$\qquad=\dfrac{6\times 7\times 13}{6}$

$\qquad=91$

달 ①

17 각 정사각형의 색칠한 삼각형 A_n은 직각삼각형이므로 이 삼각형 A_n에 외접하는 원의 지름은 각 정사각형의 한 변의 길이이다.

그러므로 각 원의 반지름의 길이는 $\dfrac{1}{2}$, 1, $\dfrac{3}{2}$, $\cdots$, $\dfrac{n}{2}$이고 원의 넓이 a_n은

$a_1=\pi\times\left(\dfrac{1}{2}\right)^2$

$a_2=\pi\times 1^2$

$a_3=\pi\times\left(\dfrac{3}{2}\right)^2$

$\qquad\vdots$

$a_n=\pi\times\left(\dfrac{n}{2}\right)^2$

$\sum\limits_{k=1}^{10}a_k=\sum\limits_{k=1}^{10}\left\{\pi\times\left(\dfrac{k}{2}\right)^2\right\}=\dfrac{\pi}{4}\sum\limits_{k=1}^{10}k^2$

$\qquad=\dfrac{\pi}{4}\times\dfrac{10\times 11\times 21}{6}=\dfrac{385}{4}\pi$

따라서 $p=385$

달 385

18 $\dfrac{2}{k(k+1)}=2\left(\dfrac{1}{k}-\dfrac{1}{k+1}\right)$이므로

$\sum\limits_{k=1}^{20}\dfrac{2}{k^2+k}$

$=\sum\limits_{k=1}^{20}\dfrac{2}{k(k+1)}$

$=2\sum\limits_{k=1}^{20}\left(\dfrac{1}{k}-\dfrac{1}{k+1}\right)$

$=2\left\{\left(\dfrac{1}{1}-\dfrac{1}{2}\right)+\left(\dfrac{1}{2}-\dfrac{1}{3}\right)+\left(\dfrac{1}{3}-\dfrac{1}{4}\right)+\cdots+\left(\dfrac{1}{20}-\dfrac{1}{21}\right)\right\}$

$=2\left(1-\dfrac{1}{21}\right)$

$=\dfrac{40}{21}$

달 ③

19 $\dfrac{1}{3}+\dfrac{1}{15}+\dfrac{1}{35}+\dfrac{1}{63}+\dfrac{1}{99}$

$=\dfrac{1}{1\times 3}+\dfrac{1}{3\times 5}+\dfrac{1}{5\times 7}+\dfrac{1}{7\times 9}+\dfrac{1}{9\times 11}$

$=\dfrac{1}{2}\left\{\left(\dfrac{1}{1}-\dfrac{1}{3}\right)+\left(\dfrac{1}{3}-\dfrac{1}{5}\right)+\left(\dfrac{1}{5}-\dfrac{1}{7}\right)\right.$

$\qquad\qquad\left.+\left(\dfrac{1}{7}-\dfrac{1}{9}\right)+\left(\dfrac{1}{9}-\dfrac{1}{11}\right)\right\}$

$=\dfrac{1}{2}\left(1-\dfrac{1}{11}\right)$

$=\dfrac{1}{2}\times\dfrac{10}{11}=\dfrac{5}{11}$

달 ④

20 $a_n=\sum\limits_{k=1}^{n+1}k=\dfrac{(n+1)(n+2)}{2}$이므로

$$\sum\limits_{k=1}^{n}\dfrac{1}{a_k}=\sum\limits_{k=1}^{n}\dfrac{2}{(k+1)(k+2)}$$

$$=2\sum\limits_{k=1}^{n}\left(\dfrac{1}{k+1}-\dfrac{1}{k+2}\right)$$

$$=2\left\{\left(\dfrac{1}{2}-\dfrac{1}{3}\right)+\left(\dfrac{1}{3}-\dfrac{1}{4}\right)+\left(\dfrac{1}{4}-\dfrac{1}{5}\right)+\right.$$

$$\left.\cdots+\left(\dfrac{1}{n+1}-\dfrac{1}{n+2}\right)\right\}$$

$$=2\left(\dfrac{1}{2}-\dfrac{1}{n+2}\right)=\dfrac{12}{13}$$

$\dfrac{1}{2}-\dfrac{1}{n+2}=\dfrac{6}{13}$, $\dfrac{1}{n+2}=\dfrac{1}{2}-\dfrac{6}{13}=\dfrac{1}{26}$

따라서 $n=24$

답 ③

21 $(x^2-x)f(x)-1=0$에서

$x\neq0$, $x\neq1$일 때 $f(x)=\dfrac{1}{x^2-x}=\dfrac{1}{x-1}-\dfrac{1}{x}$이므로

$f(k)=\dfrac{1}{k-1}-\dfrac{1}{k}\ (k\geq2)$

$$\sum\limits_{k=1}^{n}f(k)=f(1)+\sum\limits_{k=2}^{n}\left(\dfrac{1}{k-1}-\dfrac{1}{k}\right)$$

$$=1+\left\{\left(1-\dfrac{1}{2}\right)+\left(\dfrac{1}{2}-\dfrac{1}{3}\right)+\left(\dfrac{1}{3}-\dfrac{1}{4}\right)+\right.$$

$$\left.\cdots+\left(\dfrac{1}{n-1}-\dfrac{1}{n}\right)\right\}$$

$$=2-\dfrac{1}{n}$$

$$=\dfrac{2n-1}{n}=\dfrac{13}{7}$$

$14n-7=13n$이므로

$n=7$

답 ④

22 $\sum\limits_{k=1}^{10}\dfrac{1}{\sqrt{k+1}+\sqrt{k}}$

$$=\sum\limits_{k=1}^{10}\dfrac{\sqrt{k+1}-\sqrt{k}}{(\sqrt{k+1}+\sqrt{k})(\sqrt{k+1}-\sqrt{k})}$$

$$=\sum\limits_{k=1}^{10}(\sqrt{k+1}-\sqrt{k})$$

$$=-\sum\limits_{k=1}^{10}(\sqrt{k}-\sqrt{k+1})$$

$$=-\left\{(\sqrt{1}-\sqrt{2})+(\sqrt{2}-\sqrt{3})+\cdots+(\sqrt{10}-\sqrt{11})\right\}$$

$$=-(1-\sqrt{11})=\sqrt{11}-1$$

따라서 $n=11$

답 ③

23 첫째항과 공차가 모두 2인 등차수열의 일반항은

$a_n=2+(n-1)\times2=2n$

$$\sum\limits_{k=1}^{15}\dfrac{1}{\sqrt{a_{k+1}}+\sqrt{a_k}}$$

$$=\sum\limits_{k=1}^{15}\dfrac{\sqrt{a_{k+1}}-\sqrt{a_k}}{(\sqrt{a_{k+1}}+\sqrt{a_k})(\sqrt{a_{k+1}}-\sqrt{a_k})}$$

$$=\sum\limits_{k=1}^{15}\dfrac{\sqrt{a_{k+1}}-\sqrt{a_k}}{a_{k+1}-a_k}=\sum\limits_{k=1}^{15}\dfrac{\sqrt{a_{k+1}}-\sqrt{a_k}}{2}$$

$$=\dfrac{1}{2}\left\{(\sqrt{a_2}-\sqrt{a_1})+(\sqrt{a_3}-\sqrt{a_2})+\cdots+(\sqrt{a_{16}}-\sqrt{a_{15}})\right\}$$

$$=\dfrac{1}{2}(\sqrt{a_{16}}-\sqrt{a_1})=\dfrac{1}{2}(\sqrt{32}-\sqrt{2})$$

$$=\dfrac{1}{2}(4\sqrt{2}-\sqrt{2})=\dfrac{3\sqrt{2}}{2}$$

답 ①

서술형 **연습장** 본문 84쪽

01 50   **02** $\dfrac{5}{21}$ **03** 18

01 $\sum\limits_{k=1}^{10}(a_k+b_k)+\sum\limits_{k=1}^{10}(2a_k-b_k)$

$$=\sum\limits_{k=1}^{10}\left\{(a_k+b_k)+(2a_k-b_k)\right\}$$

$$=\sum\limits_{k=1}^{10}3a_k=3\sum\limits_{k=1}^{10}a_k$$

에서 $3\sum\limits_{k=1}^{10}a_k=18+6=24$이므로 $\sum\limits_{k=1}^{10}a_k=8$ ······ ❶

$\sum\limits_{k=1}^{10}(a_k+b_k)=18$에서

$\sum\limits_{k=1}^{10}a_k+\sum\limits_{k=1}^{10}b_k=18$, $8+\sum\limits_{k=1}^{10}b_k=18$이므로

$\sum\limits_{k=1}^{10}b_k=10$ ······ ❷

따라서 $\sum\limits_{k=1}^{10}(5a_k+b_k)=5\sum\limits_{k=1}^{10}a_k+\sum\limits_{k=1}^{10}b_k$

$$=5\times8+10=50$$ ······ ❸

답 50

단계	채점 기준	비율
❶	$\sum\limits_{k=1}^{10}a_k$의 값을 구한 경우	40 %
❷	$\sum\limits_{k=1}^{10}b_k$의 값을 구한 경우	40 %
❸	주어진 식의 값을 구한 경우	20 %

02

$$h(n)=(f \circ g)(n)$$
$$=f(g(n))=f(2n+1)$$
$$=2n(2n+2)=4n(n+1) \qquad \cdots\cdots \text{❶}$$

$$\sum_{n=1}^{20}\frac{1}{h(n)}=\sum_{n=1}^{20}\frac{1}{4n(n+1)}$$
$$=\frac{1}{4}\sum_{n=1}^{20}\left(\frac{1}{n}-\frac{1}{n+1}\right) \qquad \cdots\cdots \text{❷}$$
$$=\frac{1}{4}\left\{\left(\frac{1}{1}-\frac{1}{2}\right)+\left(\frac{1}{2}-\frac{1}{3}\right)+\cdots+\left(\frac{1}{20}-\frac{1}{21}\right)\right\}$$
$$=\frac{1}{4}\left(1-\frac{1}{21}\right)=\frac{5}{21} \qquad \cdots\cdots \text{❸}$$

답 $\dfrac{5}{21}$

단계	채점 기준	비율
❶	$h(n)$을 구한 경우	30 %
❷	$\sum_{n=1}^{20}\dfrac{1}{h(n)}$을 부분분수를 이용하여 나타낸 경우	50 %
❸	주어진 식의 값을 구한 경우	20 %

03

$$a_n=\frac{1}{\sqrt{n+1}+\sqrt{n+2}}$$
$$=\frac{\sqrt{n+2}-\sqrt{n+1}}{(\sqrt{n+2}+\sqrt{n+1})(\sqrt{n+2}-\sqrt{n+1})}$$
$$=\sqrt{n+2}-\sqrt{n+1} \qquad \cdots\cdots \text{❶}$$

$$\sum_{k=1}^{n}a_k=\sum_{k=1}^{n}(\sqrt{k+2}-\sqrt{k+1})$$
$$=-\sum_{k=1}^{n}(\sqrt{k+1}-\sqrt{k+2})$$
$$=-\{(\sqrt{2}-\sqrt{3})+(\sqrt{3}-\sqrt{4})+\cdots+(\sqrt{n+1}-\sqrt{n+2})\}$$
$$=-\sqrt{2}+\sqrt{n+2} \qquad \cdots\cdots \text{❷}$$
$$=2\sqrt{5}-\sqrt{2}$$

이므로 $\sqrt{n+2}=2\sqrt{5}$

따라서 $n=18 \qquad \cdots\cdots \text{❸}$

답 18

단계	채점 기준	비율
❶	a_n을 유리화한 경우	40 %
❷	$\sum_{k=1}^{n}a_k$의 값을 n으로 나타낸 경우	40 %
❸	n의 값을 구한 경우	20 %

본문 85쪽

01 ④   02 ③   03 ④

01

(i) a_1, a_2, a_3, $\cdots$, a_{20} 중 1인 것의 개수를 m개, -1인 것의 개수를 n개라 하면

$$\sum_{k=1}^{20}a_k=6, \ \sum_{k=1}^{20}|a_k|=16\text{에서}$$

$m-n=6$, $m+n=16$이므로

$m=11$, $n=5$

그러므로 a_1, a_2, a_3, $\cdots$, a_{20} 중 0인 것의 개수는 4개이다.

(ii) $\sum_{k=1}^{40}a_k=0$이므로 a_{21}, a_{22}, a_{23}, $\cdots$, a_{40} 중 -1인 것은 적어도 6개가 있고, 나머지 14개의 항에서 -1과 1이 항상 쌍으로 있어야 한다. 즉, a_{21}, a_{22}, a_{23}, $\cdots$, a_{40} 중 0은 최대 14개이고, 최소 0개이다.

(i), (ii)에 의해 p의 최댓값은 $4+14=18$,

최솟값은 $4+0=4$이므로

이들의 합은 $18+4=22$이다.

답 ④

02

첫째항이 1, 공차가 $\dfrac{1}{3}$이므로

$$a_n=1+(n-1)\times\frac{1}{3}=\frac{1}{3}n+\frac{2}{3}\text{이고}$$

$$a_2-a_1=a_3-a_2=a_4-a_3=\cdots=a_n-a_{n-1}=\frac{1}{3}$$

$$\frac{1}{a_1 a_2}=\frac{1}{a_2-a_1}\left(\frac{1}{a_1}-\frac{1}{a_2}\right)=3\left(\frac{1}{a_1}-\frac{1}{a_2}\right)$$

$$\frac{1}{a_2 a_3}=\frac{1}{a_3-a_2}\left(\frac{1}{a_2}-\frac{1}{a_3}\right)=3\left(\frac{1}{a_2}-\frac{1}{a_3}\right)$$

$$\vdots$$

$$\frac{1}{a_{n-1}a_n}=\frac{1}{a_n-a_{n-1}}\left(\frac{1}{a_{n-1}}-\frac{1}{a_n}\right)=3\left(\frac{1}{a_{n-1}}-\frac{1}{a_n}\right)$$

이므로

$$\frac{1}{b_1}+\frac{1}{b_2}+\frac{1}{b_3}+\cdots+\frac{1}{b_{n-1}}$$

$$=\frac{1}{a_1 a_2}+\frac{1}{a_2 a_3}+\frac{1}{a_3 a_4}+\cdots+\frac{1}{a_{n-1}a_n}$$

$$=3\left(\frac{1}{a_1}-\frac{1}{a_n}\right)=3\left(1-\frac{1}{a_n}\right)=\frac{11}{4}$$

에서

$$1-\frac{1}{a_n}=\frac{11}{12}, \ \frac{1}{a_n}=\frac{1}{12}, \ \text{즉 } a_n=12$$

따라서 $\frac{1}{3}n+\frac{2}{3}=12$이므로 $\frac{1}{3}n=\frac{34}{3}$에서

$n=34$

답 ③

03 이차함수 $y=(x-2n)^2$의 그래프와 직선 $y=2x-4n$이 만나는 서로 다른 두 점의 x좌표는

$(x-2n)^2=2x-4n$의 해와 같다.

$(x-2n)^2-2(x-2n)=0$,

$(x-2n)(x-2n-2)=0$

$\alpha_n<\beta_n$이므로 $\alpha_n=2n$, $\beta_n=2n+2$

$\displaystyle\sum_{n=1}^{15}\frac{\log_2\dfrac{\beta_n}{\alpha_n}}{\log_2\alpha_n\log_2\beta_n}$

$=\displaystyle\sum_{n=1}^{15}\frac{\log_2\dfrac{2n+2}{2n}}{\log_2 2n\log_2(2n+2)}$

$=\displaystyle\sum_{n=1}^{15}\frac{\log_2(2n+2)-\log_2 2n}{\log_2 2n\log_2(2n+2)}$

$=\displaystyle\sum_{n=1}^{15}\left\{\frac{1}{\log_2 2n}-\frac{1}{\log_2(2n+2)}\right\}$

$=\left\{\left(\dfrac{1}{\log_2 2}-\dfrac{1}{\log_2 4}\right)+\left(\dfrac{1}{\log_2 4}-\dfrac{1}{\log_2 6}\right)+\right.$

$\left.\cdots+\left(\dfrac{1}{\log_2 30}-\dfrac{1}{\log_2 32}\right)\right\}$

$=\dfrac{1}{\log_2 2}-\dfrac{1}{\log_2 32}$

$=1-\dfrac{1}{5}$

$=\dfrac{4}{5}$

답 ④

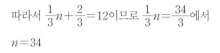

07 수학적 귀납법

유제   본문 89~91쪽

1. 10   **2.** ①   **3.** 17   **4.** 5

1. $a_1=1$이고 $a_{n+2}=a_n+n$에

$n=1$을 대입하면 $a_3=a_1+1=1+1=2$

$n=3$을 대입하면 $a_5=a_3+3=2+3=5$

$n=5$를 대입하면 $a_7=a_5+5=5+5=10$

답 10

2. $2a_{n+1}=a_n+a_{n+2}$에서

수열 $\{a_n\}$은 등차수열이고 공차를 d라 하면

$a_1=-1$, $a_2=3$에서

$d=a_2-a_1=3-(-1)=4$

따라서 $a_n=-1+(n-1)\times 4=4n-5$이므로

$a_{10}=35$

답 ①

3. (ⅰ) $n=1$일 때, (좌변)$=1^3=1$, (우변)$=\dfrac{1}{4}\times 1^2\times 2^2=1$

이므로 $n=1$일 때 ㉠은 성립한다.

(ⅱ) $n=k$일 때, ㉠이 성립한다고 가정하면

$1^3+2^3+3^3+\cdots+k^3=\dfrac{1}{4}k^2(k+1)^2$ ……㉡

㉡의 양변에 $(k+1)^3$을 더하면

$1^3+2^3+\cdots+k^3+(k+1)^3=\dfrac{1}{4}k^2(k+1)^2+(k+1)^3$

$=\dfrac{1}{4}(k+1)^2\{k^2+4(k+1)\}$

$=\dfrac{1}{4}(k+1)^2(k+2)^2$

$=\dfrac{1}{4}(k+1)^2\{(k+1)+1\}^2$

따라서 $n=k+1$일 때에도 ㉠이 성립한다.

(ⅰ), (ⅱ)에 의하여 주어진 식은 모든 자연수 n에 대하여 성립한다.

그러므로 위의 과정에서 (가), (나)에 알맞은 식은 각각

$f(k)=(k+1)^3$, $g(k)=(k+2)^2$이므로

$f(1)+g(1)=2^3+3^2=17$

답 17

4. (i) $n=2$일 때

(좌변)$=(1+h)^2=1+2h+h^2>1+2h=$(우변)이므로

$n=2$일 때 ㉠이 성립한다.

(ii) $n=k(k\geq2)$일 때 ㉠이 성립한다고 가정하면

$(1+h)^k>1+kh$ ⋯⋯ ㉡

$n=k+1$일 때, ㉠이 성립함을 보여야 하므로

㉡의 양변에 $1+h$를 곱하면 $1+h>0$이므로

$(1+h)^{k+1}>(1+kh)(1+h)$

그런데

$(1+kh)(1+h)=1+(k+1)h+kh^2>1+(k+1)h$

그러므로 $(1+h)^{k+1}>1+(k+1)h$

따라서 $n=k+1$일 때에도 ㉠이 성립한다.

(i), (ii)에 의하여 부등식 ㉠은 $n\geq2$인 모든 자연수 n에 대하여

성립한다.

따라서 (가), (나)에 알맞은 식은 각각

$f(h)=1+2h$, $g(k)=k+1$이므로

$f(1)+g(1)=3+2=5$

답 5

유형 확인

본문 92~93쪽

01 ③	**02** ③	**03** ③	**04** ①	**05** ①
06 ⑤	**07** 15	**08** 16	**09** 75	**10** 12

01 $a_1=4$이고 $a_{n+1}=(-1)^n a_n(n=1, 2, 3, \cdots)$에서

$n=1, 2, 3$을 차례로 대입하면

$a_2=-a_1=-4$

$a_3=(-1)^2 a_2=-4$

$a_4=(-1)^3 a_3=4$

답 ③

02 $a_1=2$, $a_2=-3$, $a_3=1$이고

$a_{n+3}=a_n(n=1, 2, 3, \cdots)$에서

$n=1$을 대입하면 $a_4=a_1=2$

$n=2$를 대입하면 $a_5=a_2=-3$

$n=3$을 대입하면 $a_6=a_3=1$

$n=4$를 대입하면 $a_7=a_4=2$

$n=5$를 대입하면 $a_8=a_5=-3$

따라서 $a_4+a_8=2+(-3)=-1$

답 ③

03 $a_1=2$이고

$a_{n+1}=\dfrac{n}{n+1}a_n+k$에서

$n=1, 2, 3$을 차례로 대입하면

$a_2=\dfrac{1}{2}a_1+k=\dfrac{1}{2}\times2+k=1+k$

$a_3=\dfrac{2}{3}a_2+k=\dfrac{2}{3}\times(1+k)+k=\dfrac{2}{3}+\dfrac{5}{3}k$

$a_4=\dfrac{3}{4}a_3+k=\dfrac{3}{4}\times\left(\dfrac{2}{3}+\dfrac{5}{3}k\right)+k=\dfrac{1}{2}+\dfrac{9}{4}k$

따라서 $\dfrac{1}{2}+\dfrac{9}{4}k=\dfrac{11}{4}$에서 $k=1$

답 ③

04 $a_{n+1}=3a_n+3(n=1, 2, 3, \cdots)$에서

$n=1, 2, 3, 4$를 차례로 대입하면

$a_2=3a_1+3=3^2+3$

$a_3=3a_2+3=3(3^2+3)+3=3^3+3^2+3$

$a_4=3a_3+3=3(3^3+3^2+3)+3=3^4+3^3+3^2+3$

$a_5=3a_4+3=3^5+3^4+\cdots+3$

$a_6=3a_5+3=3^6+3^5+3^4+\cdots+3$

$\quad=\dfrac{3(3^6-1)}{3-1}$

$\quad=1092$

답 ①

05

$a_{n+1}=a_n-4$에서

$a_{n+1}-a_n=-4$이므로

수열 $\{a_n\}$은 $a_1=38$이고 공차가 -4인 등차수열이므로

$a_n=38+(n-1)\times(-4)$

$\quad=-4n+42$

따라서 $a_{10}=-4\times10+42=2$

답 ①

06 $a_{n+2}a_n=a_{n+1}{}^2$에서 $\dfrac{a_{n+2}}{a_{n+1}}=\dfrac{a_{n+1}}{a_n}$이므로

수열 $\{a_n\}$은 등비수열이다. 공비를 r라 하면

$\log_2 a_4=\dfrac{4}{3}$에서 $a_4=2^{\frac{4}{3}}$

즉, $2r^3=2^{\frac{4}{3}}$에서 $r^3=2^{\frac{1}{3}}$

따라서
$a_{13}=2r^{12}$
$\quad =2(r^3)^4$
$\quad =2\times 2^{\frac{4}{3}}$
$\quad =4\sqrt[3]{2}$

답 ⑤

07 (i) $n=1$일 때, (좌변)$=1\times 2^1=2$, (우변)$=2$
이므로 주어진 등식은 성립한다.
(ii) $n=k$일 때, 주어진 등식이 성립한다고 가정하면
$1\times 3\times 5\times \cdots \times (2k-1)\times 2^k$
$=(k+1)(k+2)(k+3)\cdots 2k$
위의 식의 양변에 $2(2k+1)$을 곱하면
$=1\times 3\times 5\times \cdots (2k-1)(2k+1)\times 2^{k+1}$
$=(k+1)(k+2)(k+3)\cdots 2k\times 2(2k+1)$
$=(k+2)(k+3)\cdots 2k(2k+1)\{2(k+1)\}$
따라서 $n=k+1$일 때에도 성립한다.
(i), (ii)에 의하여 모든 자연수 n에 대하여 주어진 등식이 성립한다.
따라서 (가), (나)에 알맞은 식은
$f(k)=2(2k+1)$, $g(k)=2k+1$이므로
$f(2)+g(2)=10+5=15$

답 15

08 $f(n)=3^{n+1}+4^{2n-1}$으로 놓으면
(i) $n=1$일 때
$f(1)=3^2+4=13$이므로
$f(1)$은 13으로 나누어 떨어진다.
(ii) $n=k$일 때
$f(k)$가 13으로 나누어 떨어진다고 가정하면
$f(k+1)=3^{(k+1)+1}+4^{2(k+1)-1}=3^{k+2}+4^{2k+1}$
$\quad =3\times 3^{k+1}+16\times 4^{2k-1}$
$\quad =3(3^{k+1}+4^{2k-1})+13\times 4^{2k-1}$
$\quad =3f(k)+13\times 4^{2k-1}$
이므로 $f(k+1)$도 13으로 나누어 떨어진다.
따라서 (가), (나)에 들어갈 두 수의 합은
$3+13=16$

답 16

09 (i) $n=2$일 때, (좌변)$=\dfrac{5}{4}<\dfrac{3}{2}=$(우변)
이므로 $n=2$일 때 부등식이 성립한다.
(ii) $n=k(k\geq 2)$일 때, ㉠이 성립한다고 가정하면
$1+\dfrac{1}{2^2}+\cdots +\dfrac{1}{k^2}<2-\dfrac{1}{k}$ ...... ㉡
㉡의 양변에 $\dfrac{1}{(k+1)^2}$을 더하면
$1+\dfrac{1}{2^2}+\cdots +\dfrac{1}{k^2}+\dfrac{1}{(k+1)^2}$
$\qquad <2-\dfrac{1}{k}+\dfrac{1}{(k+1)^2}=2-\dfrac{k^2+k+1}{k(k+1)^2}$
$\qquad <2-\dfrac{k^2+k}{k(k+1)^2}=2-\dfrac{1}{k+1}$
따라서 $n=k+1$일 때에도 부등식이 성립한다.
(i), (ii)에 의하여 ㉠은 $n\geq 2$인 모든 자연수 n에 대하여 성립한다.
그러므로 위의 과정에서 (가), (나)에 알맞은 식은
$f(k)=\dfrac{1}{(k+1)^2}$, $g(k)=k^2+k+1$이므로
$100f(1)g(1)=100\times \dfrac{1}{4}\times 3=75$

답 75

10 (i) $n=10$일 때,
(좌변)$=2^{10}=1024$, (우변)$=10^3=1000$이므로
㉠은 성립한다.
(ii) $n=k(k\geq 10)$일 때, ㉠이 성립한다고 가정하면
$2^k>k^3$이 성립하므로 양변에 2를 곱하면
$2^{k+1}>2k^3$
$k\geq 10$에서 $k^3\geq 10k^2$, $k^2\geq 10k$, $k\geq 10$이므로
$2k^3-(k+1)^3=k^3-3k^2-3k\ -1\geq 67k-1>0$
에서 $2^{k+1}>2k^3>(k+1)^3$
따라서 $n=k+1$일 때에도 성립한다.
(i), (ii)에 의하여 주어진 식은 $n\geq 10$인 모든 자연수 n에 대하여 성립한다.
따라서 (가), (나)에 알맞은 식은
$f(k)=2^{k+1}$, $g(k)=(k+1)^3$이므로
$f(1)+g(1)=4+8=12$

답 12

연습장 본문 94쪽

01 -190 **02** 335 **03** 풀이 참조

01 $a_1=2$이고
$n=1, 2, 3, 4$를 차례로 대입하면
$a_2=a_1-2=2-2=0$ ······ ❶
$a_3=3a_2-4=3\times0-4=-4$
$a_4=5a_3-6=5\times(-4)-6=-26$
$a_5=7a_4-8=7\times(-26)-8=-190$ ······ ❷
답 -190

단계	채점 기준	비율
❶	a_2를 구한 경우	30 %
❷	a_3, a_4, a_5를 구한 경우	70 %

02 $a_{2n}+a_{2n-1}=(n-1)^2+5$에서
$a_2+a_1=0^2+5$
$a_4+a_3=1^2+5$
$a_6+a_5=2^2+5$
$\vdots$
$a_{18}+a_{17}=8^2+5$
$a_{20}+a_{19}=9^2+5$이므로 ······ ❶
$S_{20}=a_1+a_2+a_3+\cdots+a_{20}$
$\quad=(0^2+5)+(1^2+5)+(2^2+5)+\cdots+(9^2+5)$
$\quad=(1^2+2^2+3^2+\cdots+9^2)+5\times10$ ······ ❷
$\quad=\displaystyle\sum_{k=1}^{9}k^2+10\times5$
$\quad=\dfrac{9\times10\times19}{6}+50$
$\quad=285+50=335$ ······ ❸
답 335

단계	채점 기준	비율
❶	$n=1$부터 대입하여 $a_{20}+a_{19}$의 값까지 구한 경우	20 %
❷	S_{10}의 값을 $1^2+2^2+3^2+\cdots+9^2$과 5×10으로 나타낸 경우	30 %
❸	$\sum$를 이용하여 S_{20}의 값을 구한 경우	50 %

03 (i) $n=4$일 때
(좌변)$=1\times2\times3\times4=24$, (우변)$=2^4=16$
이므로 주어진 부등식은 성립한다. ······ ❶

(ii) $n=k(k\geq4)$일 때, 주어진 부등식이 성립한다고 가정하면
$1\times2\times3\times\cdots\times k>2^k$ ······ ㉠
㉠의 양변에 $k+1$을 곱하면
$1\times2\times3\times\cdots\times k\times(k+1)>2^k\times(k+1)$ ······ ㉡
······ ❷
㉡의 우변에서 $k+1>2$이므로
$2^k\times(k+1)>2^{k+1}$, 즉
$1\times2\times3\times\cdots\times k\times(k+1)>2^{k+1}$
그러므로 $n=k+1$일 때에도 성립한다.
따라서 4 이상인 모든 자연수 n에 대하여 주어진 부등식은 성립한다. ······ ❸

단계	채점 기준	비율
❶	$n=4$일 때 주어진 부등식이 성립함을 보인 경우	20 %
❷	양변에 $k+1$을 곱한 경우	30 %
❸	$n=k+1$일 때에도 주어진 부등식이 성립함을 보인 경우	50 %

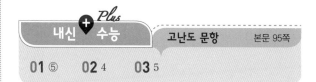 **내신 수능 Plus** 고난도 문항 본문 95쪽

01 ⑤ **02** 4 **03** 5

01 ㄱ. $a_{n+2}=a_n-4\sqrt{3}$에서
$a_{n+2}-a_n=-4\sqrt{3}$
$n=1$을 대입하면 $a_3-a_1=-4\sqrt{3}$ (참)
ㄴ. $a_1=18\sqrt{3}$이고, $a_{n+2}-a_n=-4\sqrt{3}$이므로
수열 $\{a_{2n-1}\}$은 첫째항이 $a_1=18\sqrt{3}$이고 공차가 $-4\sqrt{3}$인
등차수열이다.
$a_{2n-1}=18\sqrt{3}+(n-1)(-4\sqrt{3})=22\sqrt{3}-4\sqrt{3}n$
마찬가지로 $a_6=18\sqrt{3}$이고, $a_{n+2}-a_n=-4\sqrt{3}$이므로 수열
$\{a_{2n}\}$은 첫째항이
$a_2=a_4+4\sqrt{3}=(a_6+4\sqrt{3})+4\sqrt{3}=26\sqrt{3}$
이고, 공차가 $-4\sqrt{3}$인 등차수열이므로
$a_{2n}=26\sqrt{3}+(n-1)(-4\sqrt{3})=30\sqrt{3}-4\sqrt{3}n$에서
$a_{2n-1}+a_{2n}=52\sqrt{3}-8\sqrt{3}n$ (참)
ㄷ. $\displaystyle\sum_{k=1}^{15}a_k=\sum_{k=1}^{8}a_{2k-1}+\sum_{k=1}^{7}a_{2k}$

$$=\sum_{k=1}^{8}(22\sqrt{3}-4\sqrt{3}k)+\sum_{k=1}^{7}(30\sqrt{3}-4\sqrt{3}k)$$

$$=8\times22\sqrt{3}-4\sqrt{3}\times\frac{8\times9}{2}+7\times30\sqrt{3}-4\sqrt{3}\times\frac{7\times8}{2}$$

$$=130\sqrt{3}\ (참)$$

따라서 옳은 것은 ㄱ, ㄴ, ㄷ이다.

답 ⑤

02 (i) $n=1$일 때, $\frac{1}{2}+\frac{1}{3}+\frac{1}{4}=\frac{13}{12}>1$이므로 주어진 부등식이 성립한다.

(ii) $n=k$일 때, $a_k=\dfrac{1}{k+1}+\dfrac{1}{k+2}+\cdots+\dfrac{1}{3k+1}$이라 하자.

$a_k>1$이 성립한다고 가정하면

$$a_{k+1}=\frac{1}{k+2}+\frac{1}{k+3}+\cdots+\frac{1}{3k+4}$$

$$=a_k+\left(\frac{1}{3k+2}+\frac{1}{3k+3}+\frac{1}{3k+4}\right)-\frac{1}{k+1}$$

한편 $(3k+2)(3k+4)<(3k+3)^2$이므로

$$\frac{1}{3k+2}+\frac{1}{3k+4}=\frac{6(k+1)}{(3k+2)(3k+4)}$$

$$>\frac{6(k+1)}{(3k+3)^2}=\frac{2}{3k+3}$$

그런데 $a_k>1$이므로

$$a_{k+1}>a_k+\left(\frac{1}{3k+3}+\frac{2}{3k+3}\right)-\frac{1}{k+1}=a_k>1$$

따라서 (가), (나)에 알맞은 식은 각각

$$f(k)=k+1,\ g(k)=\frac{2}{3k+3}$$이므로

$$f(11)+g(1)=12\times\frac{1}{3}=4$$

답 4

03 $a_1=4^5$이고

둘째 날 오전에는 전날 판매량의 50%의 양이 판매되므로 판매량은 $\frac{1}{2}a_1$, 오후에는 전날 판매량의 75%의 양이 판매되므로

판매량은 $\frac{3}{4}a_1$이다

그러므로 둘째 날 모든 판매량은

$$a_2=\frac{1}{2}a_1+\frac{3}{4}a_1=\frac{5}{4}a_1$$

셋째 날 오전에는 전날 판매량의 50%의 양이 판매되므로 판매량은 $\frac{1}{2}a_2$, 오후에는 전날 판매량의 75%의 양이 판매되므로

판매량은 $\frac{3}{4}a_2$이다

그러므로 셋째 날 모든 판매량은

$$a_3=\frac{1}{2}a_2+\frac{3}{4}a_2=\frac{5}{4}a_2$$

따라서 $(n+1)$째 날의 모든 판매량은 n째 날의 모든 판매량의 $\frac{5}{4}$배가 판매되므로

$$a_{n+1}=\frac{5}{4}a_n에서\ k=\frac{5}{4}$$

수열 $\{a_n\}$은 $a_1=4^5$, 공비가 $\frac{5}{4}$인 등비수열이므로

여섯번째 항까지의 합은

$$\frac{4^5\left\{\left(\frac{5}{4}\right)^6-1\right\}}{\frac{5}{4}-1}=4^6\left\{\left(\frac{5}{4}\right)^6-1\right\}=5^6-4^6$$

따라서 $m=5$이므로 $\dfrac{20k}{m}=\dfrac{20\times\frac{5}{4}}{5}=5$

답 5

대단원 종합 문제

본문 96~99쪽

01 ①	**02** ①	**03** ③	**04** ⑤	**05** ①
06 ④	**07** ④	**08** ①	**09** ③	**10** ②
11 ②	**12** -122	**13** ④	**14** ②	**15** 3
16 111	**17** ④	**18** 105	**19** ②	**20** 260
21 125	**22** 9	**23** $\frac{3\sqrt{2}}{4}$		

01 $a_1+a_4=a_7$에서

$a_1+\{a_1+3\times(-2)\}=a_1+6\times(-2)$, 즉

$2a_1-6=a_1-12$에서 $a_1=-6$

답 ①

다른풀이

등차수열 $\{a_n\}$의 공차를 d라 하면

$a_1+a_4=a_7$에서

$a_1=a_7-a_4=3d=3\times(-2)=-6$

02 $a_n=3n-4$에서
$a_1=-1$, $a_{10}=26$
따라서 $S_{10}=\dfrac{10(-1+26)}{2}=125$

답 ①

[다른풀이]
등차수열 $\{a_n\}$의 공차를 d라 하면
$a_n=3n-4$에서 $a_1=-1$이고,
$d=a_{n+1}-a_n$
　　$=3(n+1)-4-(3n-4)=3$
따라서 $S_{10}=\dfrac{10(-2+9\times3)}{2}=125$

03 등비수열 $\{a_n\}$의 공비를 r라 하면
$a_{10}=2a_6$에서
$3r^9=2\times3r^5$, 즉 $r^4=2$
따라서 $a_{17}=3r^{16}=3(r^4)^4=3\times2^4=48$

답 ③

04 $a_1+a_2+a_3+a_4+a_5=\dfrac{a_1(2^5-1)}{2-1}=2^{10}$에서
$a_1(2^5-1)=2^{10}$ ...... ㉠
$a_1+a_2+a_3+\cdots+a_9+a_{10}=\dfrac{a_1(2^{10}-1)}{2-1}$
$\qquad\qquad\qquad\qquad\quad=a_1(2^5-1)(2^5+1)$
$\qquad\qquad\qquad\qquad\quad=2^{10}(2^5+1)$
$\qquad\qquad\qquad\qquad\quad=2^{15}+2^{10}$

답 ⑤

05 $\displaystyle\sum_{k=1}^{100}(k^3+5)-\sum_{k=6}^{100}(k^3+4)$
$=\displaystyle\sum_{k=1}^{100}k^3+\sum_{k=1}^{100}5-\sum_{k=6}^{100}k^3-\sum_{k=6}^{100}4$
$=\left(\displaystyle\sum_{k=1}^{100}k^3-\sum_{k=6}^{100}k^3\right)+\sum_{k=1}^{100}5-\sum_{k=6}^{100}4$
$=\left(\displaystyle\sum_{k=1}^{100}k^3-\sum_{k=6}^{100}k^3\right)+\left(\sum_{k=1}^{100}5-\sum_{k=1}^{100}4\right)+4\times5$
$=\displaystyle\sum_{k=1}^{5}k^3+\sum_{k=1}^{100}1+4\times5$
$=\left(\dfrac{5\times6}{2}\right)^2+100+20$
$=345$

답 ①

06 가로의 길이가 n인 직사각형 모양의 타일의 넓이가 A_n
이므로
$A_1=1\times2$
$A_2=2\times3$
$A_3=3\times4$
$A_4=4\times5$
$A_5=5\times6$
$A_6=6\times7$
이므로 $A_n=n(n+1)$
따라서
$\displaystyle\sum_{k=1}^{6}A_k=\sum_{k=1}^{6}k(k+1)$
$\qquad\quad=\displaystyle\sum_{k=1}^{6}(k^2+k)$
$\qquad\quad=\displaystyle\sum_{k=1}^{6}k^2+\sum_{k=1}^{6}k$
$\qquad\quad=\dfrac{6\times7\times13}{6}+\dfrac{6\times7}{2}$
$\qquad\quad=91+21=112$

답 ④

07 $a_{2n+1}=a_{2n-1}+3$에서
$n=1$, 2, 3을 대입하면
$a_3=a_1+3=1+3=4$
$a_5=a_3+3=4+3=7$
$a_7=a_5+3=7+3=10$
$a_{2n+2}=a_{2n}+n$에서
$n=1$, 2, 3을 대입하면
$a_4=a_2+1=-2+1=-1$
$a_6=a_4+2=-1+2=1$
$a_8=a_6+3=1+3=4$
따라서 $a_7+a_8=10+4=14$

답 ④

08 x, a_1, a_2, y가 이 순서대로 등차수열이므로 공차를 d_1이
라 하면
$y=x+3d_1$ 즉,
$d_1=\dfrac{y-x}{3}=a_2-a_1$
x, b_1, b_2, b_3, y가 이 순서대로 등차수열이므로 공차를 d_2라 하면
$y=x+4d_2$, 즉
$d_2=\dfrac{y-x}{4}=b_2-b_1$

따라서 $\dfrac{a_2-a_1}{b_2-b_1}=\dfrac{d_1}{d_2}=\dfrac{\dfrac{y-x}{3}}{\dfrac{y-x}{4}}=\dfrac{4}{3}$

目 ①

09 등차수열 $\{a_n\}$의 공차를 d라 하면
$S_5=5$에서
$\dfrac{5(-6+4d)}{2}=5$, $4d=8$이므로 $d=2$

$S_n=\dfrac{n\{2\times(-3)+(n-1)\times2\}}{2}$

$\quad=n(n-4)$

에서 $S_{2n}=2n(2n-4)=4n(n-2)$

이고 $4n(n-2)>480$, 즉

$n(n-2)>120$

에서 $n^2-2n-120>0$, $(n+10)(n-12)>0$

n은 자연수이므로 $n>12$

따라서 구하는 자연수 n의 최솟값은 13이다.

目 ③

10 수열 $\{16^{a_n}\}$이 공비가 8인 등비수열이므로
등비수열의 정의에 의하여
$16^{a_{n+1}}\div16^{a_n}=8$에서

$16^{a_{n+1}-a_n}=8$, 즉 $2^{4(a_{n+1}-a_n)}=2^3$

$4(a_{n+1}-a_n)=3$, 즉

$a_{n+1}-a_n=\dfrac{3}{4}$

따라서 수열 $\{a_n\}$은 공차 $d=\dfrac{3}{4}$인 등차수열이므로

$a_{30}-a_{10}=(a_1+29d)-(a_1+9d)=20d$

$\qquad\qquad=20\times\dfrac{3}{4}=15$

目 ②

11 1회 오려낸 후 남아 있는 종이의 넓이는 8

2회 반복한 후 남아 있는 종이의 넓이는 $8-\dfrac{8}{9}$

3회 반복한 후 남아 있는 종이의 넓이는 $8-\dfrac{8}{9}-\left(\dfrac{8}{9}\right)^2$

4회 반복한 후 남아 있는 종이의 넓이는

$8-\dfrac{8}{9}-\left(\dfrac{8}{9}\right)^2-\left(\dfrac{8}{9}\right)^3$

5회 반복한 후 남아 있는 종이의 넓이는

$8-\dfrac{8}{9}-\left(\dfrac{8}{9}\right)^2-\left(\dfrac{8}{9}\right)^3-\left(\dfrac{8}{9}\right)^4$

$=8-\left\{\dfrac{8}{9}+\left(\dfrac{8}{9}\right)^2+\left(\dfrac{8}{9}\right)^3+\left(\dfrac{8}{9}\right)^4\right\}$

$=8-\dfrac{\dfrac{8}{9}\left\{1-\left(\dfrac{8}{9}\right)^4\right\}}{1-\dfrac{8}{9}}=8-8\left\{1-\left(\dfrac{8}{9}\right)^4\right\}$

$=8\times\left(\dfrac{8}{9}\right)^4=\dfrac{8^5}{9^4}$

目 ②

12 (i) $n=4k$일 때
$46\geq4k(k=1, 2, 3\cdots)$에서 $k\leq11.\times\times\times$

에서 $k=1, 2, 3, \cdots, 11$

$\displaystyle\sum_{k=1}^{11}f(4k)=\sum_{k=1}^{11}4k=4\sum_{k=1}^{11}k$

$\qquad\qquad=4\times\dfrac{11\times12}{2}$

$\qquad\qquad=4\times66=264$

(ii) $n=4k-1$일 때
$46\geq4k-1(k=1, 2, 3, \cdots)$에서 $k\leq11.\times\times\times$

에서 $k=1, 2, 3, \cdots, 11$

$\displaystyle\sum_{k=1}^{11}f(4k-1)=\sum_{k=1}^{11}2=2\times11=22$

(iii) $n=4k-2$일 때
$46\geq4k-2(k=1, 2, 3, \cdots)$에서 $k\leq12$

에서 $k=1, 2, 3, \cdots, 12$

$\displaystyle\sum_{k=1}^{12}f(4k-2)=\sum_{k=1}^{12}\{-(4k-2)\}$

$\qquad\qquad=-4\sum_{k=1}^{12}k+\sum_{k=1}^{12}2$

$\qquad\qquad=-4\times\dfrac{12\times13}{2}+2\times12$

$\qquad\qquad=-288$

(iv) $n=4k-3$일 때
$46\geq4k-3(k=1, 2, 3, \cdots)$에서 $k\leq12.\times\times\times$

에서 $k=1, 2, 3, \cdots, 12$

$\displaystyle\sum_{k=1}^{12}f(4k-3)=\sum_{k=1}^{12}(-10)=(-10)\times12=-120$

따라서

$\displaystyle\sum_{n=1}^{46}f(n)=264+22-288-120=-122$

目 -122

13

$$\sum_{k=1}^{10} k^2 + 2\sum_{k=1}^{4}(2k+1)^2 + 2\sum_{k=1}^{3}(2k+3)^2$$
$$+ 2\sum_{k=1}^{2}(2k+5)^2 + 2\sum_{k=1}^{1}(2k+7)^2$$

$$= (1^2+2^2+3^2+\cdots+9^2+10^2) + 2(3^2+5^2+7^2+9^2)$$
$$+ 2(5^2+7^2+9^2) + 2(7^2+9^2) + 2 \times 9^2$$

$$= (2^2+4^2+6^2+8^2+10^2) + (1^3+3^3+5^3+7^3+9^3)$$

$$= \sum_{k=1}^{5}(2k)^2 + \sum_{k=1}^{5}(2k-1)^3$$

$$= \sum_{k=1}^{5}\{4k^2+(2k-1)^3\}$$

$$= \sum_{k=1}^{5}(8k^3-8k^2+6k-1)$$

$$= 8\sum_{k=1}^{5}k^3 - 8\sum_{k=1}^{5}k^2 + 6\sum_{k=1}^{5}k - \sum_{k=1}^{5}1$$

$$= 8\left(\frac{5\times6}{2}\right)^2 - 8\times\frac{5\times6\times11}{6} + 6\times\frac{5\times6}{2} - 5$$

$$= 1445$$

답 ④

14 $a_n = 3 + (n-1)\times2 = 2n+1$

$\sum_{k=1}^{n}k^2 = \dfrac{n(n+1)(2n+1)}{6}$ 이므로

$$\frac{a_1}{1^2} + \frac{a_2}{1^2+2^2} + \frac{a_3}{1^2+2^2+3^2} + \cdots + \frac{a_{20}}{1^2+2^2+3^2+\cdots+20^2}$$

$$= \sum_{k=1}^{20}\frac{a_k}{1^2+2^2+3^2+\cdots+k^2}$$

$$= \sum_{k=1}^{20}\frac{2k+1}{\dfrac{k(k+1)(2k+1)}{6}}$$

$$= \sum_{k=1}^{20}\frac{6(2k+1)}{k(k+1)(2k+1)}$$

$$= \sum_{k=1}^{20}\frac{6}{k(k+1)}$$

$$= 6\sum_{k=1}^{20}\left(\frac{1}{k}-\frac{1}{k+1}\right)$$

$$= 6\left(1-\frac{1}{21}\right)$$

$$= \frac{40}{7}$$

답 ②

15 (i) $n=0$일 때, 주어진 식은 정수 0이 된다.

따라서 $n=0$일 때, 성립한다.

(ii) $n=k(k\geq0)$일 때, 주어진 식이 성립한다고 가정하면

$\dfrac{k^5}{5} + \dfrac{k^4}{2} + \dfrac{k^3}{3} - \dfrac{k}{30}$ 는 정수이다.

$n=k+1$일 때,

$$\frac{(k+1)^5}{5} + \frac{(k+1)^4}{2} + \frac{(k+1)^3}{3} - \frac{k+1}{30}$$

$$= \frac{k^5+5k^4+10k^3+10k^2+5k+1}{5}$$
$$+ \frac{k^4+4k^3+6k^2+4k+1}{2} + \frac{k^3+3k^2+3k+1}{3} - \frac{k+1}{30}$$

$$= \left(\frac{k^5}{5}+\frac{k^4}{2}+\frac{k^3}{3}-\frac{k}{30}\right) + (k^4+4k^3+6k^2+4k+1)$$

$\left(\dfrac{k^5}{5}+\dfrac{k^4}{2}+\dfrac{k^3}{3}-\dfrac{k}{30}\right)$는 정수이므로 주어진 식은

$n=k+1$일 때에도 성립한다.

(i), (ii)에 의하여 주어진 식은 음이 아닌 모든 정수 n에 대하여
정수이다.

$a=0,\ f(k)=k+1,\ g(k)=\dfrac{k^5}{5}+\dfrac{k^4}{2}+\dfrac{k^3}{3}-\dfrac{k}{30}$ 이므로

$a+f(1)+g(1) = 0+2+1 = 3$

답 3

참고 $n=k(k\geq0)$일 때, 주어진 식이 성립한다고 가정하면

즉, $\left(\dfrac{k^5}{5}+\dfrac{k^4}{2}+\dfrac{k^3}{3}-\dfrac{k}{30}\right)$가 정수임을 이용하여

$n=k+1$일 때

$\dfrac{(k+1)^5}{5}+\dfrac{(k+1)^4}{2}+\dfrac{(k+1)^3}{3}-\dfrac{k+1}{30}$이 정수임을 증명하
여야 한다.

16 집합 A의 원소 중 가장 작은 원소는

$$1+3+5+\cdots+19 = \frac{10(1+19)}{2} = 100$$

집합 A의 원소 중 가장 큰 원소는

$$41+39+37+\cdots+23 = \frac{10(23+41)}{2} = 320$$

집합 A의 n개의 원소를 작은 것부터 나열하면
첫째항이 100, 끝항이 320이고 공차가 2이므로

$320 = 100 + (n-1)\times2$에서

$2n = 222$

따라서 $n=111$

답 111

17 $\sum_{k=1}^{n}\dfrac{ka_k}{n} = \dfrac{a_1+2a_2+3a_3+\cdots+na_n}{n} = 2n-1$에서

$a_1 + 2a_2 + 3a_3 + \cdots + na_n = n(2n-1)$ ...... ㉠

㉠에 $n=10$을 대입하면

$a_1 + 2a_2 + 3a_3 + \cdots + 10a_{10} = 190$ ...... ㉡

㉠에 $n=9$를 대입하면

$a_1 + 2a_2 + 3a_3 + \cdots + 9a_9 = 153$ ...... ㉢

㉡$-$㉢에서

$10a_{10} = 190 - 153 = 37$

답 ④

18 부채꼴 $O_nA_nB_n$의 반지름 O_nB_n의 길이와 부채꼴의 호 l_n의 길이가 같으므로 중심각 θ_n은 1(라디안)이다.

$\overline{B_nH_n} = \sqrt{2n-1}$이므로 $\sin 1 = \dfrac{\overline{B_nH_n}}{\overline{O_nB_n}}$에서

$\overline{O_nB_n} = \dfrac{\overline{B_nH_n}}{\sin 1} = \dfrac{\sqrt{2n-1}}{\sin 1}$

그러므로 부채꼴의 넓이는

$a_n = \dfrac{1}{2} \times \dfrac{\sqrt{2n-1}}{\sin 1} \times \dfrac{\sqrt{2n-1}}{\sin 1}$

$= \dfrac{2n-1}{2\sin^2 1} = \dfrac{1}{\sin^2 1}n - \dfrac{1}{2\sin^2 1}$

따라서

$\displaystyle\sum_{k=1}^{10} a_{2k} = a_2 + a_4 + a_6 + \cdots + a_{20}$

$= \dfrac{1}{\sin^2 1}(2 + 4 + 6 + \cdots + 20) - \dfrac{10}{2\sin^2 1}$

$= \dfrac{1}{\sin^2 1} \times \dfrac{10(2+20)}{2} - \dfrac{5}{\sin^2 1}$

$= \dfrac{105}{\sin^2 1}$

따라서 $a = 105$

답 105

19 원의 중심 $(3, 0)$에서 직선 $ax - y = 0$에 이르는 거리는 원의 반지름의 길이와 같으므로

$\dfrac{|3a|}{\sqrt{a^2+1}} = \dfrac{3}{n}$에서 $3\sqrt{a^2+1} = |3na|$

$n^2 a^2 = a^2 + 1$, 즉 $(n^2-1)a^2 = 1$

$a^2 = \{f(n)\}^2 = \dfrac{1}{n^2-1}$

$\dfrac{1}{n^2-1} = \dfrac{1}{(n-1)(n+1)} = \dfrac{1}{2}\left(\dfrac{1}{n-1} - \dfrac{1}{n+1}\right)$

따라서

$\displaystyle\sum_{n=2}^{10} \{f(n)\}^2 = \sum_{n=2}^{10} \dfrac{1}{2}\left(\dfrac{1}{n-1} - \dfrac{1}{n+1}\right)$

$= \dfrac{1}{2} \sum_{n=2}^{10}\left(\dfrac{1}{n-1} - \dfrac{1}{n+1}\right)$

$= \dfrac{1}{2}\left\{\left(\dfrac{1}{1} - \dfrac{1}{3}\right) + \left(\dfrac{1}{2} - \dfrac{1}{4}\right) + \left(\dfrac{1}{3} - \dfrac{1}{5}\right)\right.$

$\left. + \cdots + \left(\dfrac{1}{8} - \dfrac{1}{10}\right) + \left(\dfrac{1}{9} - \dfrac{1}{11}\right)\right\}$

$= \dfrac{1}{2}\left(1 + \dfrac{1}{2} - \dfrac{1}{10} - \dfrac{1}{11}\right)$

$= \dfrac{36}{55}$

답 ②

20 $S_n = (n+1)^2 + (n+2)^2 + \cdots + (n+10)^2$

$= \displaystyle\sum_{k=1}^{10}(n+k)^2$

$= \displaystyle\sum_{k=1}^{10}(n^2 + 2kn + k^2)$

$= 10n^2 + 2n \times \dfrac{10 \times 11}{2} + \dfrac{10 \times 11 \times 21}{6}$

$= 10n^2 + 110n + 385$

이므로 $S_{2n} = 40n^2 + 220n + 385$

$a_n + a_{n+1} + a_{n+2} + \cdots + a_{2n}$

$= S_{2n} - S_{n-1}$

$= 40n^2 + 220n + 385 - \{10(n-1)^2 + 110(n-1) + 385\}$

$= 30n^2 + 130n + 100$

따라서 $a = 30$, $b = 130$, $c = 100$이므로

$a + b + c = 260$

답 260

21 $\log a_{n+1} = \log a_n - \log \sqrt[3]{5}$ 에서

$\log a_{n+1} = \log \dfrac{a_n}{\sqrt[3]{5}}$이므로 $a_{n+1} = \dfrac{1}{\sqrt[3]{5}}a_n$이므로

수열 $\{a_n\}$은 $a_1 = 25 = 5^2$이고, 공비가 $\dfrac{1}{\sqrt[3]{5}}$인 등비수열이다.

$a_n = 5^2 \times \left(\dfrac{1}{\sqrt[3]{5}}\right)^{n-1}$

$= 5^2 \times 5^{\frac{1-n}{3}}$

$= 5^{\frac{7-n}{3}}$

$5^{\frac{7-n}{3}}$의 값이 유리수가 되려면 $\dfrac{7-n}{3}$이 정수가 되어야 하므로

$n = 1, 4, 7, 10, 13, 16, 19, \cdots$이다.

$n=1$, 4, 7, 10, 13, 16, 19, 22, 25, 28일 때,

$a_1 + a_4 + a_7 + \cdots + a_{28}$

$= 5^2 + 5 + 1 + \dfrac{1}{5} + \dfrac{1}{5^2} + \dfrac{1}{5^3} + \dfrac{1}{5^4} + \dfrac{1}{5^5} + \dfrac{1}{5^6} + \dfrac{1}{5^7}$

$= \dfrac{5^2 \left\{ 1 - \left(\dfrac{1}{5} \right)^{10} \right\}}{1 - \dfrac{1}{5}}$

$= \dfrac{125}{4} \left\{ 1 - \left(\dfrac{1}{5} \right)^{10} \right\}$

따라서 $k=125$

답 125

22 등차수열 $\{a_n\}$의 첫째항을 a, 공차를 d라 하면

$a_2 - 2a_{10} = 0$에서 $a + d - 2(a + 9d) = 0$

이므로 $a = -17d$ ...... ㉠ ...... ❶

$a_k - 3a_{15} = 0$에서

$a + (k-1)d - 3(a + 14d) = 0$이므로

$a = \dfrac{(k-43)d}{2}$ ...... ㉡ ...... ❷

㉠과 ㉡에서 $\dfrac{k-43}{2} = -17$, 즉

$k = 9$ ...... ❸

답 9

단계	채점 기준	비율
❶	$a_2 - 2a_{10} = 0$에서 a를 d로 나타낸 경우	40 %
❷	$a_k - 3a_{15} = 0$에서 a를 k와 d로 나타낸 경우	40 %
❸	k의 값을 구한 경우	20 %

23 $A_n(\alpha_n, \alpha_n)$, $B_n(\beta_n, \beta_n)$이라 하면 α_n, β_n은 이차방정식

$x^2 + (x-2)^2 = 4n$의 두 근이므로

$x^2 + (x-2)^2 = 4n$에서

$x^2 - 2x + 2 - 2n = 0$

이차방정식의 근과 계수의 관계에 의하여

$\alpha_n + \beta_n = 2$, $\alpha_n \beta_n = 2 - 2n$ ...... ❶

$(\alpha_n - \beta_n)^2 = (\alpha_n + \beta_n)^2 - 4\alpha_n \beta_n$

$\qquad\qquad = 2^2 - 4(2 - 2n) = 8n - 4$

$a_n = \overline{A_n B_n} = \sqrt{(\alpha_n - \beta_n)^2 + (\alpha_n - \beta_n)^2}$

$\qquad\quad = \sqrt{2(8n-4)}$

$\qquad\quad = 2\sqrt{4n-2}$ ...... ❷

따라서

$\displaystyle\sum_{n=1}^{24} \dfrac{1}{a_n + a_{n+1}}$

$= \displaystyle\sum_{n=1}^{24} \dfrac{1}{2\sqrt{4n-2} + 2\sqrt{4n+2}}$

$= -\dfrac{1}{8} \displaystyle\sum_{n=1}^{24} \left(\sqrt{4n-2} - \sqrt{4n+2} \right)$

$= -\dfrac{1}{8} \left\{ (\sqrt{2} - \sqrt{6}) + (\sqrt{6} - \sqrt{10}) + \cdots + (\sqrt{94} - \sqrt{98}) \right\}$

$= -\dfrac{1}{8} (\sqrt{2} - 7\sqrt{2}) = \dfrac{3\sqrt{2}}{4}$ ...... ❸

답 $\dfrac{3\sqrt{2}}{4}$

단계	채점 기준	비율
❶	두 교점 A_n, B_n의 x좌표를 α_n, β_n으로 놓고 $\alpha_n + \beta_n$과 $\alpha_n \beta_n$을 n으로 나타낸 경우	30 %
❷	두 교점 A_n, B_n 사이의 거리를 n으로 나타낸 경우	30 %
❸	$\displaystyle\sum_{n=1}^{24} \dfrac{1}{a_n + a_{n+1}}$의 값을 구한 경우	40 %

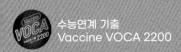

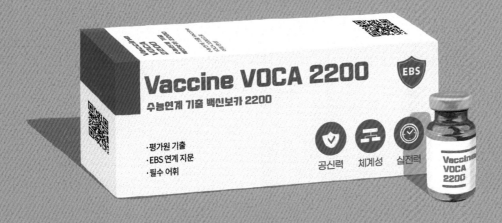

수능 영단어장의 끝판왕!
10개년 수능 빈출 어휘 + 7개년 연계교재 핵심 어휘

수능 적중 어휘 자동암기 3종 세트 제공
휴대용 포켓 단어장 / 표제어 & 예문 MP3 파일 / 수능형 어휘 문항 실전 테스트

휴대용 **포켓 단어장** 제공

내신에서 수능으로
수능의 시작, 감부터 잡자!

국어, 영어, 수학 I, 수학 II, 확률과 통계, 미적분

내신에서 수능으로 연결되는 포인트를 잡는 학습 전략

내신형 문항
내신 유형의 문항으로
익히는 개념과 해결법

동일한
소재·유형

수능형 문항
수능 유형의 문항을
통해 익숙해지는 수능

고1~2, 내신 중점

구분	고교 입문	기초	기본	특화	단기
국어		윤혜정의 개념의 나비효과 입문 편 + 워크북 / 어휘가 독해다! 수능 국어 어휘	기본서 올림포스	국어 특화 국어 독해의 원리 / 국어 문법의 원리	
영어	고등예비과정 / 내 등급은?	정승익의 수능 개념 잡는 대박구문 / 주혜연의 해석공식 논리 구조편	올림포스 전국연합학력평가 기출문제집 / 유형서 올림포스 유형편	영어 특화 Grammar POWER / Reading POWER / Listening POWER / Voca POWER / 영어 특화 고급영어독해	단기 특강
수학		기초 50일 수학 + 기출 워크북 / 매쓰 디렉터의 고1 수학 개념 끝장내기		고급 올림포스 고난도 / 수학 특화 수학의 왕도	
한국사 사회			기본서 개념완성	고등학생을 위한 多담은 한국사 연표	
과학		50일 과학	개념완성 문항편	인공지능 수학과 함께하는 고교 AI 입문 / 수학과 함께하는 AI 기초	

과목	시리즈명	특징	난이도	권장 학년
전 과목	고등예비과정	예비 고등학생을 위한 과목별 단기 완성		예비 고1
국/영/수	내 등급은?	고1 첫 학력평가 + 반 배치고사 대비 모의고사		예비 고1
	올림포스	내신과 수능 대비 EBS 대표 국어·수학·영어 기본서		고1~2
	올림포스 전국연합학력평가 기출문제집	전국연합학력평가 문제 + 개념 기본서		고1~2
	단기 특강	단기간에 끝내는 유형별 문항 연습		고1~2
한/사/과	개념완성&개념완성 문항편	개념 한 권 + 문항 한 권으로 끝내는 한국사·탐구 기본서		고1~2
국어	윤혜정의 개념의 나비효과 입문 편 + 워크북	윤혜정 선생님과 함께 시작하는 국어 공부의 첫걸음		예비 고1~2
	어휘가 독해다! 수능 국어 어휘	학평·모평·수능 출제 필수 어휘 학습		예비 고1~2
	국어 독해의 원리	내신과 수능 대비 문학·독서(비문학) 특화서		고1~2
	국어 문법의 원리	필수 개념과 필수 문항의 언어(문법) 특화서		고1~2
영어	정승익의 수능 개념 잡는 대박구문	정승익 선생님과 CODE로 이해하는 영어 구문		예비 고1~고2
	주혜연의 해석공식 논리 구조편	주혜연 선생님과 함께하는 유형별 지문 독해		예비 고1~고2
	Grammar POWER	구문 분석 트리로 이해하는 영어 문법 특화서		고1~2
	Reading POWER	수준과 학습 목적에 따라 선택하는 영어 독해 특화서		고1~2
	Listening POWER	유형 연습과 모의고사·수행평가 대비 올인원 듣기 특화서		고1~2
	Voca POWER	영어 교육과정 필수 어휘와 어원별 어휘 학습		고1~2
	고급영어독해	영어 독해력을 높이는 영미 문학/비문학 읽기		고2~3
수학	50일 수학 + 기출 워크북	50일 만에 완성하는 초·중·고 수학의 맥		예비 고1~2
	매쓰 디렉터의 고1 수학 개념 끝장내기	스타강사 강의, 손글씨 풀이와 함께 고1 수학 개념 정복		예비 고1~고1
	올림포스 유형편	유형별 반복 학습을 통해 실력 잡는 수학 유형서		고1~2
	올림포스 고난도	1등급을 위한 고난도 유형 집중 연습		고1~2
	수학의 왕도	직관적 개념 설명과 세분화된 문항 수록 수학 특화서		고1~2
한국사	고등학생을 위한 多담은 한국사 연표	연표로 흐름을 잡는 한국사 학습		예비 고1~2
과학	50일 과학	50일 만에 통합과학의 핵심 개념 완벽 이해		예비 고1~고1
기타	수학과 함께하는 고교 AI 입문/AI 기초	파이선 프로그래밍, AI 알고리즘에 필요한 수학 개념 학습		예비 고1~고2